普通高等学校机械类系列教材

参数化造型设计及工程表达
（双语）

罗会甫　编著

机械工业出版社

本书是作者在二十多年工程制图课程教学经验的基础上，总结近十几年来将参数化造型设计技术全面系统地引入工程制图课程教学改革的实践编写而成的。本书有别于"三维造型"软件操作讲解的书籍，从参数化造型设计的内涵出发，强化设计意识和设计思想的精确表达，在介绍参数化造型设计的原理和方法的同时，加强自我学习能力的培养。

本书使用一系列精心设计的范例覆盖主要的特征造型命令，力求通过学习方法的培养使读者通过有限范例的学习，能习得和使用所有特征命令，培养分析问题、解决问题的能力；使用工程表达范例覆盖所有主要表示方法，并在讲解的过程中，通过软件对表示方法命令的处理，使读者深入理解各种表示方法的内在逻辑关系；使用部件设计范例讲解一般产品的设计思路和工程表达、产品发布。

本书可以作为高等学校机械类或近机械类的工程制图、机械制图高阶课程的教材，也可供其他各类学校有关师生参考。

图书在版编目（CIP）数据

参数化造型设计及工程表达：汉文、英文 / 罗会甫编著. -- 北京：机械工业出版社，2025.7. --（普通高等学校机械类系列教材）. -- ISBN 978-7-111-78628-3

I . TB23

中国国家版本馆 CIP 数据核字第 20258XN735 号

机械工业出版社（北京市百万庄大街 22 号　邮政编码 100037）
策划编辑：余　皞　　　　　责任编辑：余　皞　丁昕祯
责任校对：潘　蕊　李　杉　封面设计：张　静
责任印制：张　博
固安县铭成印刷有限公司印刷
2025 年 8 月第 1 版第 1 次印刷
184mm×260mm・13.25 印张・323 千字
标准书号：ISBN 978-7-111-78628-3
定价：45.00 元

电话服务　　　　　　　　　网络服务
客服电话：010-88361066　　机　工　官　网：www.cmpbook.com
　　　　　010-88379833　　机　工　官　博：weibo.com/cmp1952
　　　　　010-68326294　　金　书　网：www.golden-book.com
封底无防伪标均为盗版　　　机工教育服务网：www.cmpedu.com

前　言

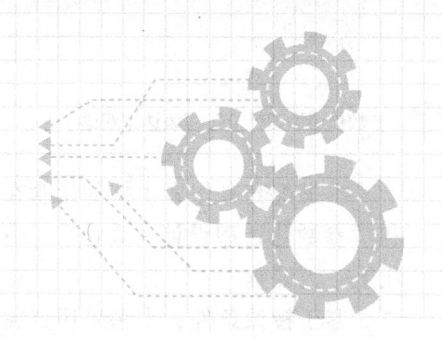

在生产设计实践中，设计工程师们越来越多地使用并依赖参数化造型设计技术。随着新技术的发展和生产的需求，近十几年来越来越多的高校在工程制图的课程体系中引入参数化造型设计技术。

本书是作者在二十多年工程制图课程教学经验的基础上，总结近十几年来将参数化造型设计技术全面系统地引入工程制图课程教学改革的实践编写而成的。本书使用一系列精心设计的范例覆盖主要的特征造型命令，力求通过学习方法的培养使读者通过有限范例的学习，能习得和使用所有特征命令，培养分析问题、解决问题的能力；使用工程表达范例覆盖所有主要表示方法，并在讲解的过程中通过软件对表示方法命令的处理，使读者深入理解各种表示方法的逻辑关系；使用部件设计范例讲解一般产品的设计思路和工程表达、产品发布。本书有如下主要特点：

1）全面系统地介绍参数化造型设计技术。将参数化造型设计技术引入工程制图课程的方式有两种，一种是由于学时和原课程体系的限制，在传统课程的内容中零星穿插介绍三维造型软件的部分特征命令和造型功能；另一种是彻底改革教学内容体系，全面系统地引入参数化造型设计技术。本书就是第二种改革思路的实践结果，从造型设计的基本原理出发，使用范例覆盖主要特征命令并加强学习能力的培养，同时在内容上和工程制图基础内容有机融合，全面系统地介绍造型设计、工程表达、产品设计和展示的基本方法。

2）设计的理念贯穿全书。参数化造型设计技术的本质是设计和表达的工具，不是被误解的三维"造型"工具。不论是学习过程中的重复性造型设计还是只有性能规格尺寸的原创设计，都要强化设计的本质。设计的本质是精确表达设计思想，参数化设计软件使用约束、参数传递、参数化变量等工具使设计思想比传统工程制图手段有更精确的体现。本书中参数化设计的理念和方法贯穿始终。

3）工程制图表达方法。本书的工程表达范例几乎涵盖了所有主要的工程图表示方法，和工程制图课程的基础内容有机融合。

4）用参数化理念解读传统工程制图的内容。在本书涉及传统工程制图内容的相关部分，讲解过程中尽量与参数化设计理念相结合，挖掘传统工程制图内容中的设计思想，并从设计和表达的角度用参数化设计理念全新解读。

5）注重学习方法和学习能力的培养。参数化造型设计软件原理相同，但种类繁多、风格不一，即便是一种软件，要讲透其全部功能也费时费力且没有必要。本书基于一种软件讲解但不拘泥于特定的软件，注重基本原理的讲解和学习方法的培养，注重思想而不是过程，培养读者根据需求探索、学习的能力。

北京理工大学在工程制图课程中全面系统地引入参数化造型设计技术始于2011年国际班的全英文课程教学实践，该课程目前面向国际班和留学生授课。工程制图全英文课程是国家级精品课——第二届来华留学品牌课程，本书内容是该课程的高阶部分。

本书配套有作者主持的学堂在线平台的"Parametric Design & Representation"（全英文）和"参数化造型设计及表达"（中文）慕课，其中"参数化造型设计及表达"是国家首批线上一流课程。

鉴于授课条件，本书采用英文版软件进行展示，内容采用中文讲解，辅以英文注释关键内容的方式，兼顾中英文教学的需求。

本书可以结合相应慕课作为高等学校机械类或近机械类工程制图、机械制图高阶内容的中英文课程教材，也可供其他各类学校有关师生参考。

希望本书对读者系统深入地掌握参数化造型设计技术有所帮助，热忱欢迎批评指正。

本书得到了北京理工大学规划教材出版基金的资助，在此特别表示衷心的感谢！

罗会甫

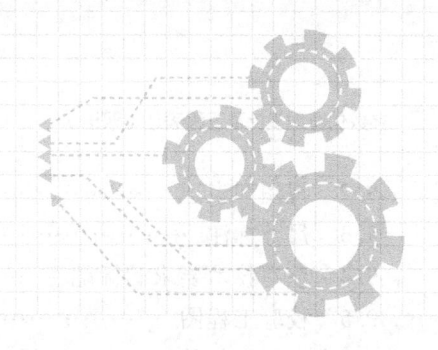

目 录

前言

第 1 章 参数化造型设计及表达技术简介 ………………………………… 1
    1.1 传统工程制图和参数化造型设计的关系 ……………………………… 1
    1.2 参数化造型设计的方法和基本特征 …………………………………… 1
    1.3 参数化造型设计软件的学习方法 ……………………………………… 8

第 2 章 设计思想在参数化设计草图和特征中的体现 ……………………… 10
    2.1 拉伸特征和草图 ………………………………………………………… 10
    2.2 对称和阵列特征 ………………………………………………………… 24

第 3 章 加强筋特征和斜向的拉伸特征 …………………………………… 28
    3.1 拉伸特征综合实例和加强筋特征 ……………………………………… 28
    3.2 含斜向拉伸特征的造型设计实例 ……………………………………… 38

第 4 章 复杂腔体类零件构型和典型摇臂类零件设计 ……………………… 44
    4.1 喷射器腔体零件造型设计实例 ………………………………………… 44
    4.2 摇臂零件造型设计实例 ………………………………………………… 65

第 5 章 扫掠特征 …………………………………………………………… 74
    5.1 二维路径扫掠特征实例 ………………………………………………… 74
    5.2 三维路径扫掠特征实例 ………………………………………………… 81

第 6 章 放样特征和抽壳特征 ……………………………………………… 88
    6.1 放样特征造型设计实例 ………………………………………………… 88
    6.2 抽壳特征造型设计实例 ………………………………………………… 100
    6.3 特征命令和造型设计的思路 …………………………………………… 103

第 7 章 一般典型零件的表达方法——基础视图、全剖视图和半剖视图 … 107
    7.1 工程图的表达方法 ……………………………………………………… 107
    7.2 图纸的设置和标题栏定制 ……………………………………………… 108
    7.3 基本视图、全剖视图和半剖视图 ……………………………………… 114
    7.4 视图显示选项、视图标记和尺寸标注 ………………………………… 119

第 8 章 典型摇臂类零件的表达方法——斜视图、局部视图 …………… 126
    8.1 表达方法 ………………………………………………………………… 126
    8.2 斜视图与视图对齐 ……………………………………………………… 127
    8.3 俯视图与过渡线 ………………………………………………………… 132
    8.4 尺寸标注和标题栏填写 ………………………………………………… 135

第 9 章 零件图 ……………………………………………………………… 137
    9.1 零件分析及表达方法确定 ……………………………………………… 137

9.2	视图和表达	138
9.3	尺寸标注	147
9.4	填写技术要求和标题栏	149
9.5	校验工程图	150

第10章 锥阀部件的设计——零件造型设计和装配 151

10.1	锥阀的工作原理和设计思路	151
10.2	阀体的造型设计	155
10.3	阀杆的造型设计	158
10.4	锥阀的装配	161
10.5	干涉分析和约束驱动动画	169
10.6	项目文件管理	171

第11章 锥阀部件的表达——装配图和表达视图 173

11.1	装配图的内容和锥阀部件的表达方法	173
11.2	锥阀部件的装配图	173
11.3	锥阀装配的表达视图	185

第12章 齿轮泵的零件设计 189

12.1	齿轮轴的造型设计	189
12.2	其他零件的造型设计及装配、表达和展示	200

参考文献 203

第1章

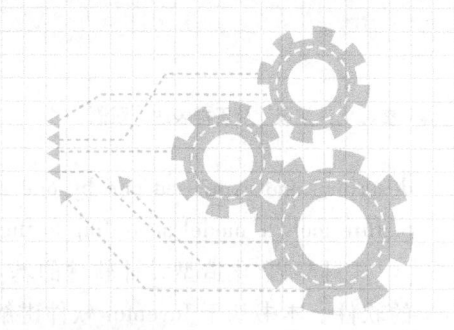

参数化造型设计及表达技术简介

本章将介绍参数化造型设计和工程制图课程之间的关系，造型设计的方法和基本特征的特点，并以 Inventor 为例简单介绍参数化造型设计软件的学习方法。

In this chapter the relationship between parametric modeling design and the courses of engineering drawing, the characteristics of modeling design methods and basic features will be introduced. And Inventor will be taken as an example to introduce the learning methods of parametric modeling design software.

1.1 传统工程制图和参数化造型设计的关系

在生产和设计实践中，基于三维造型的参数化设计所占的比例越来越大。一方面，设计思想所表达的大多是三维立体，借助二维工程图表达三维立体本来就是一定技术手段条件下的方法，计算机技术为三维设计技术的发展和普及提供了条件；另一方面，和传统设计方法不同，现代设计需要对设计对象进行仿真和优化分析，而仿真分析必须在设计对象的三维数字模型上进行。

传统的工程制图和参数化造型设计之间是相互依存的关系。一方面，工程制图本质是设计思想的工程图表达，参数化设计是更接近于设计本质的工具和方法。但参数化设计软件并不能取代工程制图，使用工具软件进行工程图表达要依赖工程制图的表示方法。另一方面，当我们从设计及表达的角度审视传统工程制图内容的时候，也能找到诸多隐含的参数化设计思想：比如对称中心线和参数化设计的对称约束；封闭尺寸链和参数化设计中的尺寸过约束。使用参数化设计的理念解读传统工程制图内容，可以使之和参数化造型设计技术更有机地融合，达到事半功倍的学习效果。

1.2 参数化造型设计的方法和基本特征

参数化造型设计的方法和工程制图中用形体分析的方法进行组合体读图和画图相同，本质都是零件设计过程的反映和表达。参数化造型设计就是用形体分析的方法将复杂立体简化成可以按照设计思路逐个描述和表达的特征，然后使用相应的特征工具按照设计思路进行建模造型。

The method of parametric design is as same as that of block analysis in reading and drawing of engineering drawing, and the essence of them are the reflection of the part design process. The method of modeling design is to use block analysis to simplify the complex object into blocks that can be described and expressed one by one according to the design idea, and then use the corresponding feature tools to model according to the design idea.

不同参数化造型设计软件的基本原理相同，但介绍参数化设计技术总是要依托一个特定的软件。本书基于 Inventor 软件讲解，但因为是理论和方法的讲解，学习者可以不拘泥于该软件。事实上在慕课实践过程中，有不少学生使用其他软件也能很好地完成本课程的学习。

Inventor 软件是 Autodesk 公司于 1999 年 10 月推出的三维造型软件，其特点是易学易用。本书采用 Inventor 2025 版本作为展示平台，首先简要介绍 Inventor 的基本功能，然后重点介绍运用 Inventor 软件进行零件造型的思路和方法。

1.2.1 三维造型设计的基本思路及流程

在具体介绍软件的基本功能之前，先介绍三维造型设计的思路、Inventor 设计中的几个概念和 Inventor 零件设计的流程。

1. 三维造型设计的基本思路

三维造型设计的相关软件很多，虽然风格、核心算法各有不同，但是思路和方法却基本相同。复杂立体的三维造型设计实质上是采用工程制图中组合体读画图所采用的形体分析（分解）的方法，把复杂立体分解为简单的部分，按照每部分各自的特点使用不同的特征造型命令完成，进而完成整个零件。有了形体分析的基础，掌握了三维造型软件基本的特征工具（如拉伸、旋转、扫掠、放样）和工作平面的概念，就掌握了三维造型设计的基本思路。

2. Inventor 设计中的几个概念

1）特征（feature）。特征是零件造型的基本单元。在组合体的形体分析中，我们对复杂的组合体利用形体分析的方法，将它分解为若干平面和曲面立体。分解的目的就是使分解后的每一部分都是简单的，都有成熟的方法画出它们的视图，当把每个部分的视图画出后，再按投影和国家标准的相关规定绘制出各部分之间的相贯线，就完成了整个组合体的视图。

零件造型中的特征概念和此相似。对复杂的零件不可能一次性完成其造型，可以使用类似形体分析的方法将其分解为若干部分，其中每一部分都可以使用一个造型命令完成。每一次完成的部分就相应地称之为一个特征，如一个拉伸特征、一个旋转特征等。需要说明的是，除圆角、倒角等附加特征以外，拉伸、旋转、扫掠和放样等基本特征都必须基于一个草图，而要绘制草图就必须先给出绘制该草图的平面。

2）草图（sketch）。拉伸、旋转、扫掠和放样等基本特征实质上使用或近似地使用了工程制图中的特征视图的概念。草图的绘制就类似特征视图的绘制，然后对该草图进行一定的操作形成一个特征。在读工程图的时候要首先抓特征视图，在三维造型中主要特征总是基于草图的绘制，三维造型的实质就是在特定的平面上进行一系列草图的绘制和特征的使用。

Inventor 中的草图绘制和 AutoCAD 中的视图的绘制稍有差别。Inventor 草图在初始绘制阶段不要求严格按设计的形状和大小进行，而是在基本雏形完成以后施加相应的形状、位置约束和尺寸驱动。不仅在草图绘制阶段可以对其施加尺寸驱动，即便是结束草图，完成基于这个草图的特征以后，还可以在特征浏览器中双击草图进行编辑，重新修改尺寸施加驱动，结束修改草图后，特征也随之改变。

草图的绘制必须在一个平面上进行，在初始造型阶段，系统默认在原始坐标平面上建立第一个草图。有了第一个特征以后，可以用现有特征的平面默认作为新建草图的平面。当原始坐标平面和现有特征的平面不能满足草图平面的位置要求时，就需要在特定位置建立工作平面。

3）工作平面、工作轴、工作点（work plane, work axis, work point）。不仅有些草图需要在特定的位置先建立工作平面，在特征造型的过程中也需要一些辅助平面作为特征中止面、镜像特征的镜像面等。所以在特征造型中，除了草图绘制需要以外，还需要建立相应的工作点、工作轴和工作平面，作为在特征造型中的对称面、中止面、旋转轴等。

工作点、轴、平面的生成原理很简单：利用原始坐标系和现有特征上的已有点、线、面、曲面轴线等要素，即可确定一个平面、直线、点。在建立工作平面时，工作平面和已有平面之间的位置关系也可以用参数驱动。

3. Inventor 基本界面与操作

从桌面快捷方式或程序栏启动 Inventor 软件，单击"New"新建按钮后，即可打开模板选择窗口，如图 1.1 所示。

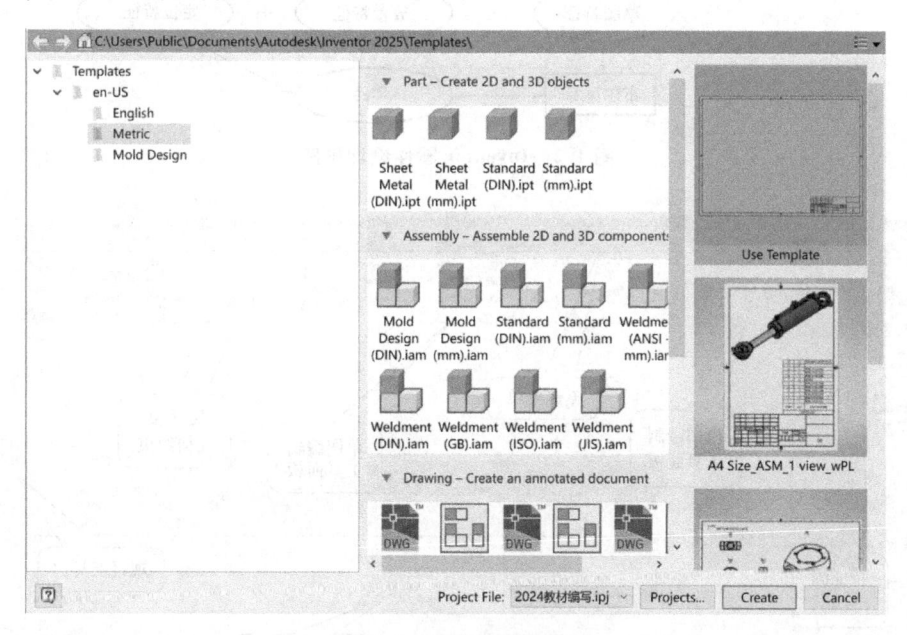

图 1.1　模板选择窗口

窗口显示默认的模板，包括零件、部件、工程图、表达视图。选择零件模板"Standard（mm）.ipt"即可进入零件造型设计环境。

4. Inventor 零件设计流程

遵循零件的设计思路使用相应的特征造型工具就可以完成零件设计。

1）Inventor 零件设计思路。Inventor 零件设计思路可以用如图 1.2 所示的流程表示。

在从无到有创建零件时，总是从草图开始的，所以在"New"窗口单击零件模板"Standard（mm）.ipt"进入零件设计时，我们总是从一个二维或三维草图开始。单击"Start 2D Sketch"，选择坐标平面 XOY 作为草图平面，系统进入草图绘制窗口，如图 1.3 所示。

Inventor 用户窗口由面向任务的浏览器和工具面板、工具栏、系统菜单及在线的设计支持系统等构成。具有 Windows 风格的多文档窗口允许同时打开多个文档，用户窗口也会因当

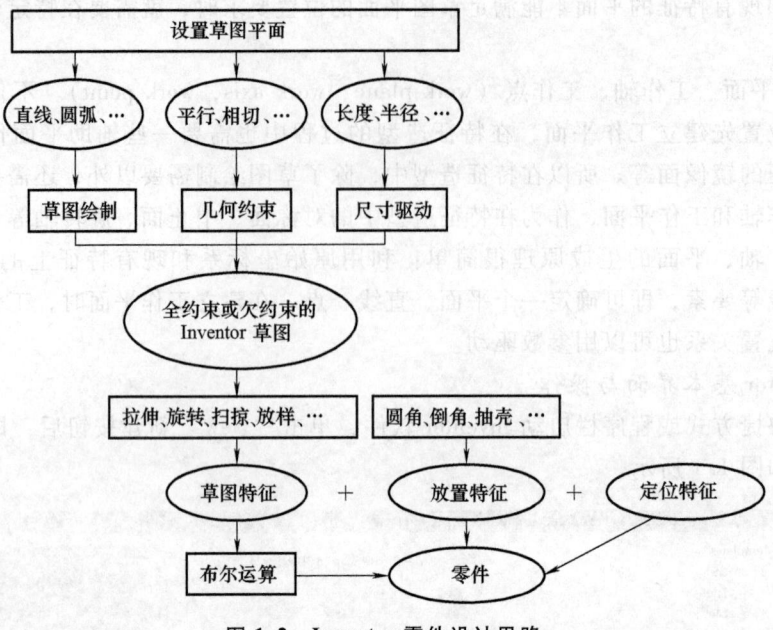

图 1.2　Inventor 零件设计思路

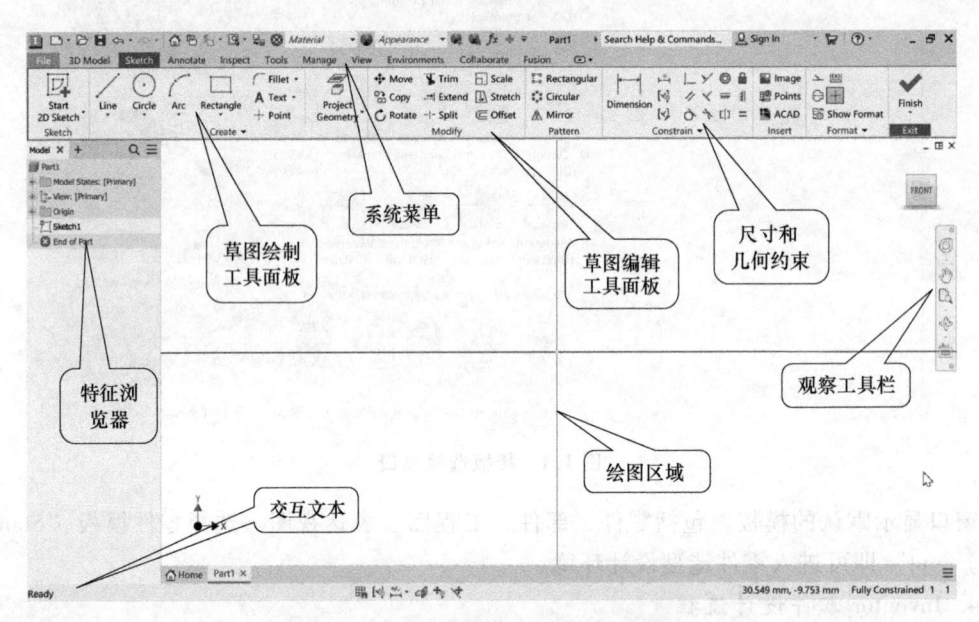

图 1.3　Inventor 零件设计草图绘制窗口

前激活的文档不同而不同。

面向任务的浏览器和工具面板是指：当任务不同时，该浏览器和工具面板也随之改变。例如，现在是在零件造型下的草图绘制模式，浏览器显示的就是零件造型下的特征浏览器；工具面板就是绘制草图的一系列工具。结束草图后，仍然是在零件造型任务下，浏览器不变，仍然是特征浏览器，但是工具面板随之切换为特征造型工具面板。如果是在部件任务下，浏览器随之切换为组成该部件的零件浏览器，工具面板也切换为施加装配约束的工具面板。其他任务如焊接、工程图等同样如此。

也就是说，在执行不同的任务时，只有那些用于该任务下该环境的工具才被激活显示，这样简化了窗口，方便了用户。

在草图绘制工具面板中，从左往右是绘图、编辑、尺寸和约束等相关命令，尺寸和约束等部分命令也可以在绘图区域单击右键菜单弹出。Inventor 使用了先进的草图导航器，可以自适应地进行草图设计，包括动态感应鼠标的运动、动态智能捕捉端点、中点、圆心等特殊点，自动添加草图约束，支持用于创建特征的多截面、跨截面草图，共享草图，关联的草图投影，绘制多边形，阵列草图，对称草图设计及草图编辑等功能。鉴于该软件的易用性，对草图的绘制不再详述。

2）Inventor 基础特征。草图绘制完成后，在绘图区域单击右键关联菜单选择"Finish"进入特征造型，工具面板自动切换到特征造型工具面板，如图 1.4 所示。

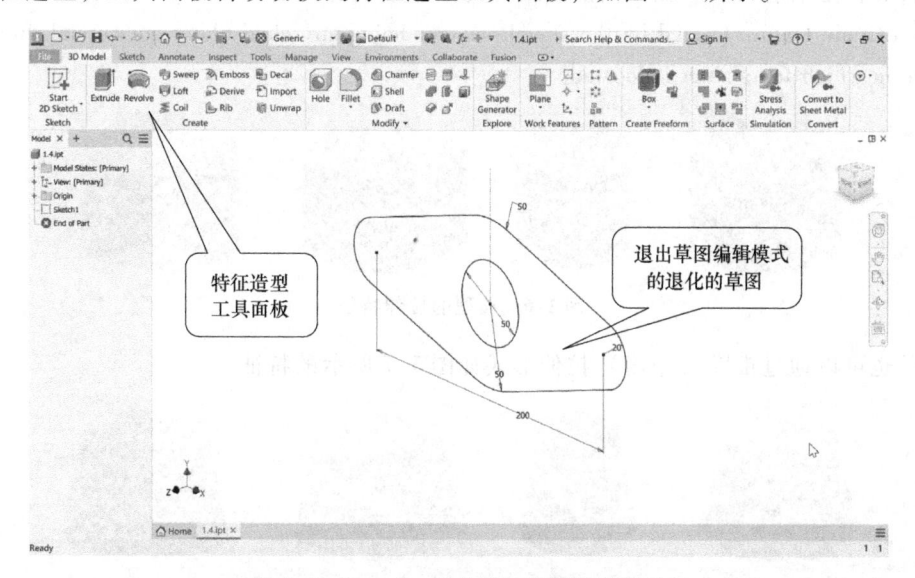

图 1.4 Inventor 零件设计特征造型窗口

特征造型工具面板从左往右分别为基础特征、放置特征、特征工具等一系列工具，单击相应的工具会出现与之对应的选项对话框，根据该特征需要的交互条件，对话框提示相应的选择和参数输入，如图 1.5 所示是拉伸特征对话框。

在刚开始接触软件的时候，建议对每个对话框的内容都了解一下，像拉伸特征对话框的"Advanced Properties"下拉按钮，单击以后会出现锥度拉伸选项。当光标停留在对话框的图标上时，系统会显示相应的提示。这些选项和按钮不需要做逐个讲解，读者完全有能力自己掌握并在使用中逐渐熟悉。

通过特征的累积，可以从简单到复杂地建立所需的模型。

1.2.2 Inventor 常用特征及分类

不同三维造型软件的特征设计和分类不同，但是大致都

图 1.5 拉伸特征对话框

有以下几类特征。

1）基本特征：拉伸、旋转、扫略、放样等基本特征，每个特征的特点不同，要深入理解它们的差异，在设计时根据分解后的形体特点，选择适当的特征进行造型设计。

2）附加（辅助）特征：圆角、倒角、孔、螺纹等特征，各个特征特点鲜明，很容易掌握。

3）重复特征：阵列、镜像等特征，重复特征不需要多次建模，使用相应特征工具完成复制动作。

下面简单介绍四大基本特征。

1. 拉伸特征

拉伸特征是沿着草图所在平面的法线方向拉伸形成的特征，如图 1.6 所示。

The extrude feature formed by the sketch section being stretched along the normal direction of the plane in which the sketch is located.

图 1.6　典型的拉伸特征

当然也可以通过锥度（角度）拉伸形成如图 1.7 所示的特征。

图 1.7　锥度（角度）拉伸特征

拉伸特征是最常用的特征，造型设计的大部分特征都可以通过拉伸特征完成，而且使用相交拉伸特征还可以生成形状相对复杂的立体模型，如图 1.8 所示。加上圆角特征后即可变成如图 1.9 所示的立体模型。

图 1.8　相交拉伸生成的特征　　　　图 1.9　加上圆角特征的模型

2. 旋转特征

旋转特征是平面图形绕一条直线回转生成的特征，也就是工程制图中的回转体。其特点是有一个回转轴，平面图形可以是直线也可以是曲线构成的，如图 1.10 所示。需要强调的是，在设计常规复杂回转体零件的时候，不采用一次完成草图旋转成型的方法，而采用形体分析，然后用多特征累积的方法完成造型设计。

Revolve is a feature generated by a sketch rotating around a center line, that is a rotating body in engineering drawing.

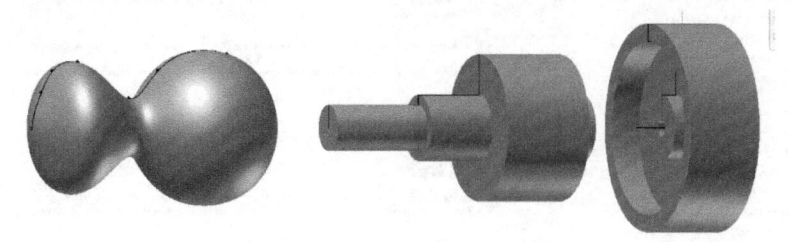

图 1.10　典型的旋转特征

3. 扫略特征

扫略特征是定截面（同拉伸特征）沿平面或者空间路径扫过（拉伸是沿草图平面法线方向）所形成的特征。扫略特征至少需要两个草图：截面草图和路径草图，在做扫略特征之前，要做好相应的准备工作。图 1.11 所示是典型的扫略特征。

A swept feature is characterized by a fixed section (the same as extruded feature) swept along a plane or 3D path (extrude feature is along the normal direction of the sketch plane).

图 1.11　典型的扫略特征

4. 放样特征

放样特征在不同位置特征截面不同，而且又不是回转特征，所以不能使用拉伸、扫略或旋转特征来完成。虽然使用相交拉伸可以形成相对复杂的特征，但是相交拉伸的结果是通过对垂直相交的两个方向的轮廓进行精确设计来完成的，无法对特定截面的形状进行精确定义。

The loft feature is characterized by different cross-sections of the feature at different locations, and it is not a rotation feature, so it cannot be completed using extrude, sweep, and rotate features.

当需要对不同位置截面形状进行定义设计的时候，放样特征是不二之选。图 1.12 所示的零件是使用放样特征进行定义和设计的典型案例。

1.2.3　Inventor 的在线帮助功能

Inventor 提供了完美的在线帮助，单击右键弹出菜单上的"How To"或者按<F1>键启动帮助，就可输入相关命令检索，获得图文并茂的详细的帮助文档。图 1.13 所示是关于拉伸特征的中止方式的帮助文档。

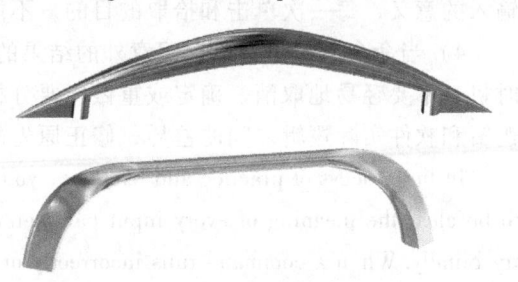

图 1.12　典型的放样特征

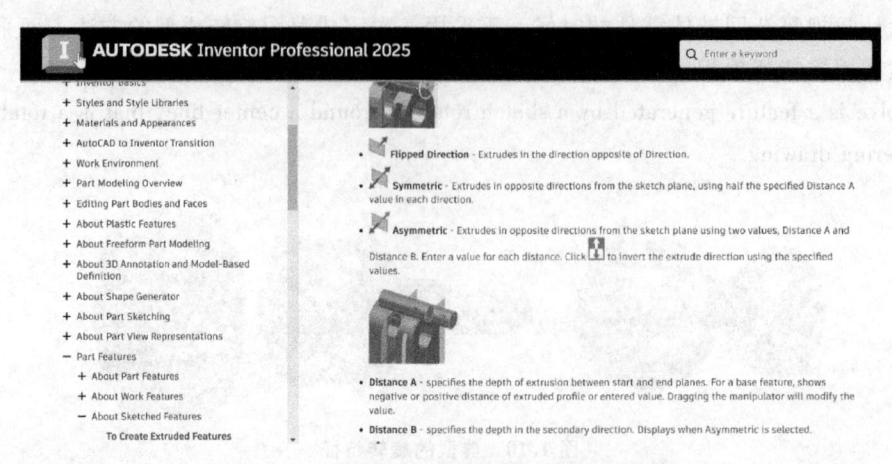

图 1.13　关于拉伸特征的中止方式的帮助文档

在线帮助功能对选项卡上每个选项、参数都有详尽的说明，部分说明还配有图例，关联问题通过超链接还可以快捷访问。能独立参考在线帮助处理问题也是学习的具体过程和对学生的能力要求，所以本书不对命令进行逐个的讲解。

1.3　参数化造型设计软件的学习方法

本书介绍参数化造型设计的方法，不是特定软件操作的指南。教学过程注重方法的教学和自我学习能力的培养，所以学习过程需要注意以下几点。

1) 参数化造型设计软件的基本原理和操作方法大致相同，交互风格也大同小异，使用软件的过程就是学习和熟悉的过程。遵循 Windows 软件的操作习惯，按照软件交互的信息指导，根据设计理念输入参数，当输入条件有唯一输出结果的时候，系统总是能返回该结果。如果输入参数的结果不唯一，系统将继续交互过程，直到结果唯一。

2) 一般的特征造型命令都可以在练习中熟练，并不需要查看相关手册或书籍。当然有些命令的选项较多，参数之间匹配要求高，除了尝试的时候要细致认真外，还需要多使用在线帮助功能。

3) 在练习和实践的过程中，要做到脑筋快一些，手上慢一点。一定要明确每一个参数输入的意义，每一次单击和拾取的目的，不能盲目地尝试。

4) 当命令运行出错或返回意外的结果的时候，是透彻理解该命令执行逻辑的最佳学习时机，不要轻易地取消、确定或重做，要分析错误发生的原因，弄明白自己理解的命令执行逻辑和软件实际逻辑之间的差异，修正原先的理解。

In the process of practice and exercise, you should be quick in mind and slow in hands. Be sure to be clear the meaning of every input parameter, the purpose of each click and pickup, and don't try blindly. When a command runs incorrectly or returns unexpected results, it is the best moment to understand the command execution logic thoroughly. Do not cancel, confirm or redo casually, analyze the cause of the error, analyze the difference between the command execution logic and your misunderstanding.

对一个特定软件的熟悉过程就是这样一点点习得的。本书不是针对特定软件的操作手册，而是普适的参数化造型设计基本原理和方法的讲解，多年的教学实践证明，本书及配套慕课的学习，不必拘泥于特定的参数化造型设计软件，也能很好地达成课程学习目标。

思考题：

  1.1 为什么参数化造型设计软件不能完全取代工程制图课程？我们在工作和生活中几乎全部依赖电子工具，小学生能取消汉字读写吗？

  1.2 如果把设计零件的工程表达比喻为写一篇作文表达设计思想，那尺规作图和参数化造型设计软件的本质区别是什么？共同点是什么？

  1.3 尺规作图相较于参数化设计软件，有没有优点？

  1.4 体会拉伸、扫掠、放样三个特征的本质区别和联系。可以说拉伸是路径特殊的扫掠吗？可以说扫掠是截面不变的放样吗？

  作业：初步熟悉 Inventor 或者希望使用的参数化设计软件的界面和基本操作。

第2章

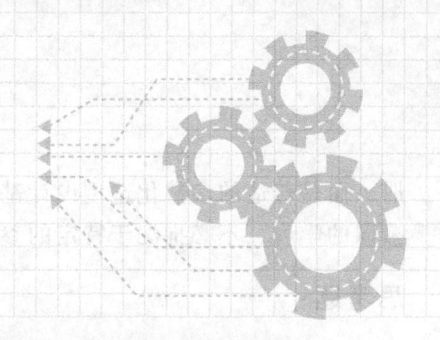

设计思想在参数化设计草图和特征中的体现

本章通过两个造型设计实例介绍如何在草图和特征创建过程中体现设计思想，并在造型过程中介绍草图、形状约束、尺寸约束、特征编辑、拉伸特征、孔特征、工作平面、草图共享、特征阵列等内容。

In this chapter how to reflect the design ideas in sketches and features is introduced through two modeling design examples, and sketches, geometry constraints, size constraints, feature editing, extrusion feature, hole feature, work planes, sketch sharing and feature pattern are also introduced in the modeling process.

2.1 拉伸特征和草图

根据如图 2.1 所示造型设计实例进行参数化造型设计，并在造型设计中体现该零件的设计思想。

零件的设计思想分析：给定的零件由两大部分组成，底板和圆筒。注意底板的对称性、圆筒外径和底板中部圆形的等径等设计思想，这些都需要在造型和草图中体现出来。

2.1.1 文件管理——项目

在进行造型设计实例之前，我们将先介绍项目和文件管理。Inventor 以项目对文件进行管理，就是把一个项目的所有文件都放在一个目录下，该目录中有一个后缀为 ipj（iproject）的项目文件，双击打开该项目文件，就可以激活该项目。项目激活后，打开、保存、另存文件将直接指向该目录。

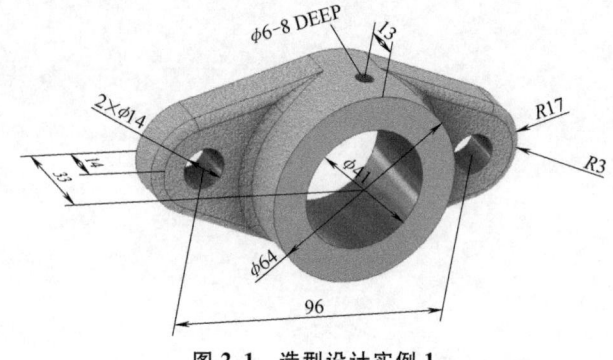

图 2.1 造型设计实例 1

Inventor manages files by project, that is, to put all the files of a project in a directory, with a project file having the suffix of ipj (iproject) in the directory. Double-click to open the project file, that is to activate the project. Once the project is activated, the open, save, and save as will point directly to that directory.

因此，目录和项目文件的命名应该反映项目的特征，以便于文件管理。

在本书的学习过程中，编者建议一系列的实例文件放在一个命名为"教材"的目录下的"inventor"子目录中。例如，先新建该目录，然后打开 Inventor 软件，单击"new"，弹出模板选择窗口，如图 2.2 所示。

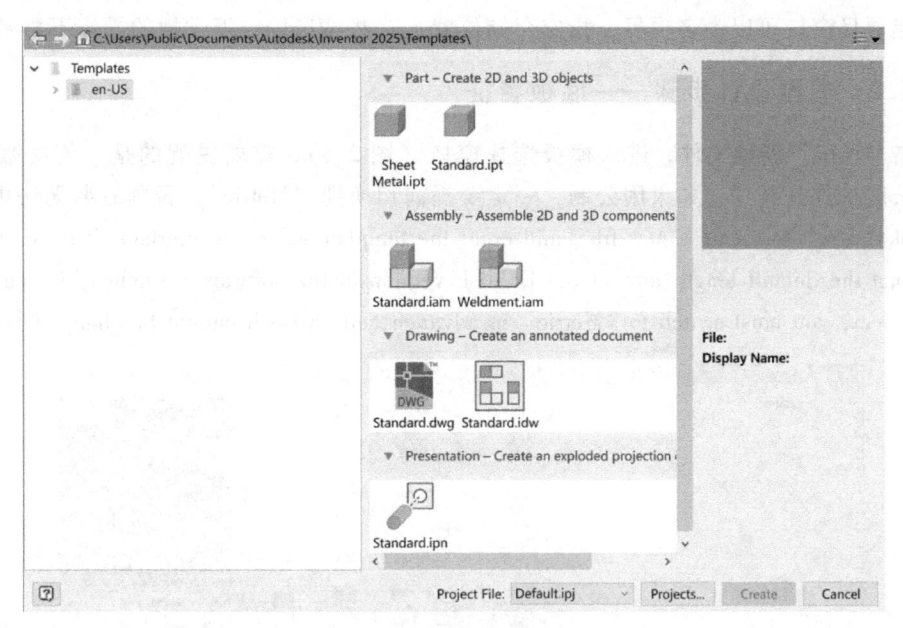

图 2.2　模板选择窗口

注意该窗口下方的"Project File",如果是第一次打开该软件,应该是"Default.ipj",如果之前打开过其他项目,应该显示上次使用的项目。

单击窗口下方的"Projects...",进入项目管理界面,如图 2.3 所示。

项目管理界面上面的窗口显示已有项目、激活项目,可以通过双击切换激活的项目,右键单击弹出菜单可以对项目进行新建、更名、浏览等管理。项目管理界面下面的窗口显示激活的项目详情。

当然也可以单击窗口下方的"New"新建项目,选"New Single User Project"单用户项目,"Next"到新建项目窗口,如图 2.4 所示。

图 2.3　项目管理界面　　　　　　　图 2.4　新建项目窗口

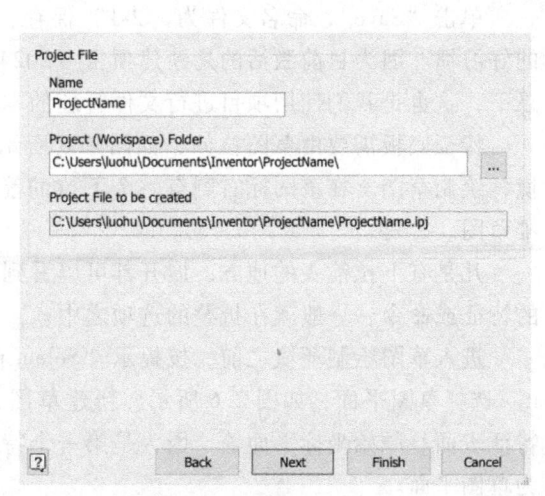

新建项目窗口可以命名项目，指定存储位置，这些 Windows 下常规的操作不再赘述。

2.1.2 造型设计步骤——底板特征

单击"New"新建文件，进入模板选择窗口（图 2.5），需要提醒的是，英文版的软件缺省的长度单位是英寸，如果用公制，一定要提前切换到"Metric"，否则后期无法更改。

Click "New" to create a new file, and enter the template selection interface. It needs to be reminded that the default length unit of the English version of the software is inches, if you use the metric system, you must switch to "Metric" in advance, otherwise it cannot be changed later.

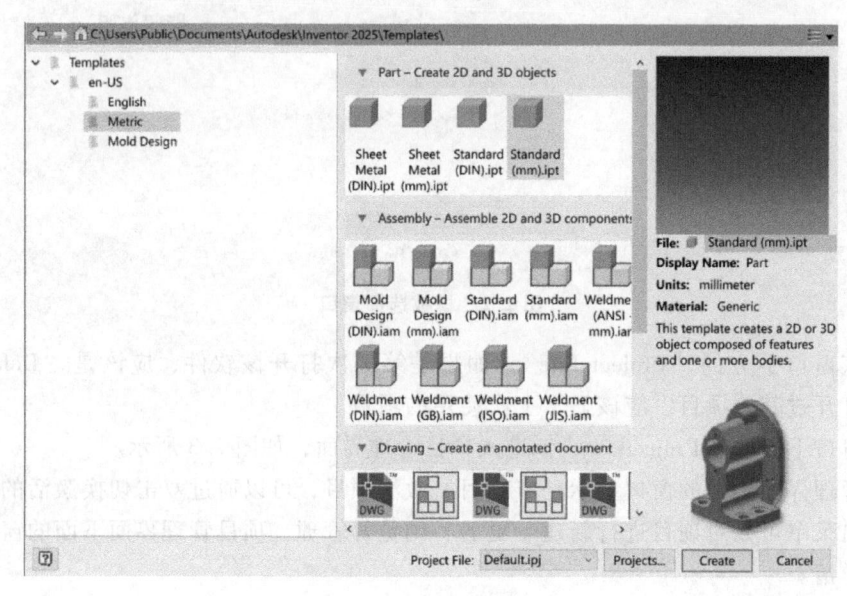

图 2.5 切换至公制模板

要切换到公制，展开模板中的"Metric"目录，选择以 mm 为单位的零件模板"Standard（mm）.ipt"并双击，软件将进入特征造型界面。

单击"Save"，命名文件为"2-1"保存，建议从学习之初就养成命名文件并及时保存的好习惯。因为目前激活的是新建项目"2024 教材编写"，文件直接保存到该项目指向的目录下，这也是我们使用项目进行文件管理的本意。

特征底板需要由草图拉伸，如图 2.6 所示，单击左上角"Start 2D Sketch"进入草图环境，绘制草图。在该图标右侧有一个下拉的箭头，展开还有"Start 3D Sketch"可以绘制三维草图。

凡是有下拉箭头的地方，展开都可以看到折叠的选项。如果在所属的分类下找不到所需的特征或命令，一般就在折叠的选项之中。

进入草图绘制环境之前，按提示"Select plane to create sketch or an existing sketch to edit"选择草图平面，如图 2.6 所示。新建草图，总是需要确定草图平面，可以是已有草图、特征表面、原始坐标平面等。因为是第一个特征的草图，所以此时只能选择原始坐标平面作为草图平面。

When creating a new sketch, it is always needed to determine the sketch plane, which can be

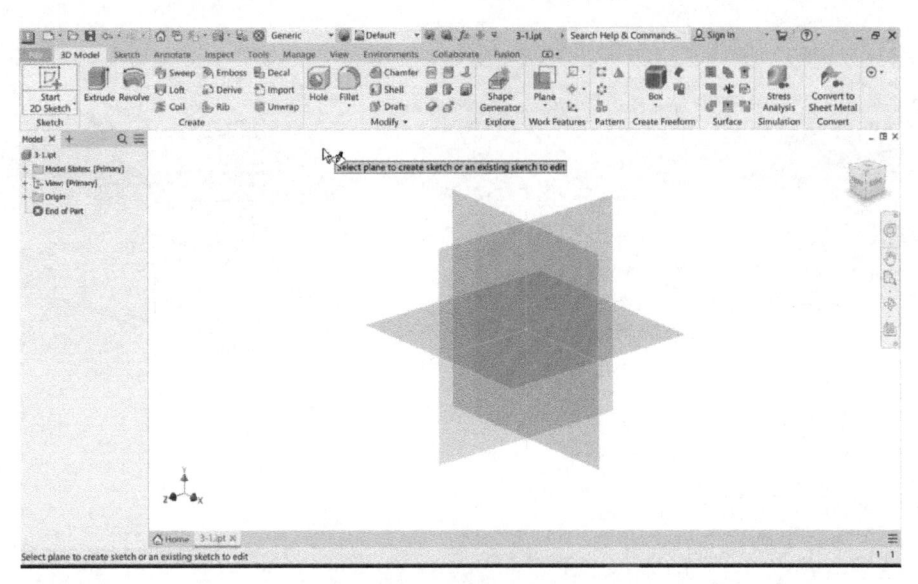

图 2.6 选择草图平面

an existing sketch, a feature surface, an original coordinate plane, and so on. Since this is the first sketch of the first feature, only the original coordinate plane can be selected at this point.

选择草图平面可以在窗口选择，也可以在左侧的特征浏览器中选择，特征浏览器中的"+"都可以展开。

第一个草图一般选择 XY 平面，选择草图平面后，菜单切换到草图绘制命令菜单，如图 2.7 所示。

图 2.7 草图绘制命令菜单

草图绘制命令菜单从左到右按分类依次是"Create"绘图命令、"Project Geometry"投影几何图元、"Modify"修改、"Pattern"阵列、"Constrain"尺寸和几何约束等。更多的命令和功能隐藏在折叠选项之中，需要单击下拉箭头展开。

1. 几何约束和设计意图

在绘制草图之前，先介绍几何约束的概念。参数化设计软件使用几何约束反映设计意图。比如设计意图是一个正方形，我们当然可以使用"Rectangle"中的正多边形，绘制边数为四的正四边形。但是因为菜单数量的限制，只有常用功能才有命令菜单，更多的情况是使用几何约束反映设计意图。

仅以正方形举例，我们可以通过画一个任意的四边形，然后对各边加上平行、垂直、等长等约束，使之成为一个正方形。几何约束的种类和使用有十几种，它们的图标形象生动，鼠标悬停在其上就会有解释乃至动画演示（图 2.8），所以并不需要记忆。而且实现设计意图的约束方式多种多样，只要最终达到目的即可。

特征底板可以分解表示为中间一个圆形，两边对称等距离等大的两个圆形，还有四条圆

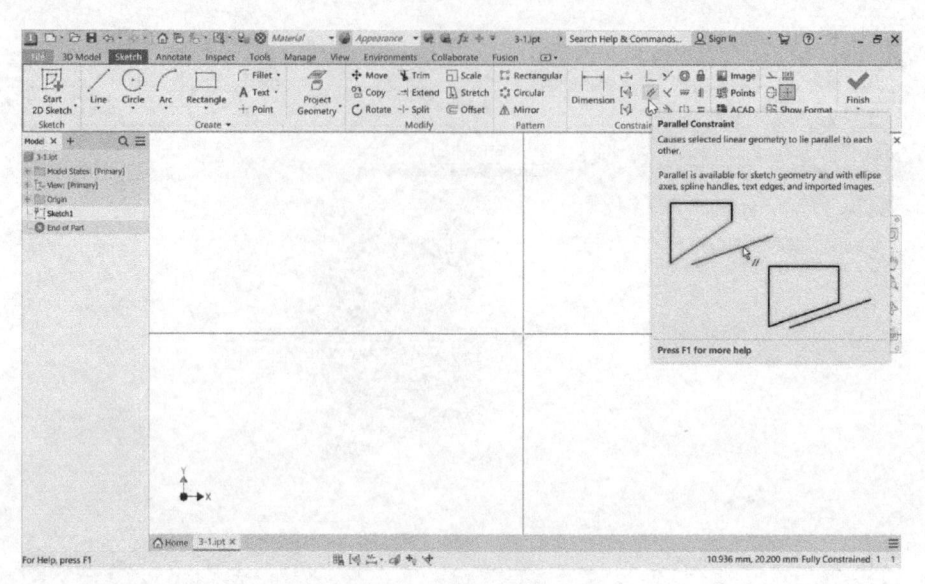

图 2.8　几何约束注释

的公切线。我们可以先把这些要素画出来，再施加相应的约束实现设计意图。

2. 绘制三个圆和四条公切线

单击绘图菜单区的"Circle"命令，初学者可以展开下拉箭头，熟悉折叠隐藏的命令和选项。缺省的画圆方式是圆心和圆上的一点，通过鼠标拾取。

第一个圆心我们希望和坐标原点重合，单击"Circle"命令后，按界面左下角的交互提示"Select Center of Circle"，拾取坐标平面XOY的坐标原点，因为软件自动打开捕捉功能，当鼠标靠近坐标原点时，光标从黄色变成放大的绿色，表示已经捕捉到原点，单击拾取接受。

界面左下角的交互提示"Select Point on Circle"，因为一开始选择圆心和圆上一点的方式画圆，所以确定圆心后第二个要选取圆上的一点。

移动鼠标的过程就是定义圆上一点坐标的过程，窗口会出现预览并显示圆的直径。可以在此时直接输入圆的直径，也可以先画大概的圆，然后再使用尺寸约束参数驱动。

使用同样的方式画出左右两个圆，并画出四条交线，如图2.9所示，直线命令非常简单，请自行撑握。

3. 构造线和施加几何约束

1）水平约束。中间圆的圆心是捕捉到坐标原点的，左右两个圆心从设计思想上应该和坐标原点在同一条水平线上。选择水平的几何约束，先后选择三个圆心，因为中间圆心已经被约束固定，所以其他两个圆心施加水平约束后，将和坐标原点在同一条水平线上。

The center of the middle circle is snapped to the coordinate origin, and the centers of circles on two sides should be on the same horizontal line as the coordinate origin according the design idea. Select the horizontal geometric constraint, and pick up the three circle centers one by one, because the middle circle center has been constrained, the other two circle centers will be on the same horizontal line with the coordinate origin after the constraint is applied.

如果两个要素都不是固定的，选择的先后会影响最终约束的结果。至于怎样影响，可以

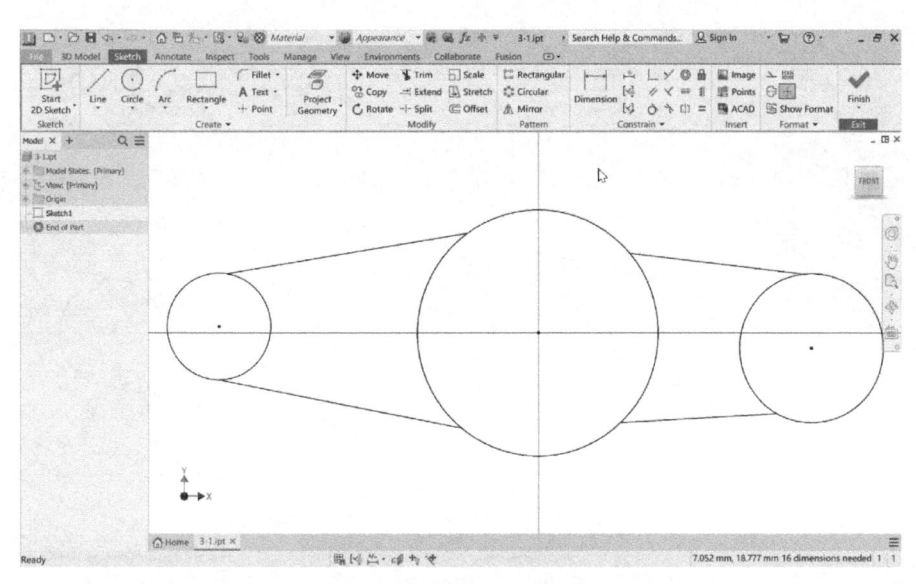

图 2.9 未施加约束的草图

先选择左右两个圆心，反复体验揣摩，积累经验。

2）对称约束。通常的理解，左右两个小圆应该关于中心对称，我们可以尝试着施加对称约束。选择对称约束，提示"Select First Sketch Element"，选择左边的圆心，提示"Select Second Sketch Element"，选择右边的圆心，提示"Select a Symmetry Line"，注意此时要选择对称线，无法拾取中间的圆心。这说明软件在草图中的对称机制是两个要素关于对称线对称。

过原点画一条竖直的对称线有很多种方法，最容易想到的是利用原始坐标轴，只是这个轴在草图中可见不可用，可以使用"Project Geometry"投影过来，先退出绘图命令，在特征浏览器中展开坐标系，选中"Y axis"，单击"Project Geometry"就可以。

当然也可以直接切换到"Line"命令，起点捕捉到坐标原点，画一条竖直线，作为施加对称约束的对称线。

不管哪种方法，图中的对称线都是粗实线，跟图中的圆和交线相互干扰，不能作为我们想要的"辅助线"。可以选中想要的对称线，再单击右上角的"Construction Line"，将其切换成构造线，即可作为"辅助线"。当然也可以先按下"Construction Line"按钮，再画线或投影，得到的就是构造线。有了构造线作为对称线，就可重新启动对称约束。

依次选择第一个要素、第二个要素、对称线。在选择第一个要素、第二个要素的时候，可以选择圆心，也可以选择圆。选择圆心，只施加圆心位置的对称约束；选择圆，除了施加圆心位置对称约束外，还施加两圆大小相等的等大约束。反复实践，更换第一个要素、第二个要素的选择顺序，体会约束施加后的不同结果。

3）相切约束。施加相切约束，因为没有对各圆的大小先行约束，在施加约束的过程中圆的大小会被驱动，体验一下约束的施加顺序及其带来的结果，如果遇到意外结果，可以退回改变顺序重做。

因为所画的四条线是交线，施加相切约束后，可能会出现切线不够长或者超长的情况，这个时候需要使用"Trim"或"Extend"修剪或延长，如图 2.10 所示。

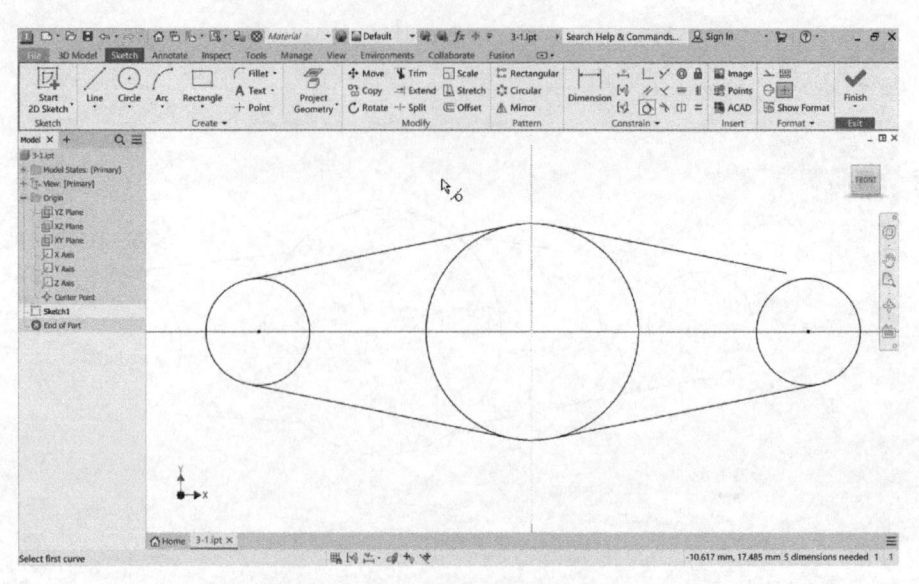

图 2.10 需修剪或延长的线性要素

4)尺寸约束。延长切线后施加尺寸约束，需要提醒的是，尺寸约束要反映设计思想。对称尺寸标注全长而不是一半的长度，如圆要标注直径而不是圆弧的半径，根据设计意图标注尺寸后的草图如图 2.11 所示。

It should be reminded that the size constraint should reflect the design idea, the symmetrical dimension should be marked overall size instead of half of it, for example the circle should be marked with the diameter rather than the radius of the arc.

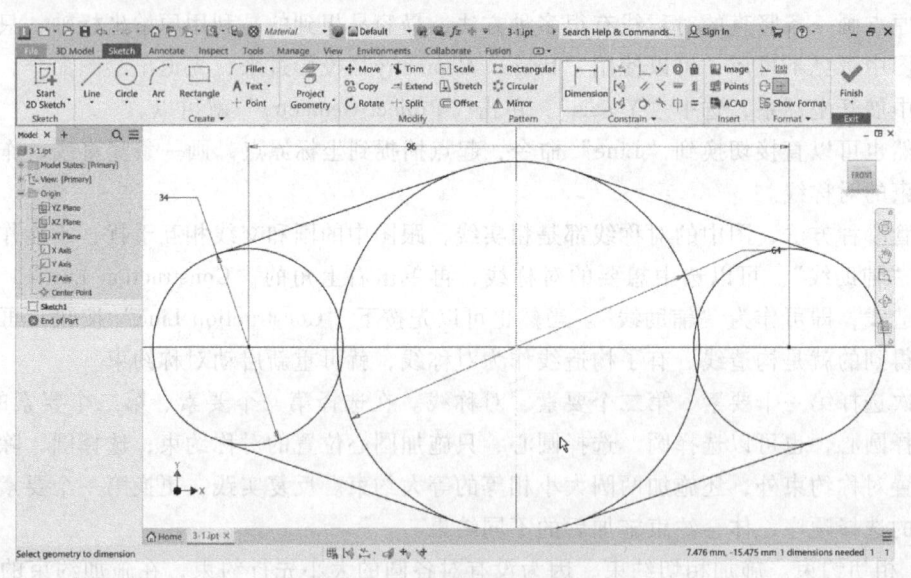

图 2.11 完成的全约束草图

4. 拉伸底板特征

底板草图完成后，单击"Finish"，就会转到特征造型界面，使用拉伸特征即可得到底板特征。需要说明的是，底板上的对称圆孔不需要在草图中反映出来，可以在底板特征完成后使用孔特征去做。参数化设计的一个基本原则就是：草图尽量简单，能使用特征命令完成的，不要使用草图去做。

提醒：对比完成的草图和底板特征的轮廓，草图中"多了"一些相交的圆弧，很多同学为追求和特征轮廓一致的草图，通常会修剪这些"多"出来的圆弧，因为约束是依附于几何图元存在的，结果导致原先草图中的一些约束丢失，草图不再反映本来的设计思想，这是不可取的。

草图和特征轮廓不必一致，只要能反映设计思想即可。更不能为了追求一致，反而丢失了本来的设计思想。

Sketches and feature outlines don't have to be consistent, as long as they reflect the design idea. Trimming some of the sketch elements will make it lose the original design idea.

完成草图退出到特征造型命令后，为了概览草图全貌，通常要使用图形窗口右侧竖列中的"Zoom All"命令，然后得到特征环境下退化了的草图，如图 2.12 所示。

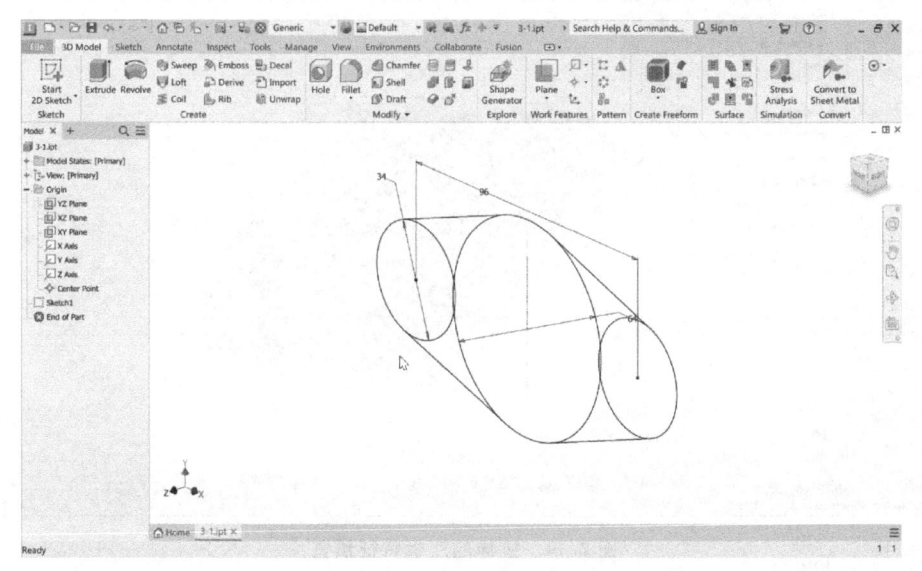

图 2.12 特征环境下的草图

单击"Extrude"拉伸命令，弹出拉伸特征命令窗口，如图 2.13 所示。

"Profiles"选择要拉伸的轮廓，当草图是单一封闭轮廓的时候会自动选取，如果不是单一封闭轮廓则需要手动选择。在选择的时候，可以配合<Ctrl>键进行复选和弃选。

"From"是定义拉伸特征的起点，定义起点就需要定义终点"To"。缺省的是不定义起点，直接从草图所在的平面开始，给一个距离或者一个终止条件。

"Direction"定义拉伸方向，可以反方向、双向对称、双向不对称拉伸。

提醒：缺省的拉伸结果是实体拉伸，但是如果草图

图 2.13 拉伸特征命令窗口

17

不封闭，拉伸的结果就是曲面拉伸。如果草图封闭但是曲面拉伸选项被打开（右上角的"Surface Mode is On"），实操中将出现反复检查总是不能得到实体拉伸结果的情况。

In particular, it should be reminded that the default extrusion result is solid extrusion, but if the sketch is not closed, the extrusion will result in the surface extrusion, and there are also cases where the sketch is closed but the surface extrusion option is turned on ("Surface Mode is On" in the upper right corner), and the solid extrusion result cannot be obtained after repeated checks in practice.

复选"Profiles"至所要的结果，输入拉伸距离，得到预览的结果，如图2.14所示。

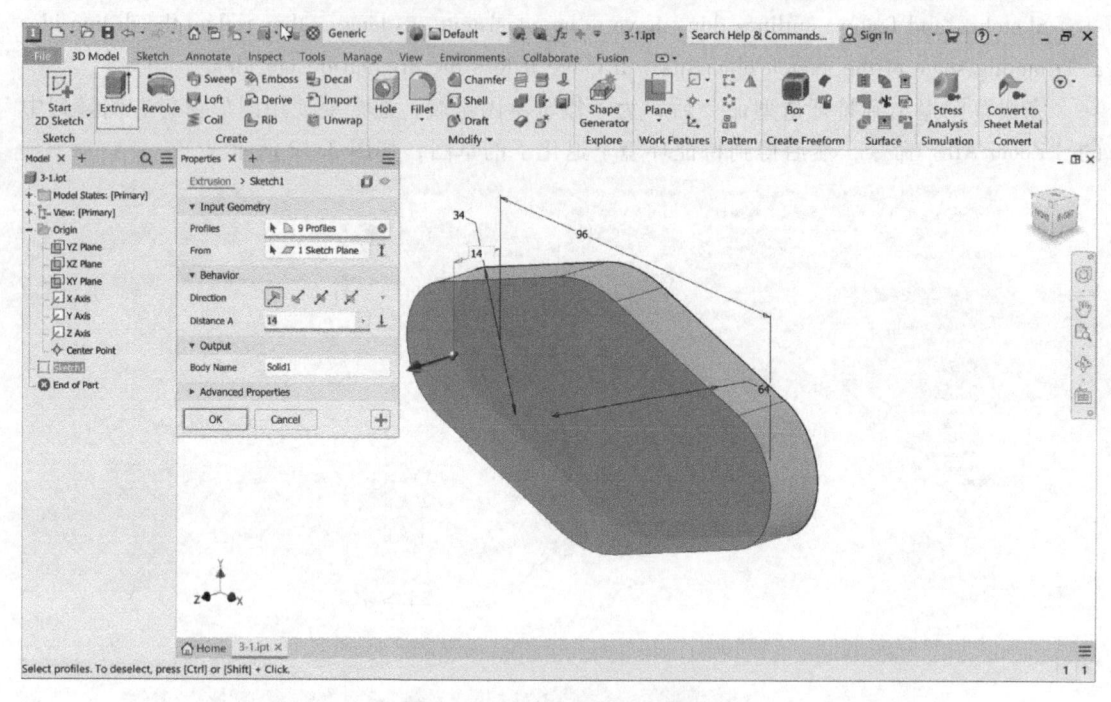

图 2.14 拉伸的底板特征预览

2.1.3 造型设计步骤——底板上的孔特征

确定接受拉伸结果后，设计底板上的孔特征。

前节说过，要保持草图尽量简单，能使用特征的不要用草图。特别是孔特征，虽然可以使用草图圆拉伸形成，但是它和孔特征还是有本质的不同。

从机械加工的角度，虽然都表现为孔，但是圆筒内径和孔在加工和标注上都是不一样的，使用孔特征做出来的模型结构，在工程图标注环节可以直接引用模型特征的孔定义参数。

In the view of manufacturing, although they all look like holes, the inner cylinder of the tube and the hole on base board are different in manufacturing and dimensioning, and the model structure made by using the hole features can directly refer to the hole definition parameters in the engineering drawing annotation.

单击"Hole"，弹出孔特征命令窗口，如图2.15所示。

孔的定位可以使用草图点定位，也可以使用现有特征中任何可定位的要素和方法定位，非常灵活，读者可以在"Positions"选项里尝试操作体会。

孔的类型在"Type"里选择，可以选择倒角孔、沉孔、螺纹孔，当然选择不同类型的孔就会出现相应的定义方式和窗口选项。此处使用最简单的光孔。

孔的终止方式非常重要，一定要反映设计思想。如果设计思想是通孔，就不能用孔深来定义，因为用孔深定义的参数不会随着底板的厚度而改变。如果使用通孔选项或者"To"选项，孔深参数就会随着它所依附的要素而变化。

The hole termination way is very important and must reflect the design idea. If the design idea is a through-hole, it cannot be defined in terms of hole depth, because the parameters defined in terms of hole depth do not change with the thickness of the base plate.

选择左右圆柱同心定位孔心，再更改孔径，然后选择"Through All"的通孔模式，完成孔特征，如图2.16所示。

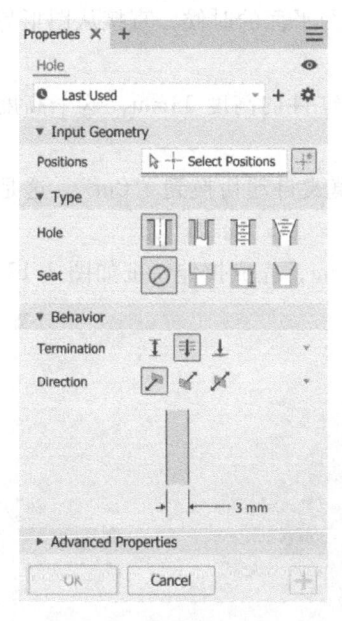

图2.15 孔特征命令窗口　　　　　图2.16 完成孔特征

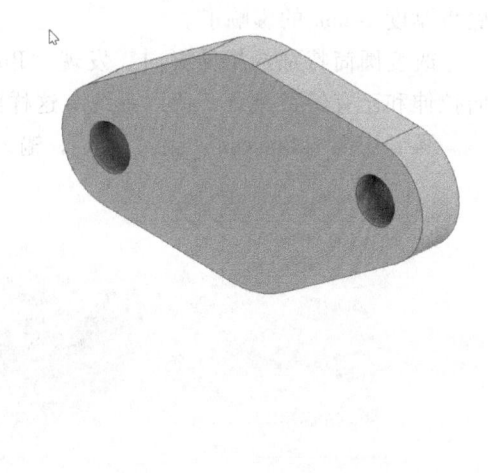

2.1.4 造型设计步骤——圆筒特征

底板特征完成后，需要设计其上的圆筒特征，这里需要注意零件的两个设计思想：圆筒的外径和底板中心圆直径等大；圆筒高度离底板底面33mm，且不应该和底板厚度相关联。

After the completion of the base board feature, we need design cylinder feature on it, it is necessary to pay attention to the two design ideas of this part: the outer diameter of the tube as same as the diameter of the base plate center circle, and the height of the tube is 33mm from the bottom of the base board and has no relationship with the thickness of it.

圆筒特征需要新建草图，单击"Start 2D Sketch"，选择底板表面作为草图平面，进入草图环境。

捕捉坐标原点作为圆心画圆，外圆捕捉到底板中心圆的圆弧端点上，系统会自动加上一个重合约束，实现圆筒外径和底板中心圆等大的设计思想。

捕捉坐标原点作为圆心画圆筒草图内圆，添加尺寸约束 41mm，单击"Finish"完成草图。

1. 草图平面和拉伸方向

因为圆筒内孔是"Cut"算法，而实体是"Jion"算法，所以圆筒的拉伸分两次进行，先采用"Jion"拉伸实心的实体，再采用"Cut"拉伸内孔。

选择"Jion"拉伸区域的时候，缺省的方向是和底板拉伸的方向一致，这时圆筒的高度加上底板的厚度才是整个零件的高度，在圆筒的高度中如果输入零件的整体高度 33mm，就与设计不符了。

提醒：注意此时一定不可以直接输入 33mm-14mm=19mm 作为圆筒的拉伸高度，因为这个设计没有反映零件整体尺寸为 33mm 的定义。原始的设计思想是：零件的整体高度为 33mm，而且不受底板厚度是否为 14mm 的影响。

之所以出现这样的问题，是因为我们在选择圆筒草图平面的时候，直接从图形界面选取底板的终止面，而不是选取 XOY 平面。

如果我们改变拉伸方向，从底板顶面反向拉伸整个零件的高度 33mm，这个高度就不受底板厚度 14mm 的影响了。

改变圆筒特征的拉伸方向，发现"Boolean"运算模式自动切换到"Cut"，这是因为反向拉伸和已有特征重合，所以系统有这样的推算。

强制切换"Boolean"到"Jion"，输入拉伸长度 33mm，完成拉伸特征如图 2.17 所示。

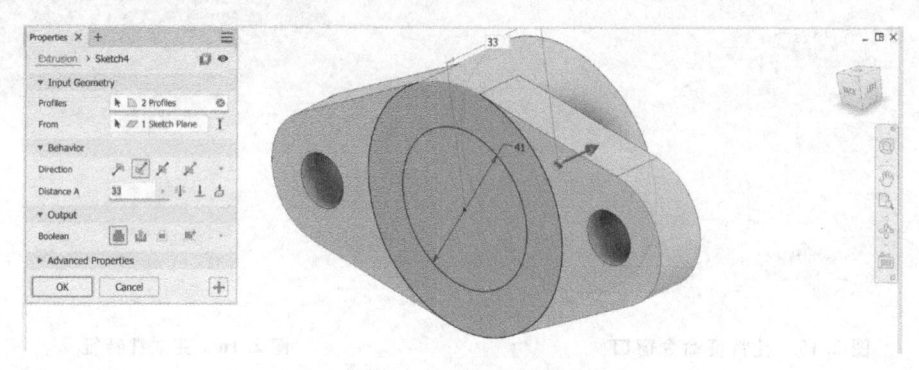

图 2.17 圆筒拉伸特征

2. 共享草图拉伸

当需要再次使用圆筒的草图"Cut"拉伸圆筒内孔时，发现图形界面的草图已经不可见，不可用了。这是因为使用过的草图会蜕化，如果要再次使用，需要共享草图。

在特征浏览器中找到"Extrution2"，展开找到对应的草图，单击右键弹出菜单，单击"Share Sketch"，该草图就可以复用了。

单击"Extrude"，选择共享草图的内圆，改变方向，布尔运算自动切换到"Cut"，注意此时虽然缺省的"Cut"距离是上一个特征使用的 33mm，但是并不能直接接受，要选择"Through All"的终止方式，如图 2.18 所示。

完成圆筒内孔的拉伸后，共享的草图依然可见，因为不再使用，为使图面整洁，需要将其隐藏。

先在特征浏览器找到该草图，然后单击右键弹出菜单，找到"Visibility"选项，取消勾选关闭其可见性。

3. 工作平面和圆柱面上的孔特征

绘制圆筒上直径为 6mm 的小孔前要在草图定位孔心，通常我们可以选择原始坐标平面、已有特征平面作为草图平面，但是本例中小孔是从圆筒外表面向内的，穿透了整个壁厚。虽然因为穿透了整个壁厚，我们可以使用原始坐标平面定位孔心，反向从圆筒内壁向外壁拉伸孔特征，变通地解决问题，但这不符合设计思想和加工过程。

而且，如果不是通孔，没有穿透整个壁厚，这样的变通也无济于事，需要找到相应的方法。

从设计思想和加工过程看，此小孔的定位是在圆筒外表面的一个平面上，和圆筒相切并平行于已有的坐标平面。我们就从这个设计思想进行定义。

图 2.18 圆筒内孔拉伸的终止方式

From the view of design ideas and manufacturing process, the location of this small hole is on a plane tangent to the outside cylinder and parallel to the existing coordinate plane.

在菜单中部的"Work Features"中的"Plane"下拉选项中，系统给出了十几种定义工作平面"Work Plane"的方法。工作平面之外，还有工作点"Work Point"，工作轴"Work Axis"。

介绍工作平面定义的方法有很多，软件也提供了丰富的帮助和实例。但是读者实际上并不需要逐一学习，只要明确一个原则：凡是几何上可以确定一个平面位置的任何方法，都可以用来在所需要的位置定义工作平面。所以可以使用工作点、工作轴、现有特征表面、乃至定义过渡工作轴、工作平面作为辅助手段最终达成在所需位置的工作平面的定义。

Any method that geometrically determines the position of a plane can be used to define the working plane at the desired location. So the working point, the working axis, the existing feature surface, and even the definition of the intermediate working axis and the working plane can be used as auxiliary means to finally achieve the definition of the working plane at the desired position.

以本零件圆筒上的小孔定位草图平面为例，我们需要圆筒外圆柱面的一个和 XZ 坐标平面相平行的切平面作为草图平面，首先需要在此处定义一个工作平面。

该工作平面与两个要素相关，一是与圆筒外圆柱表面相切，二是平行于 XZ 坐标平面。因为这两个条件可以唯一地确定一个平面的位置。

单击"Plane"并在展开的特征浏览器中选中"XZ"坐标平面，然后用鼠标拾取圆筒外圆柱表面。用相切和平行约束建立工作平面，工作平面的预览，如图 2.19 所示。

单击鼠标左键接受预览的工作平面。然后在该平面上新建二维草图。单击"Point"画点，再施加该点和坐标原点的竖直约束使之在圆筒的正中，最后标注定位尺寸 13mm。因为该点被全约束，草图颜色变成深蓝色。

单击"Finish"完成草图，单击"Hole"施加孔特征，定义孔径和深度，如果是贯通半壁，需要使用"To"定义孔终止于内壁，否则会贯通整个零件。

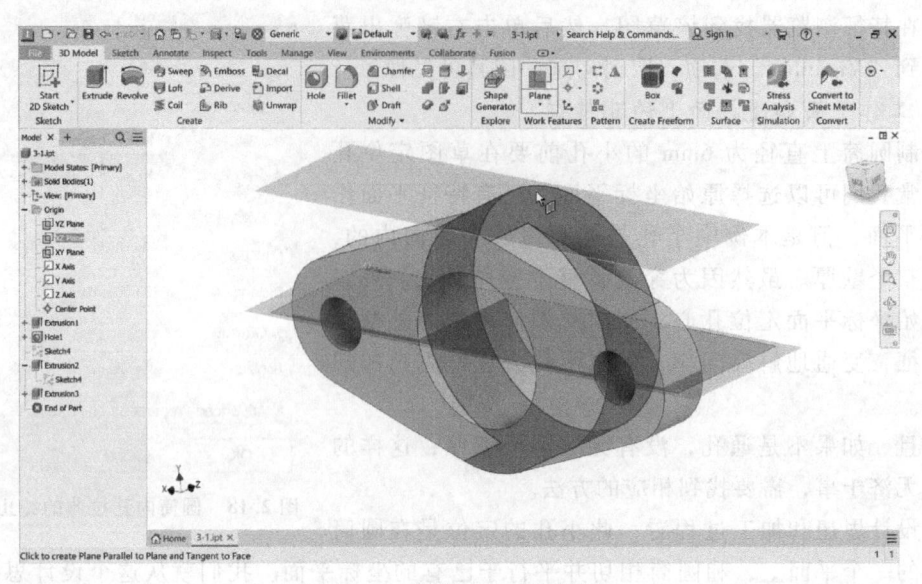

图 2.19　按需定义工作平面

为了后续的表达方法实例使用此零件，可以将此孔的深度定义为 8mm 的圆锥底盲孔备用。

打孔完成后，工作平面还是可见状态，同共享后的草图一样，可以在特征浏览器中选中该草图，再单击右键弹出菜单，改变"Visibility"选项使其不可见。

因为该零件是铸造零件，需要在非加工表面相交处增加相应的铸造圆角。

4. 圆角特征

施加圆角特征"Fillet"的时候需要旋转模型，旋转模型可以使用图形窗口右侧列的自由旋转"Orbit"功能。

圆角特征有很多复杂的选项（图 2.20），通常我们只使用简单的功能。如果遇到多圆角重合无法加载的情况，需要调整圆角的大小、顺序，甚至使用复杂选项才能解决问题。

There are many complex options for fillet features, usually we just use simple functions, and in the case of multiple fillets that cannot be loaded, we need to adjust the size and order of the fillets, and even use complex options to solve the problem.

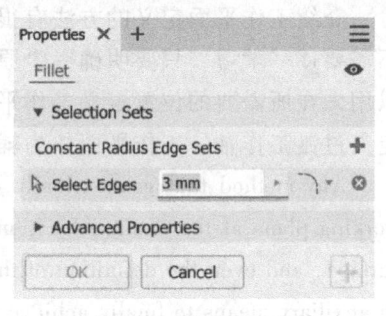

图 2.20　圆角特征选项

定义圆角大小，拾取圆角边，通常能直接看到预览，然后确定接受。

5. 零件的特性

本实例是典型的铸造零件，除二次加工的表面，其他地方应该体现铸件的特性。改变零件的特性可以在材质和外观处选择"Iron, Cast"，外观随之改变，同一材质下有多种外观，如果缺省的外观都不合乎要求，还可以编辑该外观特性，如图 2.21 所示。

打开材质，在编辑选项中选择外观，可以改变颜色、贴图等外观。

改变材质外观影响的是整个零件。本例铸造零件的加工和非加工表面的特性是不一样的。改变表面的特性可以通过改变特征的特性（图 2.22），如果特征涉及不同特性的表面，

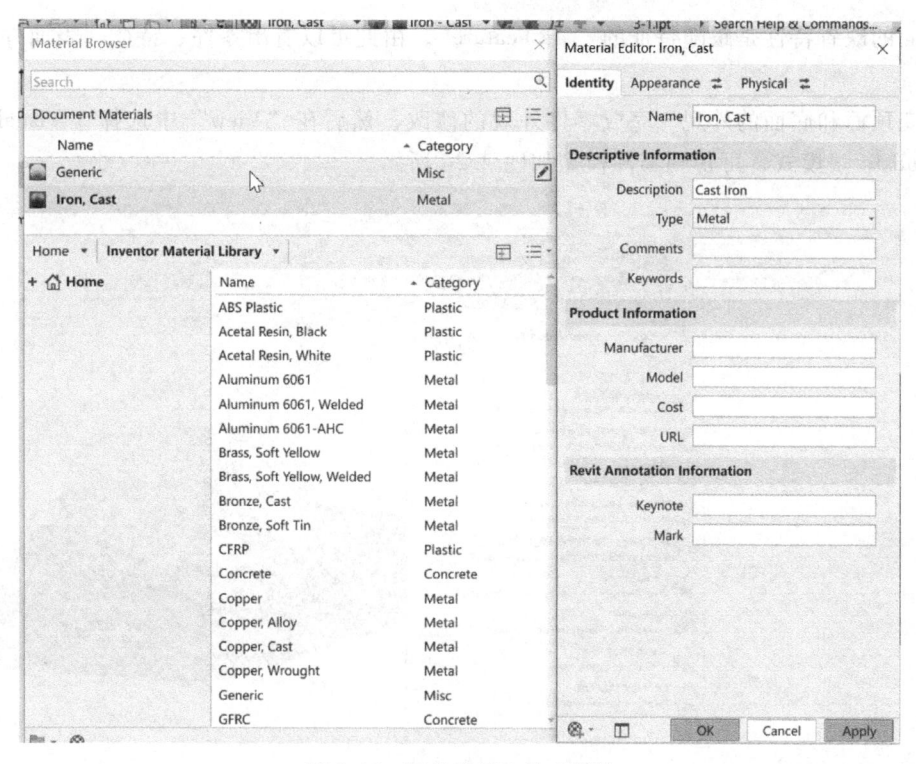

图 2.21 零件材质和外观调整

也可以单独改变表面的特性。零件、特征、表面的特性，是从高到低一级级传递的。

The properties of parts, features, and surfaces are transmitted from high to low.

在特征浏览器中复选两个孔特征和圆筒内圆柱，单击右键弹出"Properties"，可以修改特征的外观，通常它们都是随零件"As Body"的。

再使用<Ctrl>键复选零件的顶面和底面，单击右键弹出菜单"Properties"将其改成和三个孔相同的外观，如图 2.23 所示。

图 2.22 调整特征特性　　　　图 2.23 调整表面特性

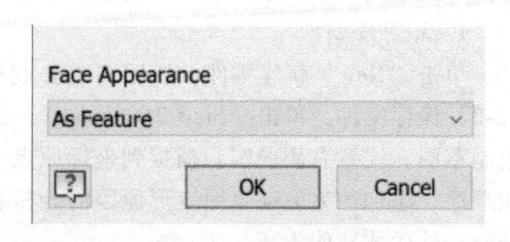

表面的缺省特性是跟随特征的"As Feature",由此可以看出零件、特征、表面外观的逻辑关系。

改变顶面和底面的外观,完成零件外观的修改,然后在"View"中选择"Visual Style"的"Realistic"模式,可得到零件模型如图 2.24 所示。

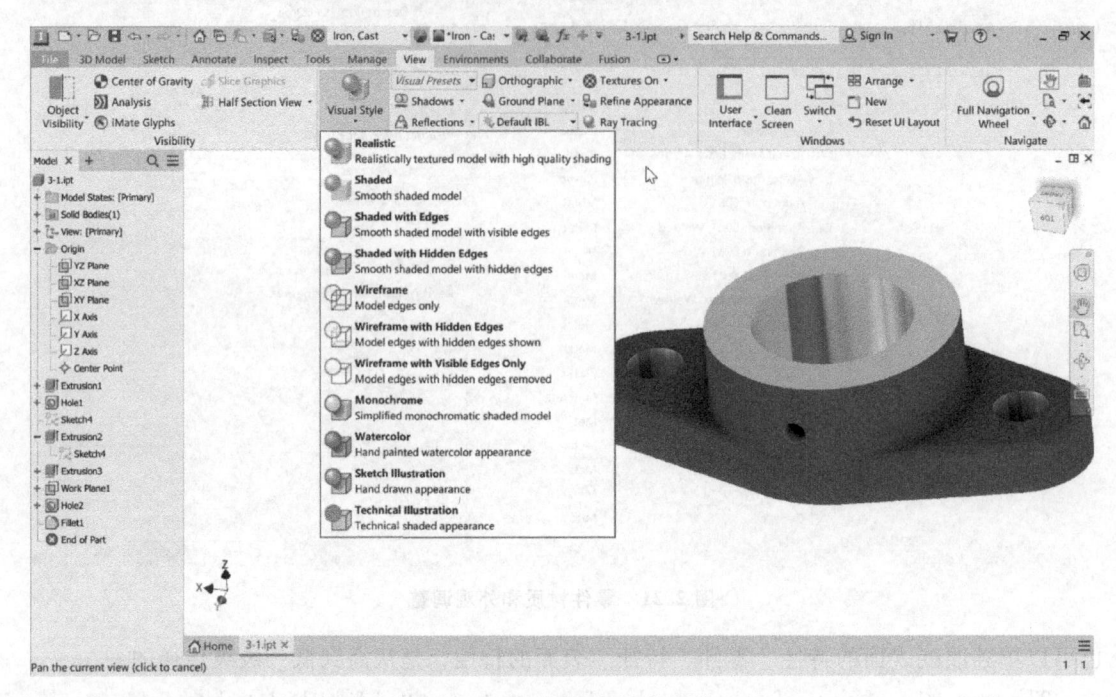

图 2.24 完成外观修改的零件

至此,完成了零件的造型设计。

2.2 对称和阵列特征

如图 2.25 所示,零件的特点是前后对称,左右不对称,但是两个结构相同,符合阵列的布置方式。

凡是相同的结构,都不需要重复建模,这是 CAD 工具最基本的功能,所以无论是在草图环节还是特征环节,都应为提高效率,避免重复建模。

本零件虽然有多个特征,但是草图都很简单,而且各特征又都是前后对称,所以可以把草图一次性完成,共享并采取分别拉伸的方式。

1. 草图绘制

单击"New"新建零件,然后选取公制模板进入特征造型环境,单击"Save"命名为"2-2"保存文件,单击"Start 2D Sketch",选取"XY"平面作为草图平面,进入草图环境绘制草图。注意右侧的圆心捕捉到坐标原点。绘制草图的过程中,几何约束和尺寸约束的添加顺序,添加约束驱动草图变形原因的分析和解决办法,这些都需要自己实践、体会,积累经验,然后才熟能生巧。

全约束的草图应该是深蓝色的,如图 2.26 所示。

图 2.25　造型设计实例 2

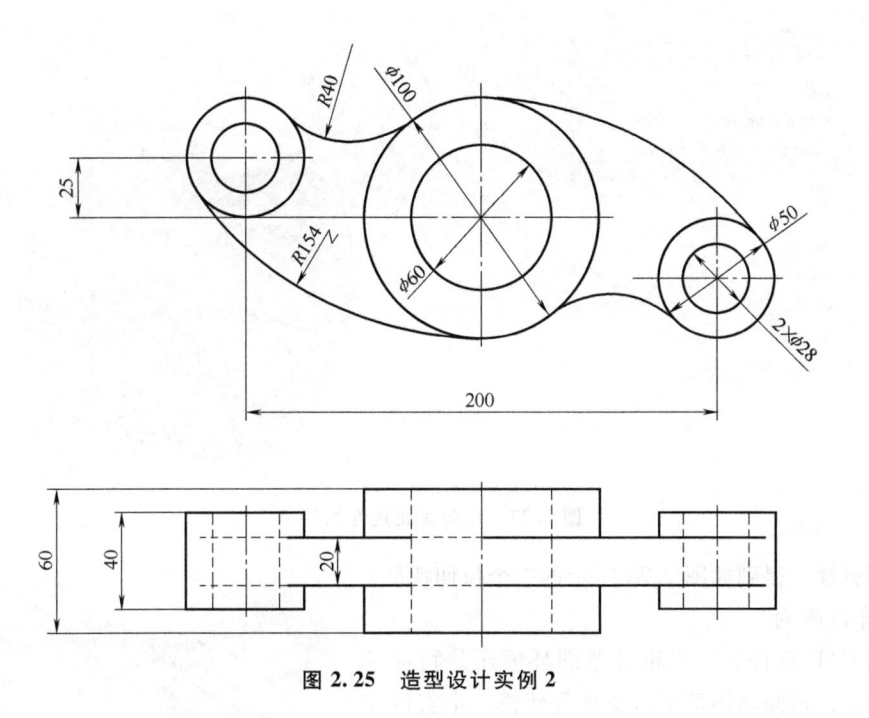

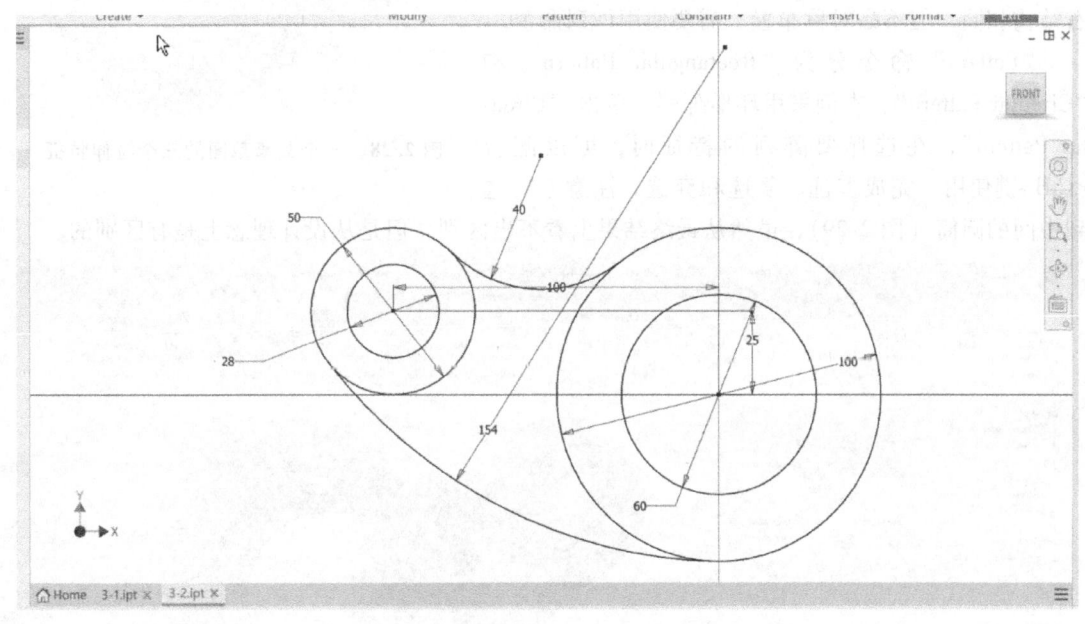

图 2.26　全约束的草图

2. 拉伸

单击"Finish"完成草图,然后单击"Zoom All"缩放全图,再单击"Extrude"并选取右侧的同心两圆之间的区域,双向对称拉伸 60mm,如图 2.27 所示。

在特征浏览器中找到"Sketch1",单击右键弹出菜单并单击"Share Sketch"。

再次单击"Extrude"启动拉伸命令,选择左侧的同心圆中间的部分,双向对称拉伸 40mm。最后重复拉伸特征,选中连接两组同心圆的区域,双向对称拉伸 20mm,然后关闭共享

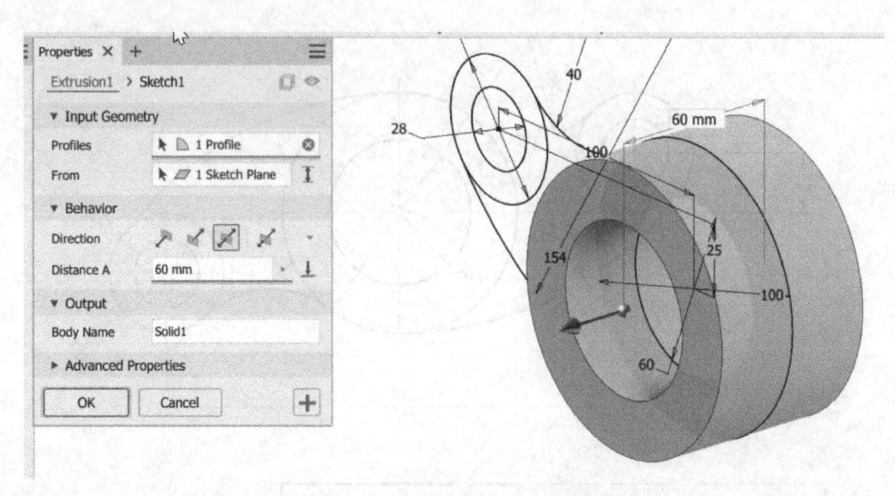

图 2.27 双向等距拉伸的特征

草图的可见性，得到如图 2.28 所示的三个拉伸特征。

3. 特征阵列

使用 CAD 软件时，无论是草图环境还是特征环境中的要素，相同结构都不需要重复建模。本实例左右结构相同，但不是对称布置，需要使用阵列命令。

"Pattern"命令分为"Rectangular Pattern"和"Circular Pattern"，本例采用环形阵列。单击"Circular Pattern"，在选择要阵列的特征时，可以配合<Ctrl>键使用，完成多选、复选和弃选，注意不要选到中间的圆筒（图 2.29），虽然从最终结果上看不出区别，但是从设计理念上是有区别的。

图 2.28 一个共享草图的三个拉伸特征

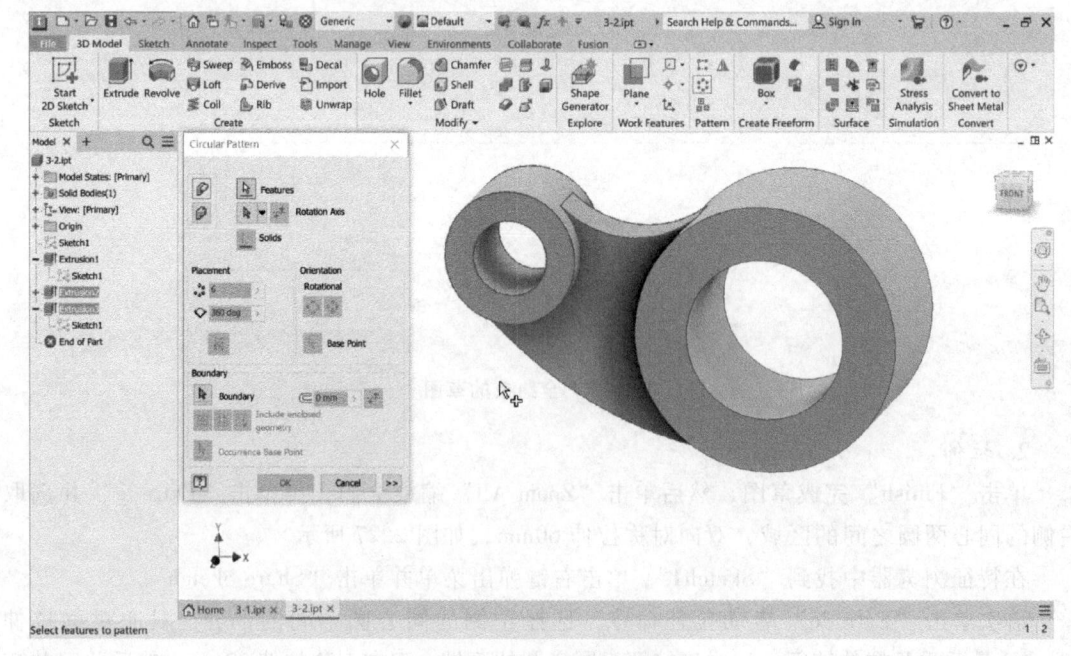

图 2.29 阵列特征的选择

特征选择可以在绘图区域也可以在特征浏览器中选择，两者是同步的。

Feature selection can be made in the drawing area or in the feature browser, and this two are synchronized.

单击"Rotation Axis"选择环形阵列的旋转轴。实际上并不一定需要选择一个轴，选择一个能确定一条直线的要素就可以，比如我们选择右侧圆筒的圆柱表面，系统会默认圆柱的轴线为旋转轴。

更改特征阵列数量为2，分布范围360°不需要改变，当然改成180°也没有影响。单击"OK"确定，即完成阵列（图2.30）。

至此，实例2的造型设计完成。

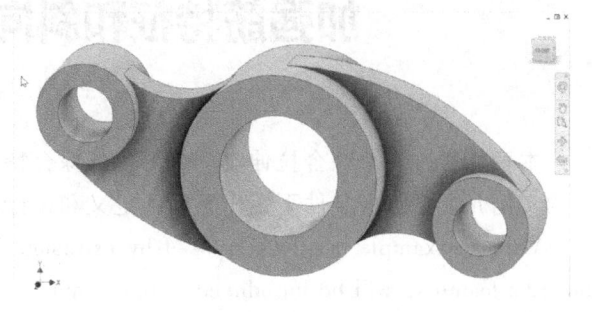

图 2.30　阵列结果

思考题：

2.1 在草图工具中，画圆和矩形有很多种方式，怎么决定采用哪种方式？

2.2 通过实践总结：给两个自由的圆心施加水平约束，选择的先后顺序如何影响两个圆心之间的跟随关系？

2.3 给两个圆施加对称约束，为什么除了位置对称之外，大小不一的两个圆也变成等大了？两个圆位置的改变和选择的先后有什么关系？如果两个圆已经有了大小不等的尺寸约束，还能再对他们施加对称约束吗？为什么？

2.4 为什么如图2.1所示的圆筒内孔拉伸的中止方式要用"Through All"？如果直接接受上一个拉伸特征的拉伸长度会有什么问题？

2.5 为什么不需要记忆或背诵定义工作平面的诸多方式和方法？怎样理解工作平面定义的内在逻辑？

作业：

完成本章的实例1和实例2的造型设计。要求：不要亦步亦趋地跟随本书或慕课视频，要反映实例零件的设计思想，注重方法的学习和分析问题能力的培养。

第3章

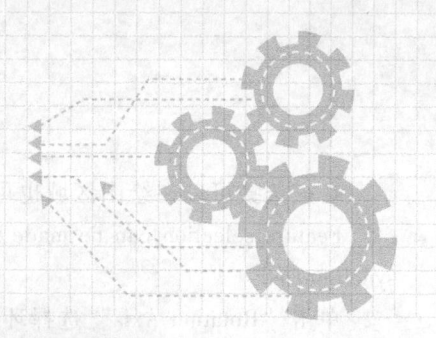

加强筋特征和斜向的拉伸特征

本章将通过一个综合拉伸实例练习拉伸综合特征和加强筋特征等，然后通过一个斜向拉伸的实例介绍更复杂条件下工作平面的定义和设计思想的表达。

With an example mostly composed by extrusion features, more practice of extrusion features and ribs features, will be introduced in this chapter, and the definition of work planes and the expression of design ideas under more complex conditions will be given through an oblique extrusion example.

3.1 拉伸特征综合实例和加强筋特征

如图 3.1 所示为一个以拉伸为主要特征的组合体模型，该模型在前后对称平面上有左右对称的加强筋。造型设计之前，需要先对零件进行形体分析。

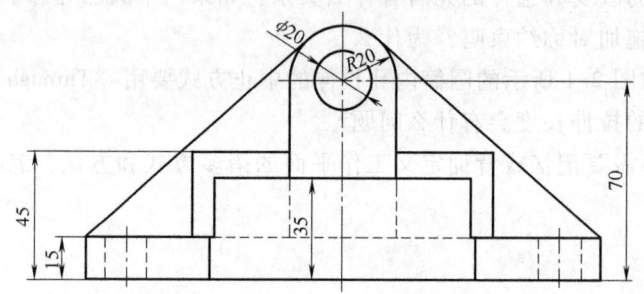

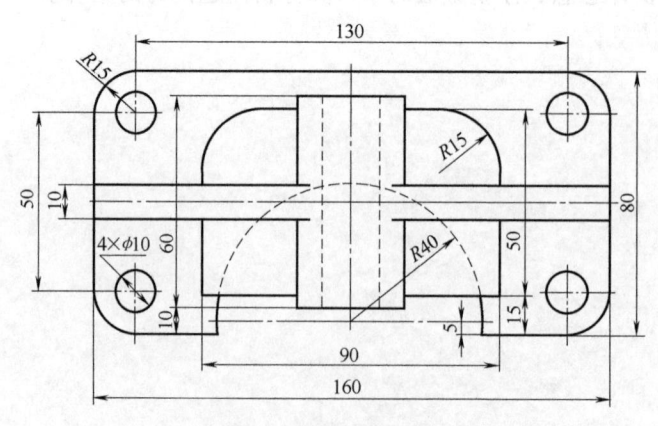

图 3.1 综合拉伸实例

3.1.1 零件形体分析

对要设计造型的零件进行形体分析，如图 3.2 所示，该组合体底板上有四个圆角和孔，这些次要特征不需要在底板的草图中出现，而是在底板主要特征完成后再添加这些特征。

中间的结构可以通过拉伸完成，但是圆角特征不建议在草图上出现，而是在特征完成后添加圆角特征。

其余的特征可以分别通过增加或去除材料的拉伸完成，只不过需要在相应的平面上绘制草图。

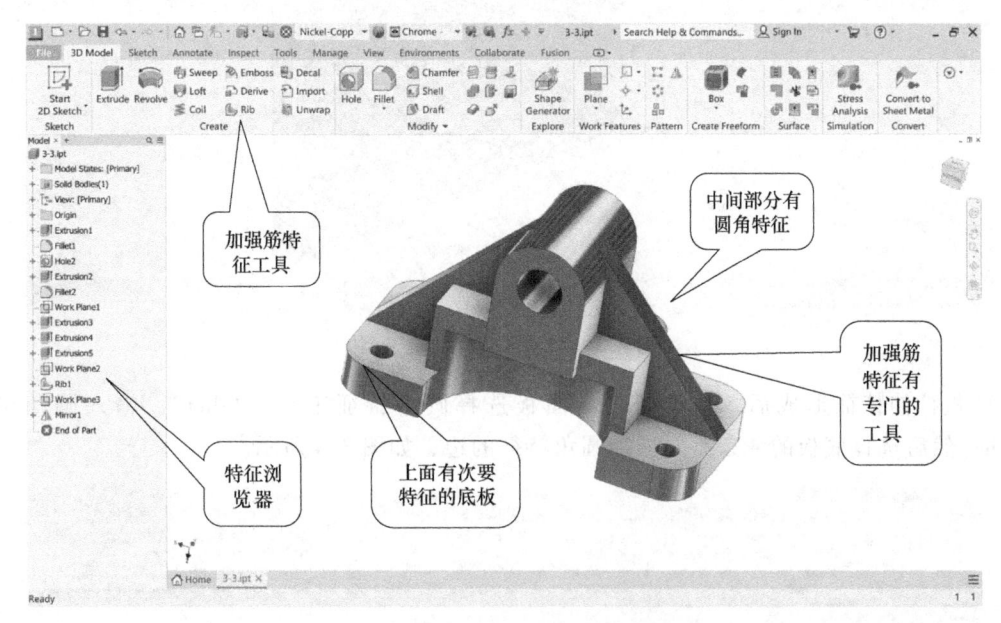

图 3.2 组合体三维模型机零件形体分析

3.1.2 零件造型过程

1. 底板的造型

新建零件，选择公制零件模板，开始二维草图，选择 XOY 为草图平面，进入草图绘制模式并显示草图工具面板。

单击矩形绘制工具"Rectangle"绘制矩形。单击"Dimension"添加尺寸 80mm 和 160mm，草图被该尺寸驱动，如果矩形被驱动放大到绘图区域不可见，可以单击"Zoom All"缩放全图。

对矩形的一条竖直边中点施加水平约束，使其和坐标原点建立水平约束；对其一条水平边的中点施加竖直约束，使其和坐标原点建立竖直约束。这样，矩形的中心就和坐标原点的投影重合，这样的约束有利于后续的操作，请在绘制镜像加强筋特征的时候体会。

在工具栏单击"Finish"结束草图，系统切换到特征造型环境，工具面板自动切换到特征造型工具面板，然后再次缩放全图。

在特征造型工具面板中单击选择"Extrude"，系统自动选择草图中唯一的封闭区域（如果不唯一，需要手动选择，要选择多个区域）。在拉伸距离栏中输入拉伸距离 15mm，绘图区出现拉伸预览，如图3.3所示。

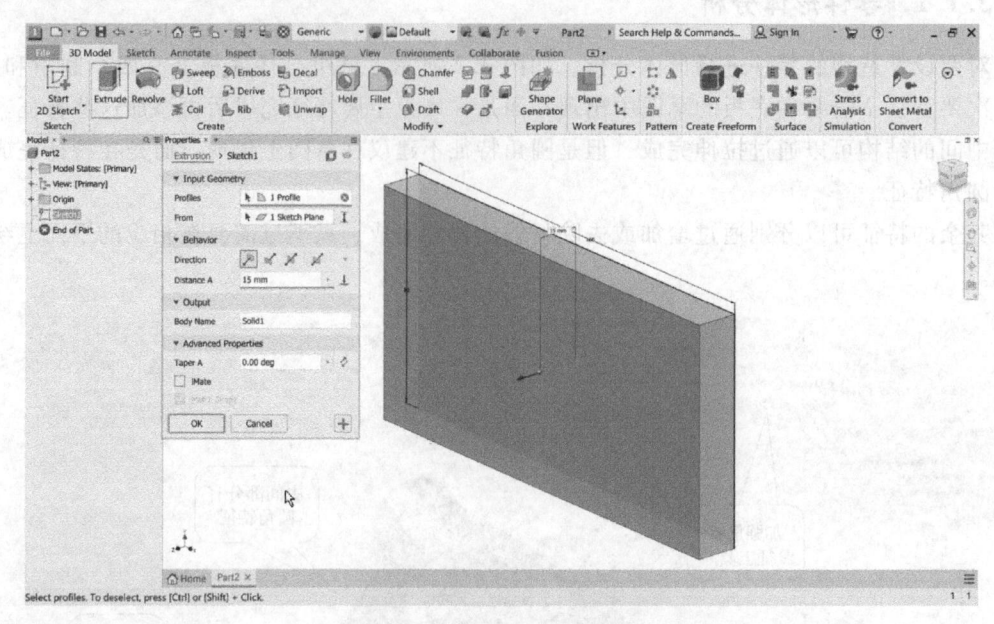

图3.3 "Extrude" 特征造型

底板拉伸特征形成后，在特征工具面板选择圆角特征工具"Fillet"，输入圆角半径15mm，然后选择底板的4条需要添加圆角特征的边，如图3.4所示。

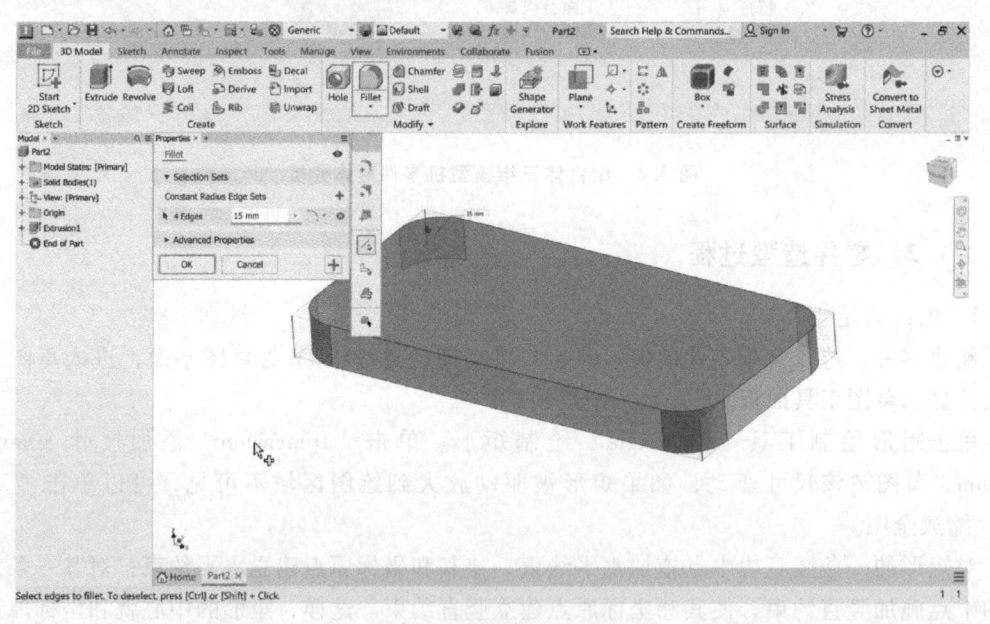

图3.4 添加圆角特征

圆角特征不需要草图，但是要在底板上添加孔特征，需要在底板上绘制草图以定位孔心。在绘图区单击鼠标右键，选择"New Sketch"，然后单击选择底板的上表面，此时底板的上表面就作为此草图的绘制平面。

在草图工具面板上单击选择"Point"，捕捉四个圆角的圆心为定位点（鼠标依次选中四个圆角圆弧，其圆心就会出现并且可以被拾取），画出四个中心点。

单击"Finish"结束草图，在特征工具面板选择"Hole"，然后选择孔的型式、输入孔径10mm、再选择"Through All"的终止方式。最后单击"OK"确定，如图3.5所示。

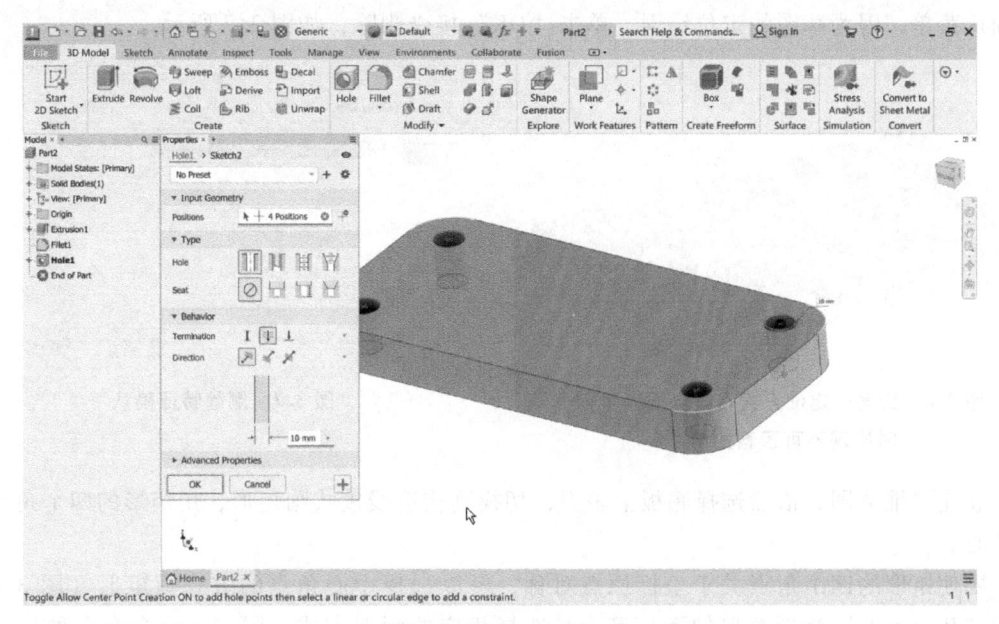

图3.5 添加孔特征

实际上，用圆角圆心来定位孔心是错误的，是不符合设计思想的。四个孔心是安装固定零件的重要定位尺寸，圆角是底板上的一个工艺结构，是后形成的，不能用工艺结构的圆心定位重要特征位置。

In fact, it is wrong to use the fillet center to locate the center of the hole, which is not the design idea. The four holes are the important location dimensions of this part, and the fillet is a technical structure on the bottom plate, and they are formed later, it is not to locate the important feature with the center of the technical structure.

四个孔的孔心，只是在原图所给的特定尺寸下才和圆角圆心重合，这只是一种巧合，并不是设计思想，所以以上四个孔的定位方式是错误的。

这四个孔心的定位应该完全不受圆角大小的影响，需要独立定位。但是以上的造型结果却没有反映这个设计思想。我们可以试着改变底板圆角的大小为5mm，观察一下所带来的结果。

The center of the four holes only coincides with the center of the fillets under the specific size given in the original drawing, which is just a coincidence, not a design idea, so the location method of the four holes is wrong. The location of them should be completely independent of the size of the fillet and need to be located independently. However, the above modeling results do not reflect this design idea.

参数化设计软件可以随时在特征浏览器中选中一个特征，单击右键弹出菜单，选择"Edit Feature"重新定义该特征。

按照上述步骤修改"Fillet"的半径为5mm，确定后发现定位孔的圆心跟随圆角圆心，出现了不可预料的结果，如图 3.6 所示。

2. 底板定位孔心的正确定位方式

在特征浏览器中选中"Hole1"特征，单击右键弹出菜单，选择"Delete"，弹出草图删除确认菜单，因为草图的定位错误，单击"OK"接受删除，如图 3.7 所示。

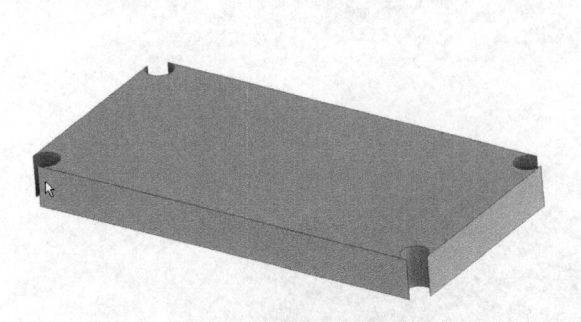

图 3.6　错误的定位方式在改变圆角半径时出现不可预料的结果

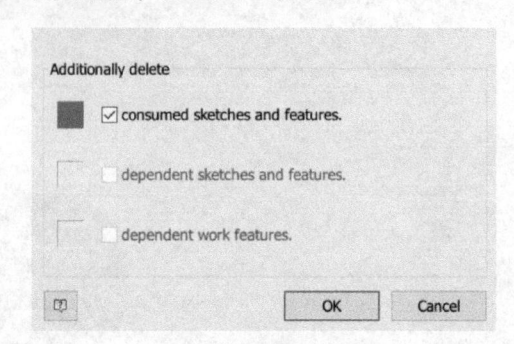

图 3.7　删除特征确认

新建二维草图，依然选择底板上表面，切换到构造线模式画矩形，用矩形的四个角点定位孔心。

要使矩形的四个角点关于坐标原点对称，可以选择中心角点的方式画矩形（图 3.8），单击"Rectangle"矩形菜单的下拉箭头，选择相应的画图方式。同一个命令有多种执行方式，选择哪种方式是由已知条件和想要达成的结果决定的，要具体问题具体分析。

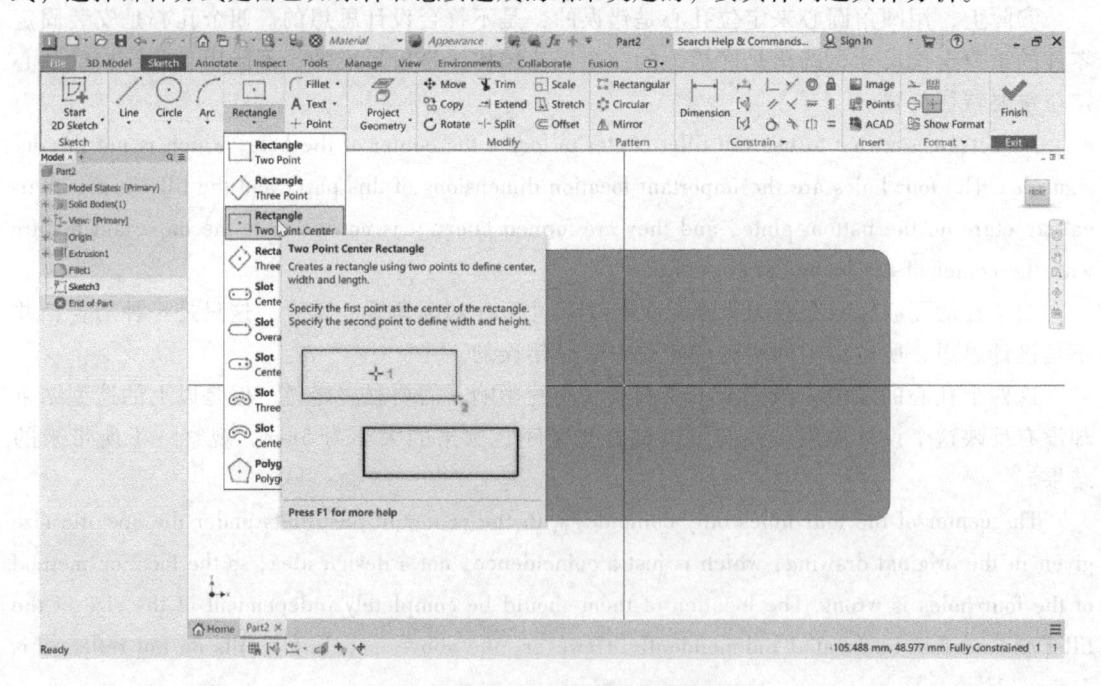

图 3.8　使用中心角点的方式画矩形

标注该矩形的长和宽为 130mm 和 50mm，这是四个孔心的定位尺寸。然后关闭构造线模式，切换到正常模式，再单击"Point"拾取矩形的四个角点画点，这些点作为孔特征的草图，最后单击"Finish"完成草图。

单击"Hole"重复刚才的打孔步骤。这时候发现刚才将圆角半径改为5mm出现的错误不见了。再编辑圆角特征，将半径改为15mm，对结果没有丝毫影响。

从设计思想上孔特征和圆角特征之间本来就没有关联，这才是正确的结果。

3. 中间结构的拉伸和圆角特征

以同样的方式在底板上表面绘制草图，此时的草图需要相对于底板轮廓前后尺寸约束定位，左右尺寸居中定位，对两条平行线中点施加水平或竖直约束，也可以施加居中的位置约束定位。拉伸出中间部分的凸台（图3.9），然后添加圆角。

需要强调的是，因为该矩形草图平面是底板上表面，零件的设计思想是从底板下表面到该特征上表面（终止面）的高度是45mm，同第2章实例1类似，需要选择反向拉伸，并且强制布尔运算为"Jion"选项。如果不想用这种方式，可以直接删除该草图，重新在底板下表面绘制草图。

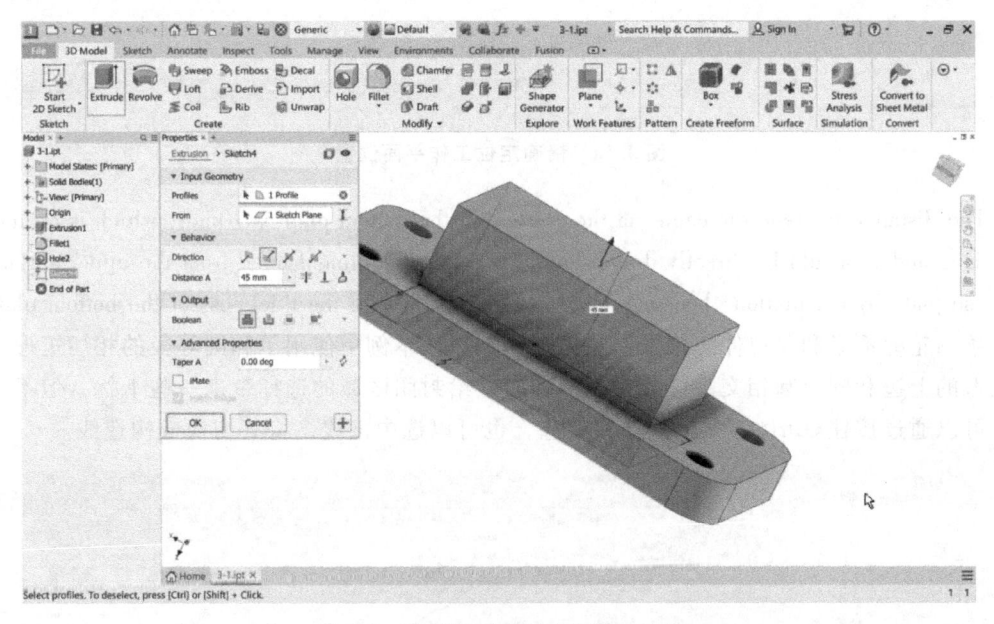

图 3.9 草图相对原有特征精确定位

上面的半圆柱和长方体特征需要从前往后拉伸，而且其前端面和现有特征的表面不相平齐，要在前端面位置建立工作平面。

4. 工作平面的建立和使用

在特征工具面板单击"Work Plane"，选择底板前表面，选取角点拖动此表面上出现的工作平面，绘图区出现尺寸输入窗口（图3.10）。输入精确定位尺寸-10mm，完成工作平面的建立。

单击"Start 2d Sketch"新建草图，再选择新建的工作平面，则此工作平面作为草图的绘制平面。因为工作平面和已有特征表面不相平齐，需要投影已有特征边（底板下表面）到草图绘制平面作为精确定位草图的基准（图3.11）。

草图绘制无论从定形到定位都要反映设计思想，圆心到底板的距离是70mm，这是一个重要的尺寸，要直接标注，不可以通过换算标注到底板的上表面，它和底板厚度无关。

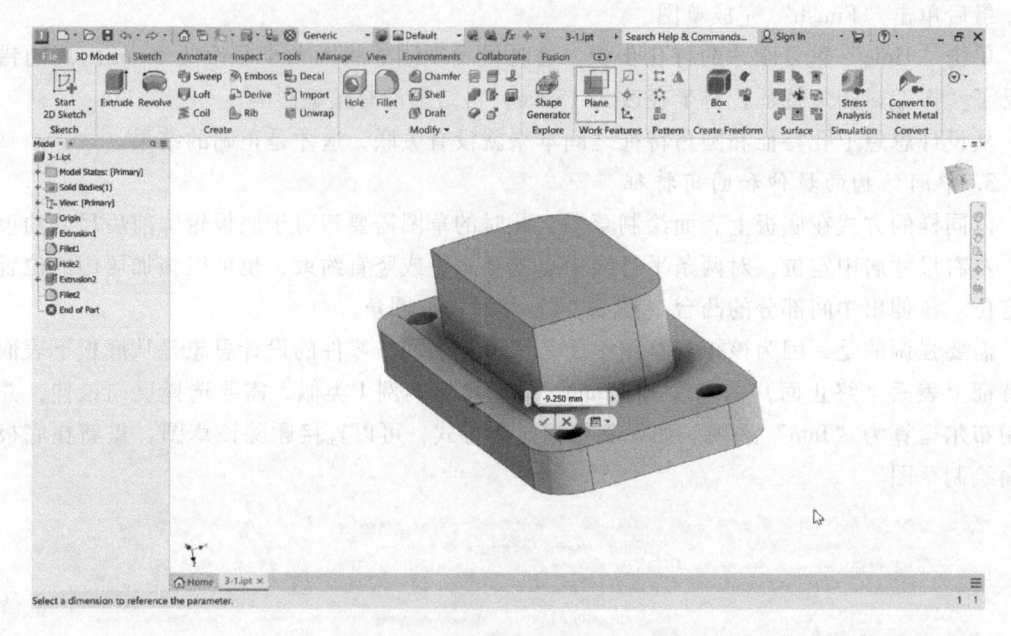

图 3.10　精确定位工作平面位置

The distance between the center of the circle and the bottom plate is 70mm, which is an important size, and it should be directly dimensioned. It cannot be dimensioned from the upper surface of the base plate by calculation, because it has nothing to do with the thickness of the bottom plate.

草图轮廓不必和要拉伸的特征形状完全相同。在本例中使用了和圆等径的相切矩形，导致矩形的上边和同心圆相交，这会在拉伸的时候给封闭区域的选择带来一些干扰，但不是问题，可以通过按住<Ctrl>键多次复选和弃选，也可以选中该线，将其切换成构造线。

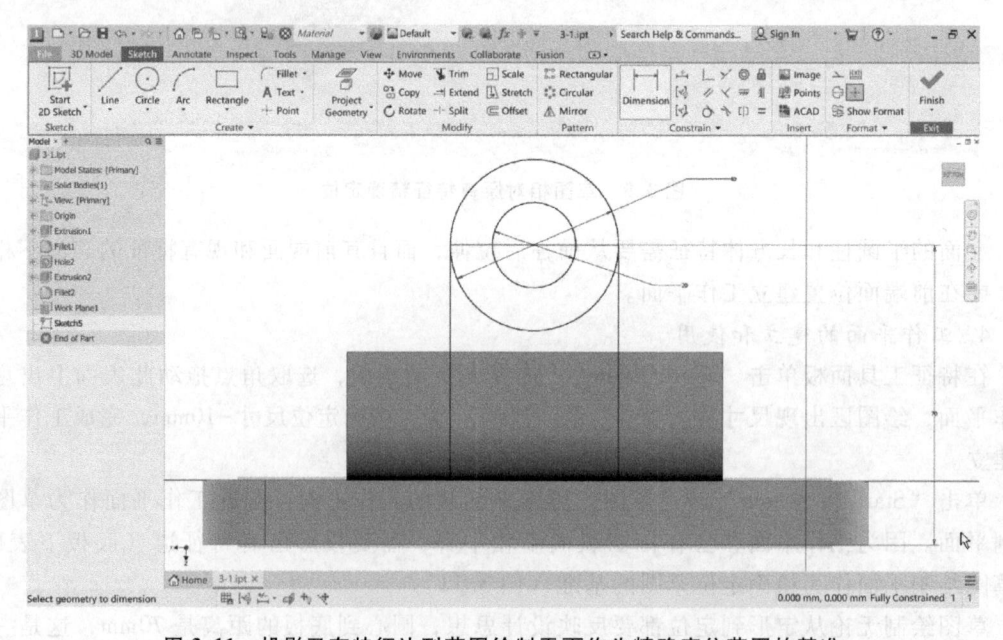

图 3.11　投影已有特征边到草图绘制平面作为精确定位草图的基准

在投影特征边作为定位基准之前，打开构造线开关并在投影之后画草图线之前将其关闭。本例中草图的左右居中定位可以通过在构造线中点和草图圆心之间施加竖直约束获得。

完成草图，单击"Extrude"，选择相应的封闭区域，输入拉伸距离 50mm，完成该拉伸特征（图 3.12）。

5. 加强筋特征

加强筋草图的平面需要绘制在底板的前后对称平面上，因为底板草图中心和坐标原点重合，所以原始坐标平面中的 XOZ 平面就是底板的前后对称平面（图 3.13）。在特征浏览器中展开原始坐标系，选中 XOZ 平面，在其上新建二维草图。

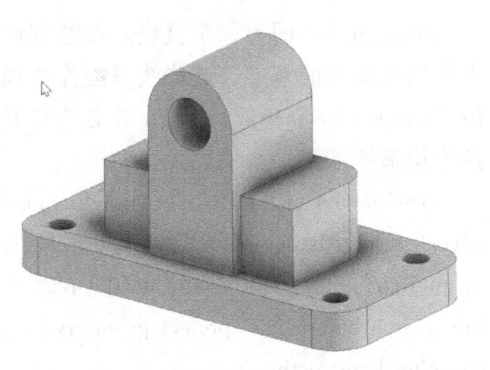

图 3.12 完成第三个拉伸特征后的模型

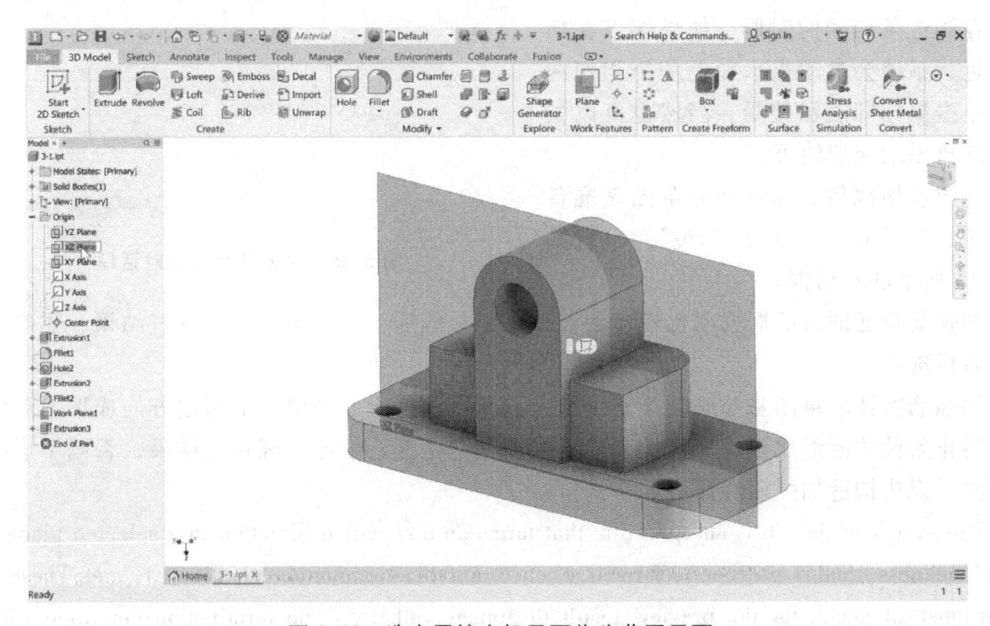

图 3.13 选中原始坐标平面作为草图平面

如果不使用原始坐标平面作为加强筋的草图平面，则需要在底板的前后对称平面位置新建工作平面。Inventor 软件提供了过两个平行平面的对称面建工作平面的方法，请自行参考帮助学习。需要注意的是，如果采用平面偏移一定距离的方法建立这个工作平面，虽然在某一尺寸建立的工作平面是底板的前后对称平面，但是并不是严格意义上的对称平面概念。

该草图平面在已有特征的前后对称平面上，为便于观察草图的绘制过程，可以使用切片观察的方式，在绘图区域的空白处单击鼠标右键，在弹出的菜单中选择"Slice Graphics"或者按功能键<F7>进入切片观察方式（图 3.14）。

图 3.14 草图环境下的切片观察模式

加强筋的草图为一条直线。在绘制此草图的同时，也需要投影现有特征的边作为定位和直线端点捕捉的基准，这些线只能作为辅助线存在，不应该是草图轮廓的一部分，所以在使用"Project Geometry"之前，务必要打开构造线开关，否则投影之后还需要选中该线将其切换为构造线。

The sketch of the rib is a straight line, and when you make this line, you need to project the edges of the existing feature as a datum for location and snapping, so these projections can only exist as auxiliary lines, and should not be part of the sketch outline. Be sure to turn on the construction line switch before use" project geometry" , otherwise you need to select and switch them into construction lines again.

投影最上面的半圆和底板右上角的点，然后关闭构造线开关，以底板右上角的点为起点画投影半圆的切线。

在画这条切线的时候，如果端点在切点附近，系统会自动提示加上一个相切约束，单击鼠标即表示接受，当然也可以画相交线再添加相切约束。

完成该切线后，加强筋的草图就准备完毕了，完成草图再单击"rib"，出现如图 3.15 所示的对话框。

图 3.15 加强筋特征的对话框

加强筋特征的对话框选项比较多，各选项如果匹配不好将不会出现预览结果，需要仔细思考后再选定。

加强筋特征的草图是开放的线，按给定的厚度在选定的平面内沿指定方向成形，遇到合适的终止条件才能形成预览。这几个要素必须全部匹配，才能出现预览结果，否则不形成终止条件，无法构造加强筋特征。

The sketch of the rib is an open line that forms on a specified direction in a selected plane at a given thickness, and a preview is formed when a suitable termination condition is met. These elements must all match for the preview result to appear, otherwise no termination condition will be formed and the rib feature will not be constructed.

在加强筋特征的对话框中，从左到右依次是加强筋生长所在的平面，本例应该选择"Parallel to Sketch Plane"才有可能遇到终止面，如果选择"Normal to Sketch Plane"，无论怎样调整其他选项，将永远也不可能有预览。

"Parallel to Sketch Plane"只是确定加强筋生长所在的平面，还要确定生长方向，在"Shape"标签下面的"Direction"选项里，有两个相反的选项，如果选择背离底板的方向，也没有预览，只有几个选项相匹配预览才可能生成，如图 3.16 所示。

因为两边的加强筋形成方向相反，所以左右的加强筋需要两次生成。两次生成可以使用在同一个草图中的不同轮廓，不需要画两次草图，只需要把草图共享，每次生成加强筋时选不同的轮廓即可。草图共享的方法：第一个加强筋特征形成后，在特征浏览器中单击展开加强筋特征，选中该特征的草图，单击鼠标右键，弹出菜单，选择"Share Sketch"即可。

当然更便捷的方式是使用特征镜像，镜像平面可以是特征表面、工作平面、原始坐标平

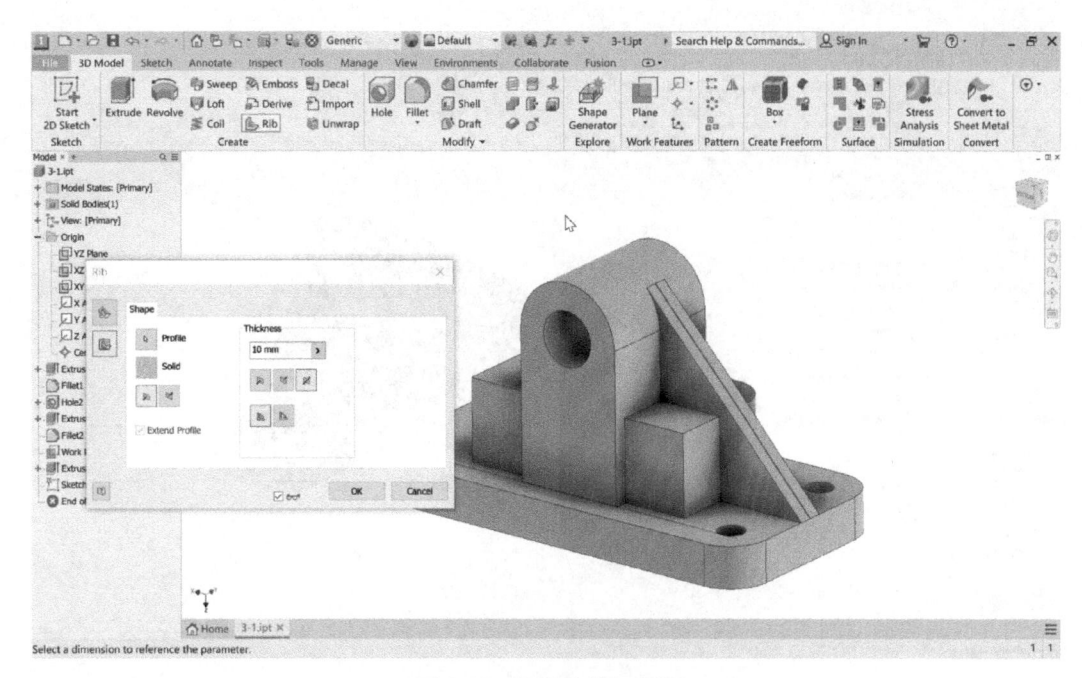

第3章 加强筋特征和斜向的拉伸特征

图 3.16 加强筋特征预览

面。在本例中，因为底板草图中心和坐标原点的投影重合，可以用 YOZ 坐标平面作为镜像平面而不需要为镜像特征新建工作平面，如图 3.17 所示。

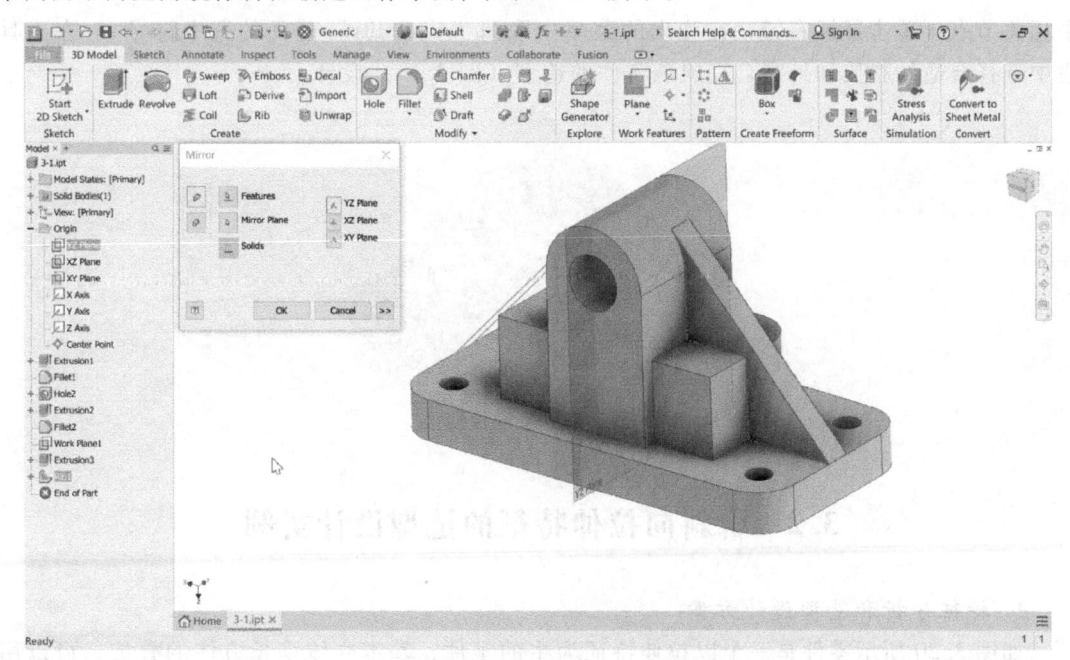

图 3.17 镜像生成另一边加强筋

6. 去除材料的拉伸特征

以底板的下表面为草图平面绘制草图，以去除材料的方式拉伸去除底板中间的部分结构，如图 3.18 所示。

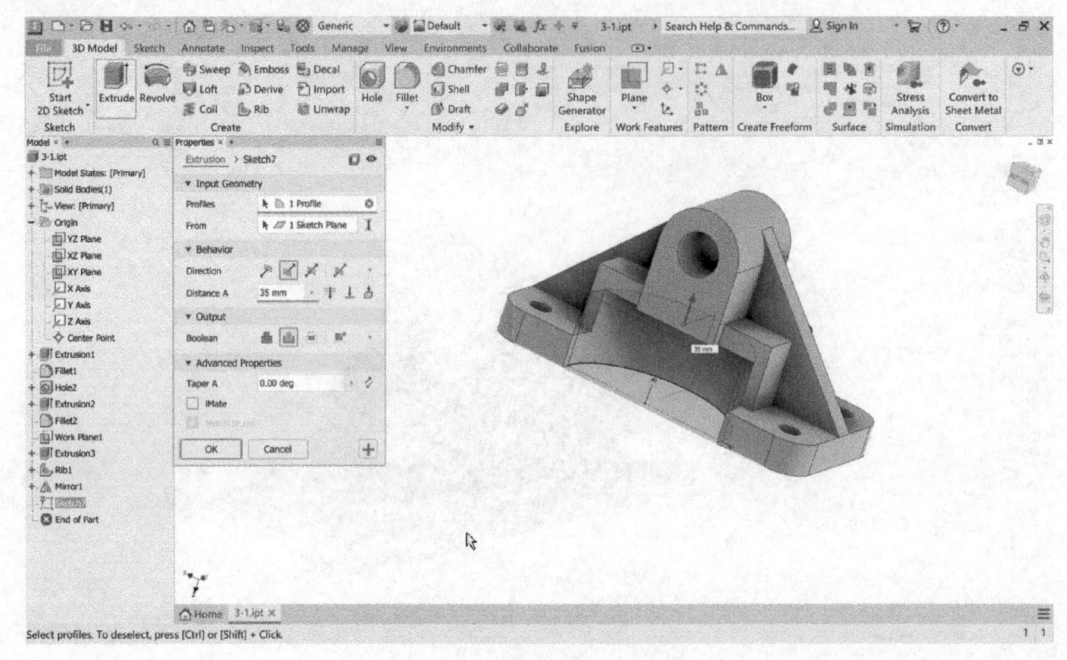

图 3.18　去除材料的拉伸特征

7. 整理和渲染

在特征浏览器中关掉共享草图、工作平面等的可见性（方法是在特征浏览器中单击选中相关节点，单击鼠标右键，在弹出的菜单中取消"Visibility"前面的选中符号）。在工具栏中选择合适的材质和外观，完成该零件的造型（图 3.19）设计。

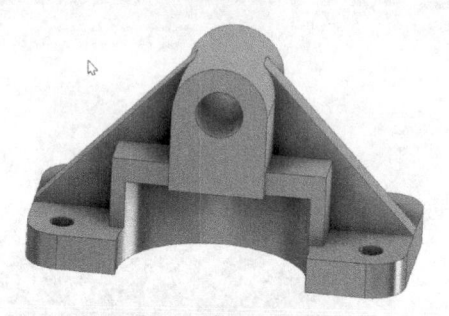

图 3.19　整理模型

3.2　含斜向拉伸特征的造型设计实例

1. 特征分析和造型设计方案

如图 3.20 所示零件是一个以拉伸特征为主的零件，基本立体是长方体的叠加，可以用一个草图一次性拉伸出来，但是其斜向拉伸特征的定位要反映零件的设计思想。

The part shown in figure 3.20 is dominated by extrusion features, and the basic block is the combination of two rectangular prism which can be extruded at one time with a sketch, but the oblique extrusion feature on it should reflect the design idea of the part.

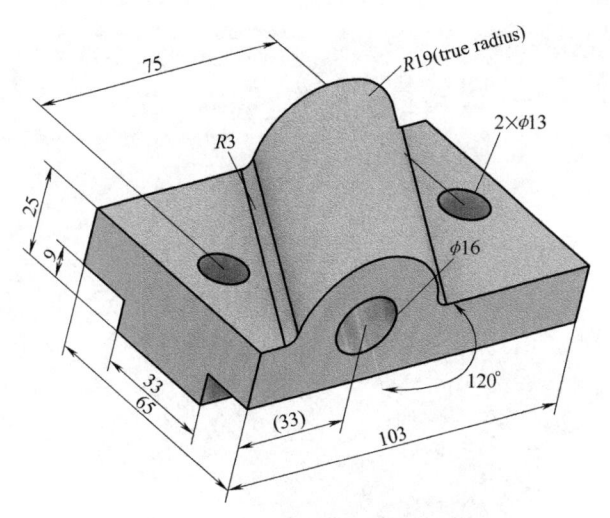

图 3.20 斜向拉伸特征

零件基本部分是前后左右对称的长方体叠加，斜向拉伸的半圆柱和孔的中心点应该在基本体上表面的中心，注意前表面定位斜孔孔心的尺寸为33mm，因为加了括号，它只是一个参考尺寸，不能用这个尺寸定位，应该把斜向拉伸的草图画在基本特征上表面的中心且跟拉伸方向垂直的平面上，然后按照斜向120°拉伸。所以，基本体的上表面中心最好与坐标系的原点重合。

先新建零件，然后新建二维草图，选择 XOY 为草图平面，在其上绘制两个矩形。再使用重合约束使其顶边的中点与坐标原点重合，最后根据设计思想标注尺寸（图 3.21）。

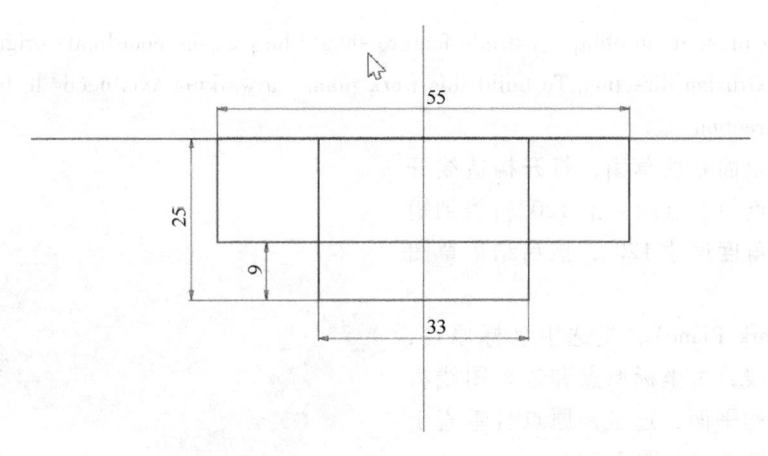

图 3.21 反映设计思想的草图

尺寸标注反映设计思想，对称尺寸 65mm 和 33mm 应标注全长，总高尺寸 25mm 和下方去除的高度尺寸 9mm 要直接标注，以反映设计意图。

草图轮廓不必要和特征轮廓相同，不需要修剪该图，以免丢失必要的约束。完成草图后，双向对称拉伸形成该基本特征，特征上表面的中心就是坐标系的原点。展开特征浏览器的原始坐标系，找到坐标原点，单击鼠标右键弹出菜单，选中其中的"Visibility"，使其可见（图 3.22）。

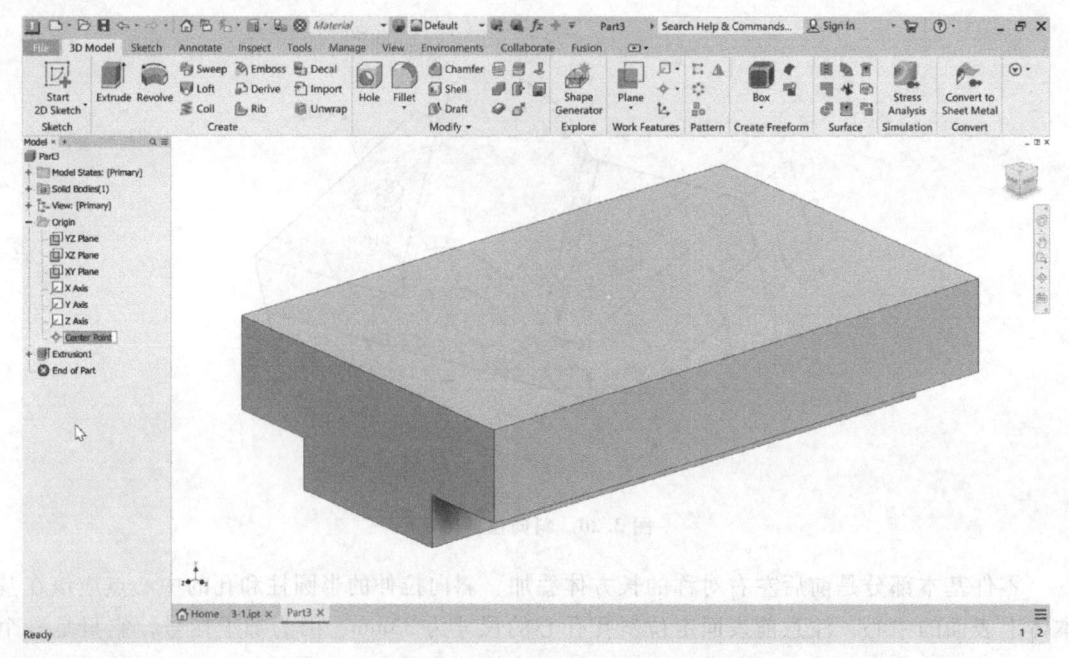

图 3.22　顶面中心为可见的坐标原点（淡黄色）

2. 构建斜向拉伸特征的草图工作平面

斜向拉伸特征的草图平面应该过坐标原点且跟拉伸方向垂直，为了构建这个工作平面，需要先沿拉伸方向构建一个工作轴。因该工作轴在基本特征顶面，因此先在这个面上新建草图。

The sketch plane of an oblique extrude feature should be past the coordinate origin and perpendicular to the extrusion direction. To build this work plane, a working axis needs to be create along the extrusion direction.

在基本体顶面新建草图，打开构造线开关，以坐标原点为起点画一条 120°斜线到矩形边线，标注角度尺寸 120°，然后结束草图（图 3.23）。

单击"Work Plane"，先选中坐标原点，再选中该草图线，由坐标原点和该草图线将确定一个唯一的平面：过坐标原点且垂直于该构造线的工作平面（图 3.24）。

Select the coordinate origin first, and then select the sketch line, which uniquely determines a plane: a work plane that crosses the coordinate origin and perpendicular to the construction line.

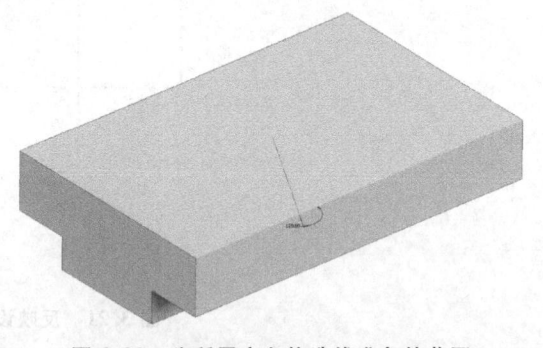

图 3.23　为所需方向构造线准备的草图

3. 构建斜向拉伸特征

在构建的工作平面上画草图，因为草图平面在已有特征的内部，使用<F7>打开切片观察模式。画直径为 38mm 的封闭半圆作为上半部分斜圆柱凸起的草图（整圆拉伸结果会超出

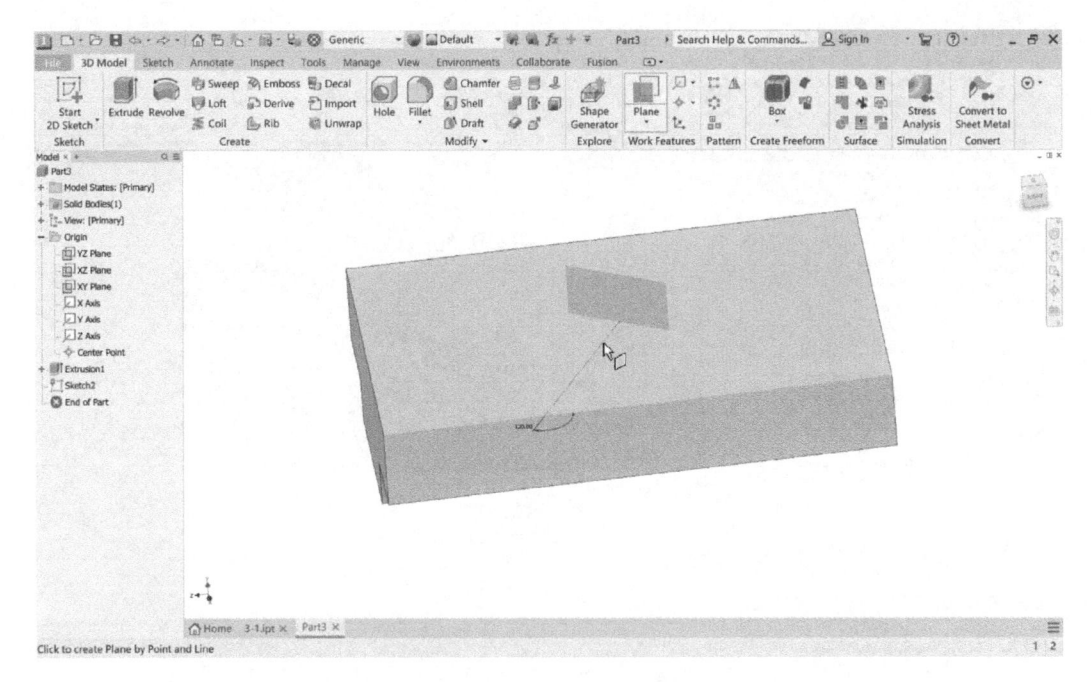

图 3.24 确定工作平面

基本特征下面被切除的部分），画直径为 16mm 的整圆作为斜孔的草图，因为两个特征的布尔运算相反，需要两次使用拉伸特征，但是不妨碍把草图一次性完成（图 3.25），然后分别共享草图拉伸。

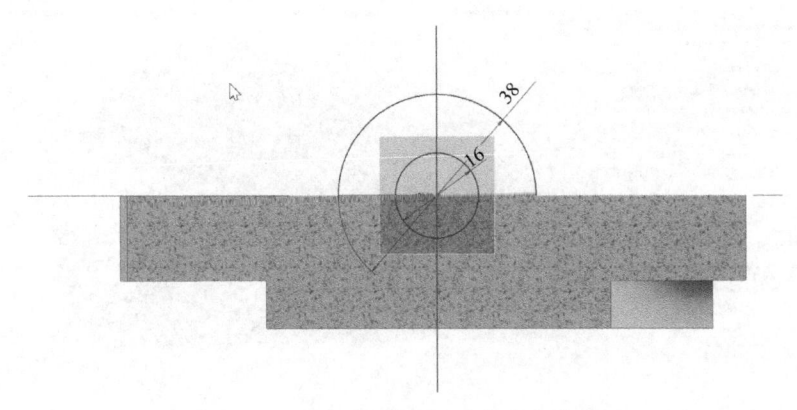

图 3.25 完成工作平面上准备共享的草图

完成草图，单击"Extrude"拉伸实体半圆柱，在"Profiles"选项中选中半圆草图轮廓，因为是斜向拉伸，注意拉伸特征的起止条件不能是草图平面和距离（图 3.26）。

Finish the sketch and select the sketch outline to extrude the solid half-cylinder. Because it is an oblique extrusion, the start and end conditions of the extruded feature should not be sketch plane and distance.

斜向拉伸的起止条件应该是"From"和"To"，单击"From"，选择基本特征的后表面，然后单击"To"，再拾取基本特征的前表面就可见正确的预览（图 3.27）。

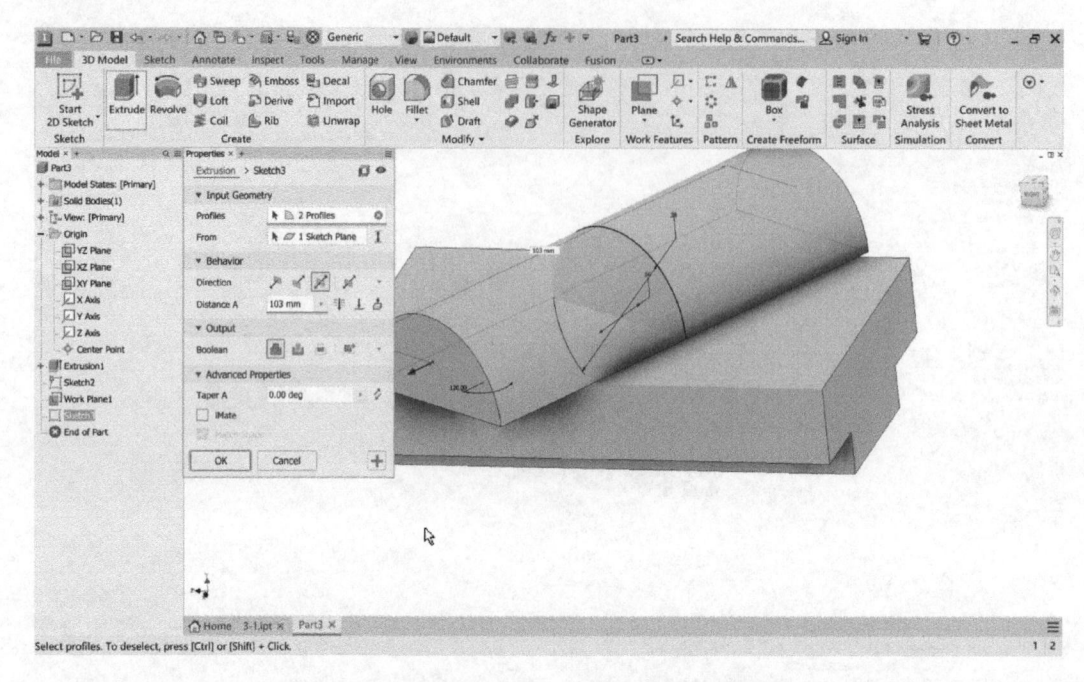

图 3.26　输入距离的终止方式所形成的拉伸特征

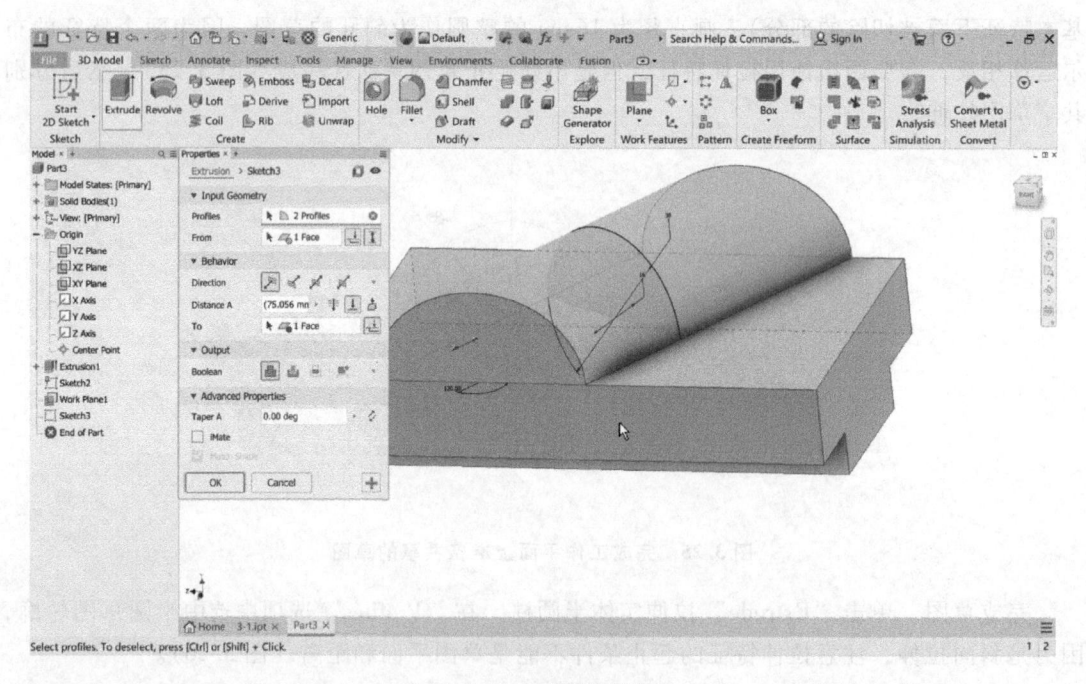

图 3.27　正确的预览

共享草图，采用同样的方法以"Cut"方式拉伸斜孔特征，然后整理特征浏览器，不可见工作平面和共享草图等，再添加圆角特征，并选择材质和外观，最后完成该零件的造型设计（图 3.28）。

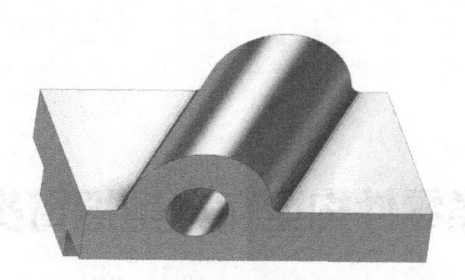

图 3.28　斜向拉伸特征实例造型设计结果

思考题：

3.1　如图 3.5 所示底板打孔定位采用尺寸定位和与圆角同心定位有什么不同？

3.2　为什么不能采用平面偏移的方式创建加强筋草图工作平面？为什么可以利用原始坐标平面作为加强筋的草图平面？如果要使加强筋的草图位于某一个原始坐标平面上，需要怎么操作？

3.3　体会一下斜向拉伸草图所在的工作平面的创建方法，理解"凡是几何上可以确定一个平面位置的方法，都可以作为创建工作平面的方法"。为了在这个位置创建工作平面，我们做了哪些必要的操作？

作业：

3.1　根据图 3.1 所示图样进行造型设计，注意底板打孔采用尺寸约束的定位方式，及加强筋草图工作平面的建立方法。

3.2　根据图 3.20 所示结构进行造型设计，注意斜向拉伸特征终止条件的选择。

第4章

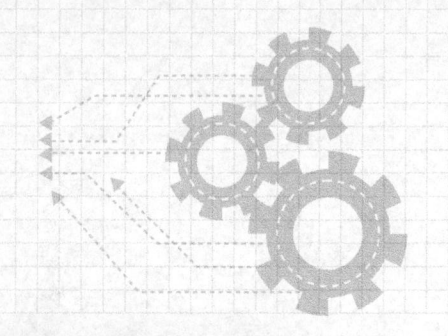

复杂腔体类零件构型和典型摇臂类零件设计

本章将先介绍一个复杂腔体类零件造型的综合实例。在该例中综合使用拉伸、阵列、加强筋等特征,并在特征构造过程中精确反映零件的设计思想。之后将介绍一个典型的摇臂类零件,在该例中将按照零件加工的顺序处理铸造零件实际加工过程中的圆角效果。

In this chapter the first example of the modeling of a complex hollow part is present. In this example, features such as extrude, pattern and rib are used, and the design idea of the part is accurately reflected in the feature construction process. Another example is a typical swing-armed part, in which the fillet effect of the cast part during the actual machining process is reflected in the order of the part is manufactured.

本章的实例在工程图表达环节将作为典型表示方法的实例使用,需要在造型环节准确地反映零件的设计思想。

4.1 喷射器腔体零件造型设计实例

典型腔体类零件的形状和大小如图 4.1 所示,在造型设计中,拉伸特征是一般零件使用最多的特征,常规机械零件的很多特征可以使用拉伸完成。拉伸特征总是基于草图轮廓,在

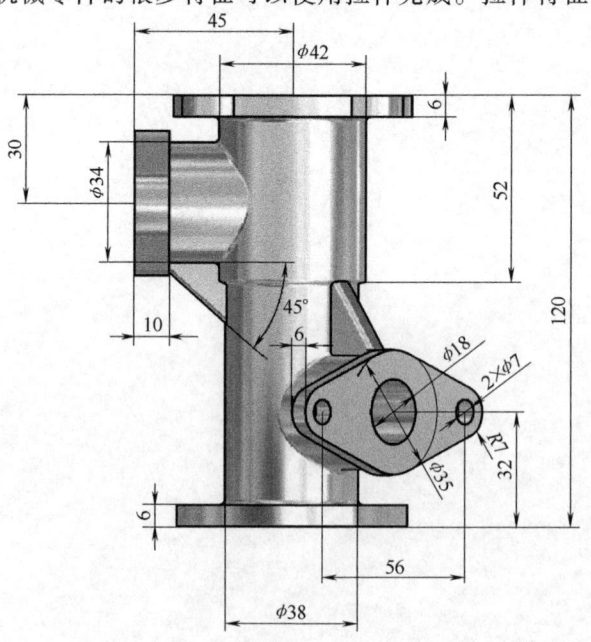

图 4.1 典型腔体类零件

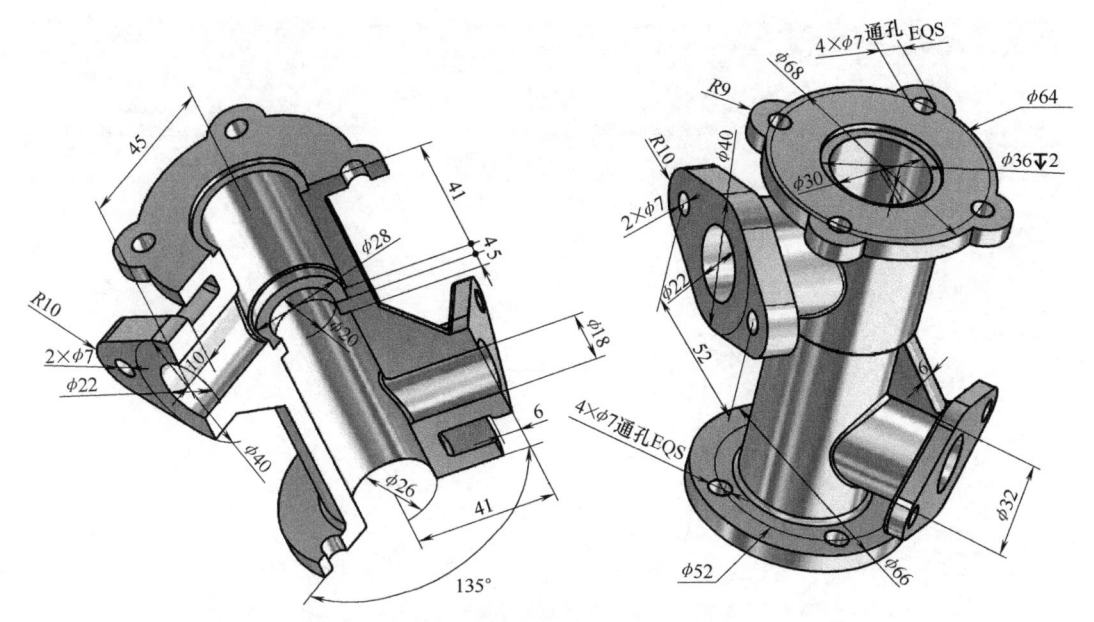

图 4.1 典型腔体类零件（续）

有些情况下，需要在原始坐标平面和已有特征表面之外的平面上新建草图，这就需要在特定的位置建立工作平面。

4.1.1 形体分析和造型设计思路

零件主体、外部和内孔都是直径不等的同轴圆柱，两端有形状相异的法兰盘。这些特征都可以使用拉伸特征按照从上往下，从外到内的顺序完成。

零件的左上和右前分别有带法兰的圆筒和主体圆筒内外表面分别相交，依然可以使用拉伸特征完成，但是其草图平面应该从外法兰端面开始建立，所以需要在该处先建立工作平面。

另有两个加强筋特征和若干圆角特征，需要使用相应的特征工具完成。

4.1.2 主要造型步骤

1. 主体结构造型设计

（1）上法兰 主体部分按从上往下的顺序建模，首先进行上端面法兰的建立。新建文件然后进入草图模式，按给定的尺寸画出法兰端面草图。该草图需要45°构造线定位圆形凸起，为了标注这个45°线，还需要先投影坐标轴或者画一条过原点的水平或竖直构造线。小圆的圆心在45°线和定位圆的交点上，定位圆也需要用构造线先行画出，然后根据设计意图标注尺寸，得到全约束的草图，如图4.2所示。

四个小圆只需要画一个，然后在草图中阵列。如果在特征环节阵列，需要共享草图，再对大圆和小圆分别施加拉伸特征，再阵列小圆柱特征。

画该草图时需要注意以下几点：

1）草图编辑界面中，坐标原点自动投影到草图平面XOY，大圆圆心要捕捉到该点。

2）直径为64mm的定位圆、过原点的水平线和45°线的作用都是为了定位等辅助功能，

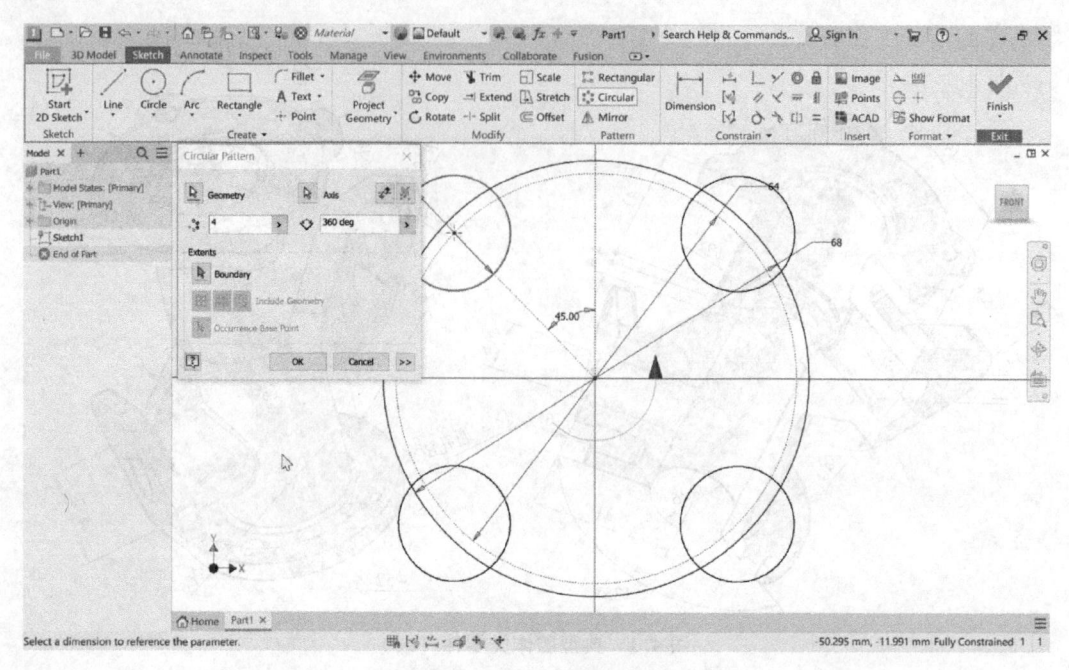

图 4.2　上法兰特征草图

所以用构造线绘制。绘制构造线之前，先打开构造线开关，当需要绘制普通线的时候，先关闭构造线开关。如果误用普通线绘制了辅助线，不必删除重画，只需要选中该线，再单击构造线开关，就将其转化成了构造线。

3）在绘制草图的过程中，系统会自动添加一些约束，如果绘图过程中不拖动鼠标回避这些约束，就等于默认接受。

4）注意体会草图中的几何约束和尺寸约束的区别，一般先施加几何约束，再添加尺寸约束。

5）重复对象不必重复绘制，可使用相应的工具，如镜像、阵列等。

6）尽管草图工具里有修剪工具，但是对于上法兰特征草图，不需要把四个圆修剪成模型法兰的形状。

使用拉伸特征构造的上法兰，如图 4.3 所示。

在构造拉伸特征时，因为没有修剪草图中的相交圆，所以出现多个封闭轮廓可作为截面轮廓。按住<Ctrl>键可实现截面轮廓的多选和放弃。

（2）上圆柱　选取法兰上 XOY 端面为草图平面新建二维草图，系统自动对正观察该草图平面，如果需要使用该特征轮廓，需要将其投影，或者在软件选项中打开自动投影功能（因为自动投影会产生不必要的草图线，不建议打开该选项，系统缺省值也是关闭的）。

以法兰轮廓中心为圆心，画圆柱的草图轮廓的圆，因为 XOY 平面在法兰特征的"后面"，虽然可以捕捉到原点并绘制圆形，但是绘制好的圆会被法兰挡住，并不可见，如图 4.4 所示。

要使草图可见，可以按<F7>键切片观察。但本例是草图在已有特征表面，切片观察会使已有特征全部消失，并不是最好的办法。

单击视图调整工具的观察方向的立方体，水平方向 90°旋转两次，就可以看到在法兰表

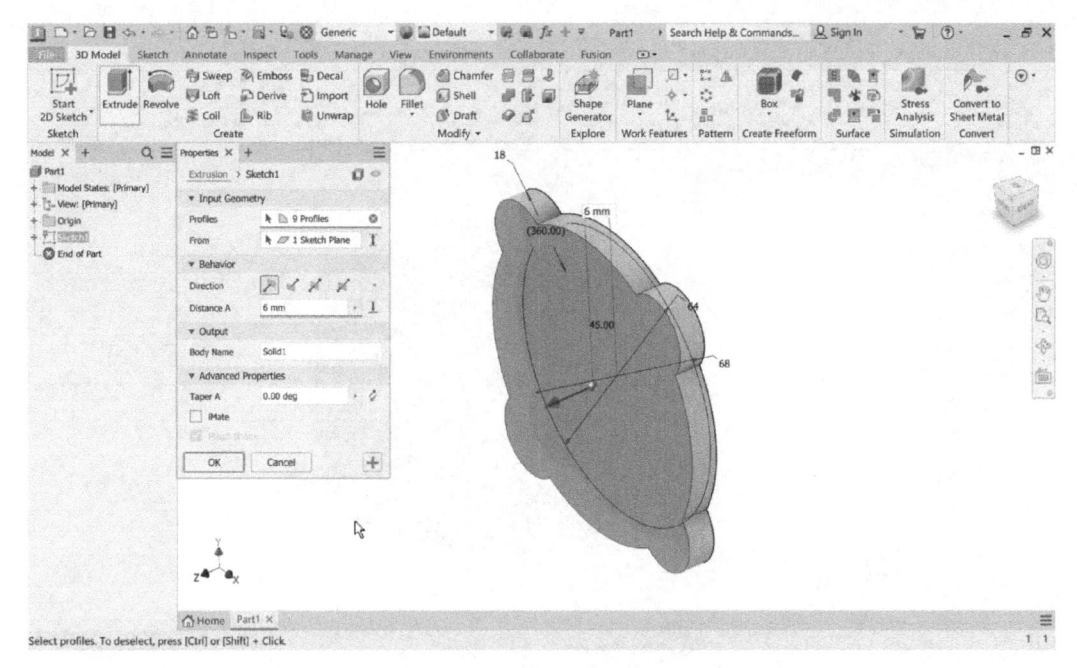

图 4.3　上法兰

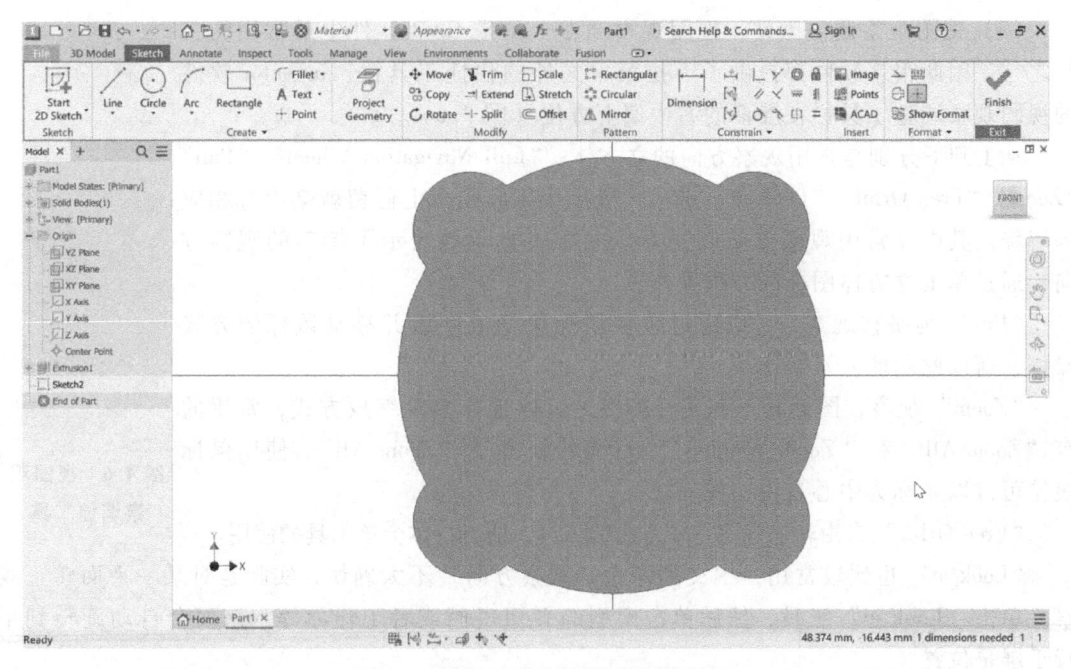

图 4.4　草图被已有的法兰特征挡住

面上的草图（图 4.5）。

标注尺寸后完成草图，然后拉伸形成相应的特征。需要注意的是拉伸方向和距离要反映设计思想和所给素材中的直接尺寸，在拉伸选项中需要强制调整布尔运算的方式。

主体部分其他拉伸特征的设计雷同，不再赘述。但在草图、零件、部件环境下，经常需要进行视图观察方向变换，所以下面先简单介绍视图观察调整工具。

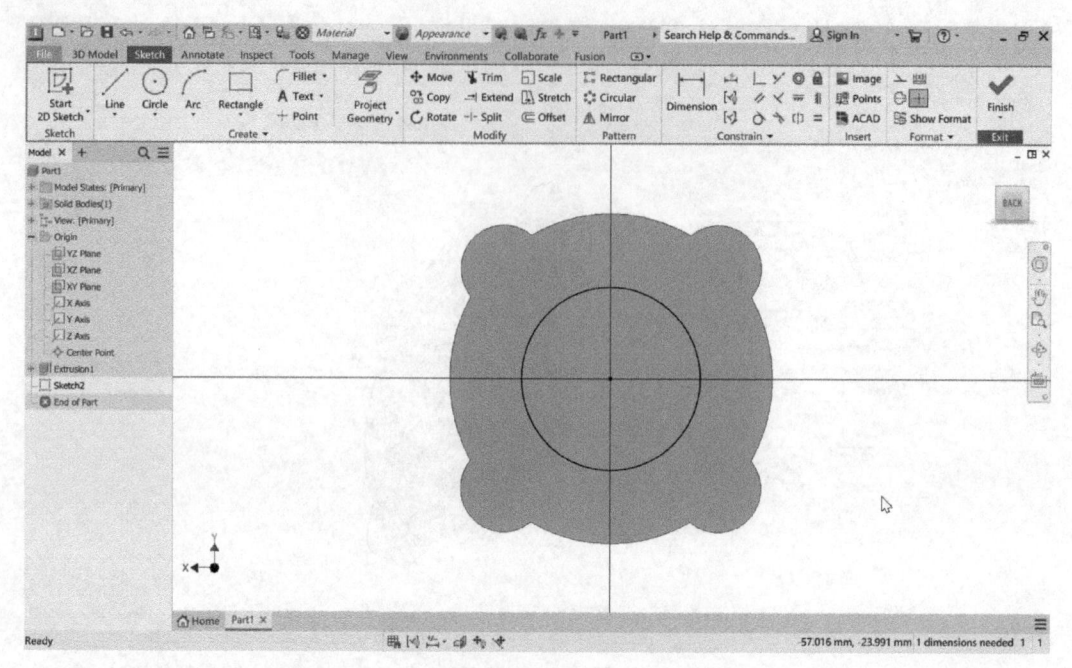

图 4.5 切换观察法兰表面上的草图

（3）视图观察调整工具　视图观察调整工具是 CAD 软件中最常用的工具之一，因此很多软件都提供了下拉菜单之外的快捷工具栏，Inventor 软件的视图观察调整工具栏在屏幕的右中偏上方位（图 4.6）。

从上到下分别是常用观察方向的立方体、"Full Navigation Wheel" "Pan" "Zoom" "Free Orbit" "Look at" 选项，鼠标在相应图标上停留就会出现相应的解释。其中，常用观察方向以立方体的方式直观地表示了特定的观察方向，通过单击立方体图标的方式操作。

"Pan" 为平移观察，可以通过按住鼠标滚轮或中键并移动鼠标的方式操作，所以此功能并不常用。

"Zoom" 观察，图标其下有展开箭头，可以选择多种缩放方式，常用的有 "Zoom All" 和 "Zoom Window"，目前的缺省是 "Zoom All"。使用鼠标滚轮可以以光标为中心自由缩放。

图 4.6　视图观察调整工具

"Free Orbit" 自由轨迹观察是较常用的工具，请自行体会该工具的使用。

"Look at" 也比较常用，中文翻译为"观察方向"不太确切，实际是对某一平面转正观察，单击 "Look at" 工具，然后单击模型的平面表面或者工作面等，该面会自动旋转到平行于屏幕位置。

视图观察调整工具比较常用，需用心体会。

（4）完成主体部分　需要注意的是，该实例有一个总高尺寸 120mm，要在造型设计中反映出来，不能用从上顶面依次叠加特征高度计算所得。在完成第二个拉伸特征以后，为反映该总高为 120mm 的设计思想，需要在距离顶面往下 120mm 处建立工作平面，并在其上新建下法兰的草图，反向拉伸至已有特征才能精确地反映设计思想。

It should be noted that this example has a total height of 120mm, which should be reflected in the modeling design, and cannot be obtained by calculating the feature heights sequentially from the top surface. After the completion of the second extrusion feature, to reflect the design idea of the total height of 120mm, it is necessary to create a work plane 120mm down from the top surface, make an extrusion from this work plane.

调整视图方向到便于选择法兰顶面的位置，单击新建工作平面命令，然后在绘图窗口往下拖动法兰顶面，在参数输入窗口输入定义参数"–120"，如图 4.7 所示。

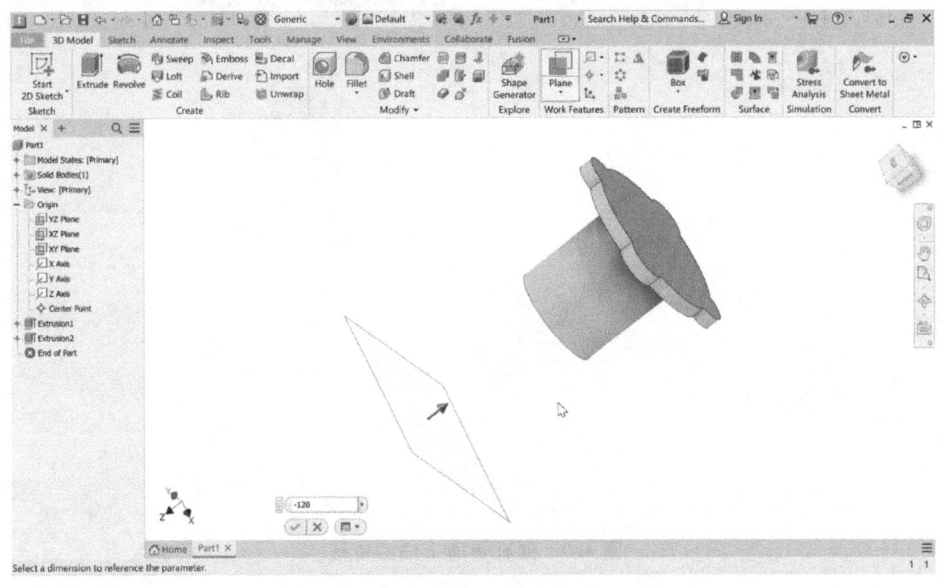

图 4.7　确定零件总高度的工作平面

完成工作平面的定义后，在该工作平面上新建草图，画直径为 66mm 的外圆和直径为 52mm 的定位构造线圆。为了定位法兰上的四个小孔，在该圆的四个象限点上画四个定位点，如图 4.8 所示。

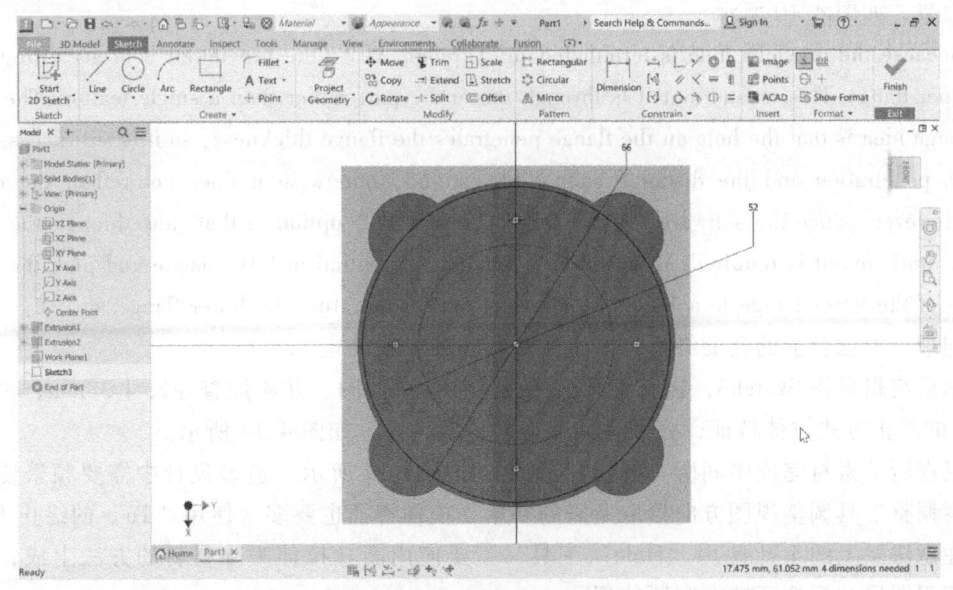

图 4.8　下法兰的草图

然后完成草图并拉伸特征，再共享该草图，单击"Hole"对孔建模，如图4.9所示。因为上一个孔特征是"Through All"的终止方式，所以预览的孔直接贯通到上法兰，这说明贯通的是整个零件，并不是某个特征。

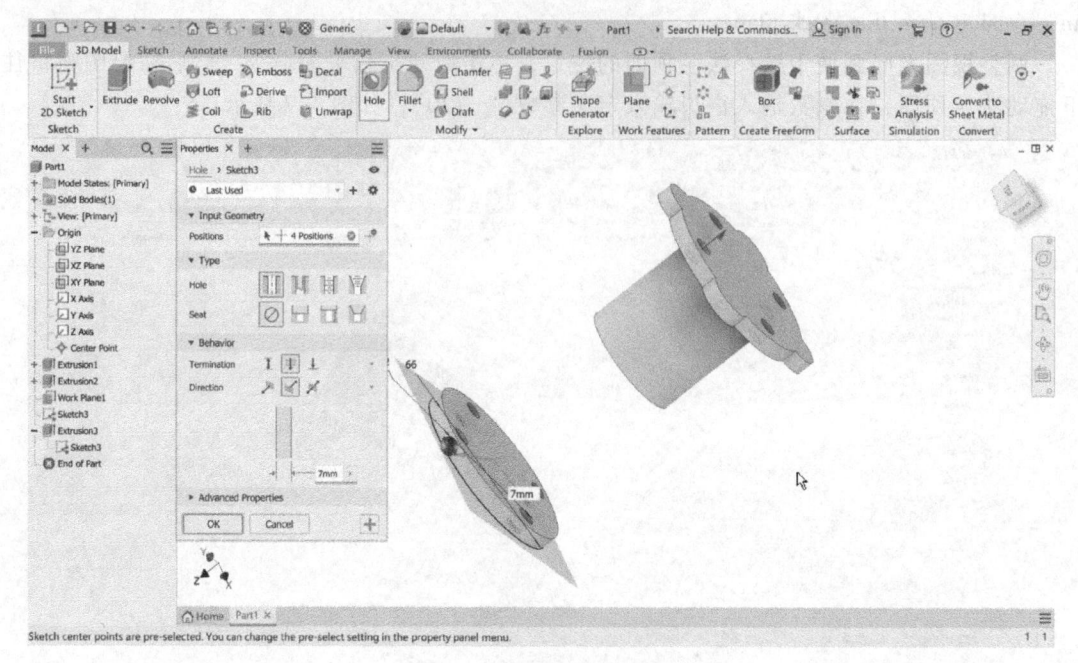

图 4.9 通孔贯通上法兰特征

本来的设计思想是法兰上的孔贯通法兰厚度，这里依然要用贯通，不能输入距离，否则不符合设计思想。但是鉴于"Through All"选项是贯通整个零件的软件逻辑，需要用变通的方式。

修改"Termination"选项到"To"模式，拾取下法兰的上表面，可以实现仅贯通下法兰的效果，如图4.10所示。

Because the previous hole is terminated in"Through All", the previewed hole goes directly to the upper flange. This means that it is through the entire part rather than a single feature. The original design idea is that the hole on the flange penetrates the flange thickness, so it is still necessary to use the penetration and the distance cannot be entered, otherwise it does not reflect the design idea. However, since the software logic of the "Through All" option is that runs through the entire part, a workaround is required. Modify the "Termination" option to "To" mode and pick the upper surface of the lower flange to achieve the effect of only penetrating the lower flange.

同理，上法兰上的孔的终止方式也要用同样的方式处理。

然后编辑草图Sketch3，在其上画第二段圆柱的草图圆，并添加直径尺寸38mm，再使用"To"的终止方式拉伸特征，完成零件外形的造型设计，如图4.11所示。

根据所给素材完成中间所有的特征造型，如图4.12所示，造型设计中需要频繁使用视图观察调整工具调整视图方向拾取所需的要素，拉伸特征也要多次使用"To"的终止方式。

注意法兰上的小孔使用"Hole"工具，不要使用圆柱拉伸去除材料的方法生成，其区别在工程图尺寸标注环节会有所体现。

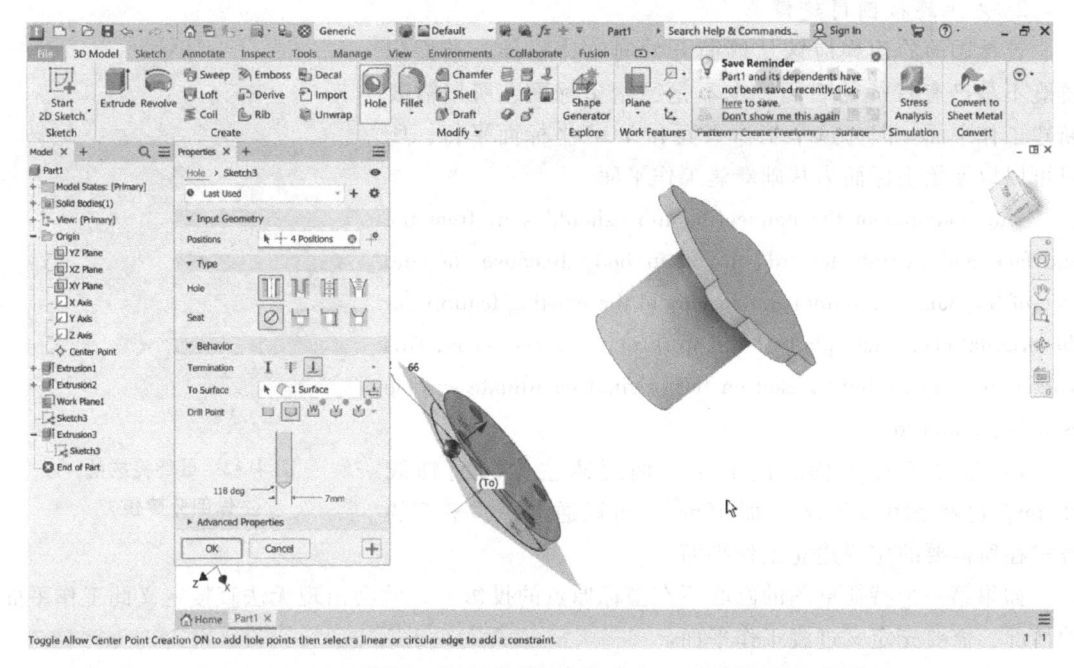

图 4.10 使用"To"的孔特征终止方式以免贯通整个零件

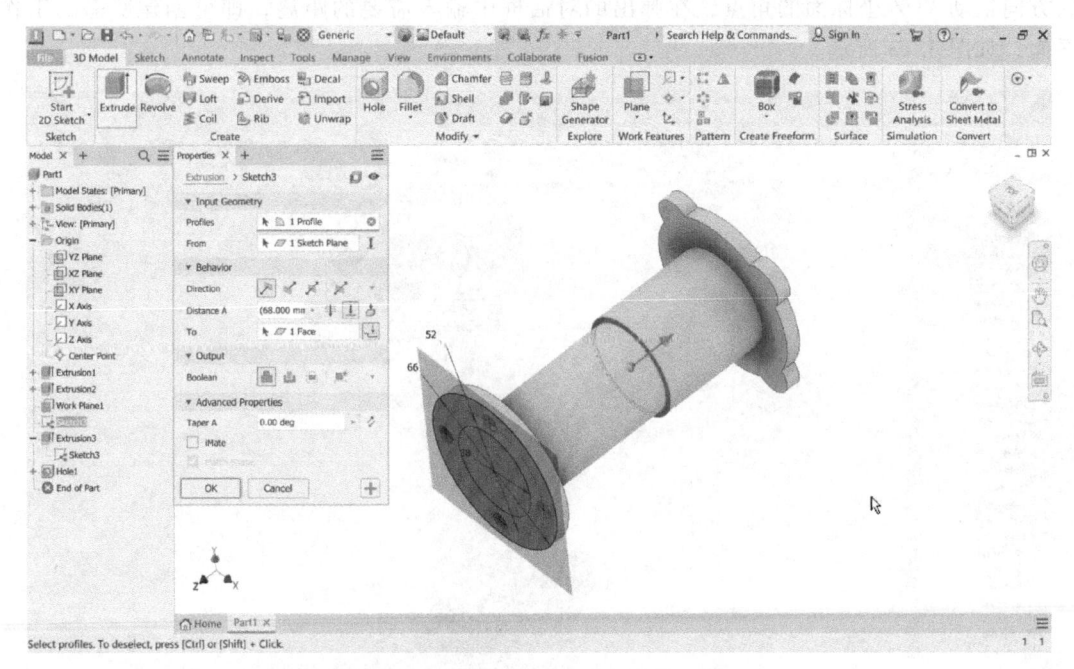

图 4.11 依然是"To"的拉伸终止方式

当然,同一零件的建模方式不是唯一的,有些纯属个人习惯,有些因为和工程图环节相关,建模方案就存在优劣之分,需要在学习和使用的过程中多操作,多体会。

主体部分如果不考虑上法兰盘四个突出部分,是典型的回转体,也可以使用旋转特征一次完成,请自行尝试并体会两种方式的优缺点。

2. 左上连接圆筒建模

连接圆筒的建模应该从端面开始向主体拉伸，端面位置既不是已有特征的表面，也不是原始坐标面，所以需要新建工作平面。因为这个工作平面和YOZ坐标面平行，所以可以以原始坐标面为基础新建工作平面。

The modeling of the connecting tube should start from the end face and extrude towards the main body. Because the end face of the flange is neither the surface of the existing feature nor the original coordinate plane, so a work plane is necessary. This work plane can be built based on the original coordinate surface as it is parallel to it.

1）创建工作平面。该工作平面距离主体圆筒轴线45mm，也就是距离YOZ平面45mm，可以通过平移平面的方式在所需要的位置建立工作平面。

图4.12 最终完成的主体部分建模

如果第一个特征草图的圆心不在坐标原点的投影上，就会出现无法直接定义此工作平面的情况，需要先定义过渡工作平面。

先在特征浏览器中选中YOZ平面，再单击工作平面工具"Work Plane"，拾取并向需要的方向拖动YOZ坐标面的角点，在弹出的对话框中输入需要的距离，即可创建所需的工作平面，如图4.13所示。

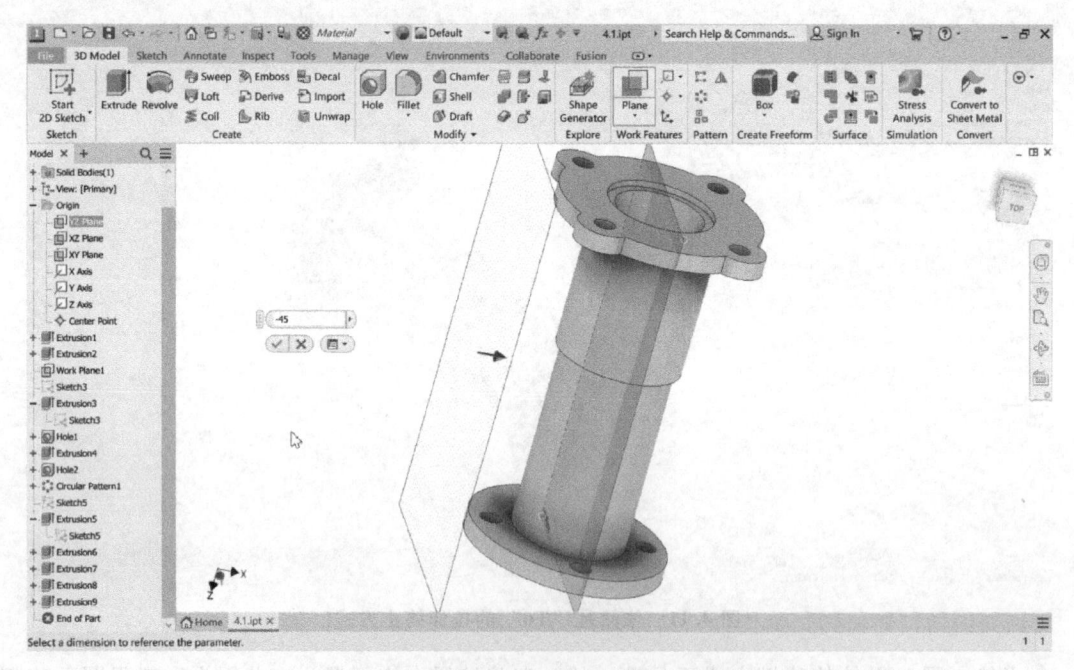

图4.13 创建和已知平面平行的工作平面

2）草图和已有特征的定位。在新建的工作平面上创建草图，此时已有的特征全部位于新建草图的后面，已有特征和模型的边界不能作为连接圆筒草图的定位基准，必须将这些特征、边界等要素投影到草图平面，才能实现新建草图要素和已有特征的精确定位。

先打开构造线开关,单击"Project Geometry"投影上法兰顶面作为上下方向的基准,再过其中点绘制竖直构造线作为左右方向的基准,根据设计要求的形状和尺寸画出草图(图4.14),作图过程注意要在尺寸标注之前施加几何约束。

本例需要对两端的小圆直径施加等长约束,对四条直线和相应的圆施加相切约束,对三个圆心施加水平约束。

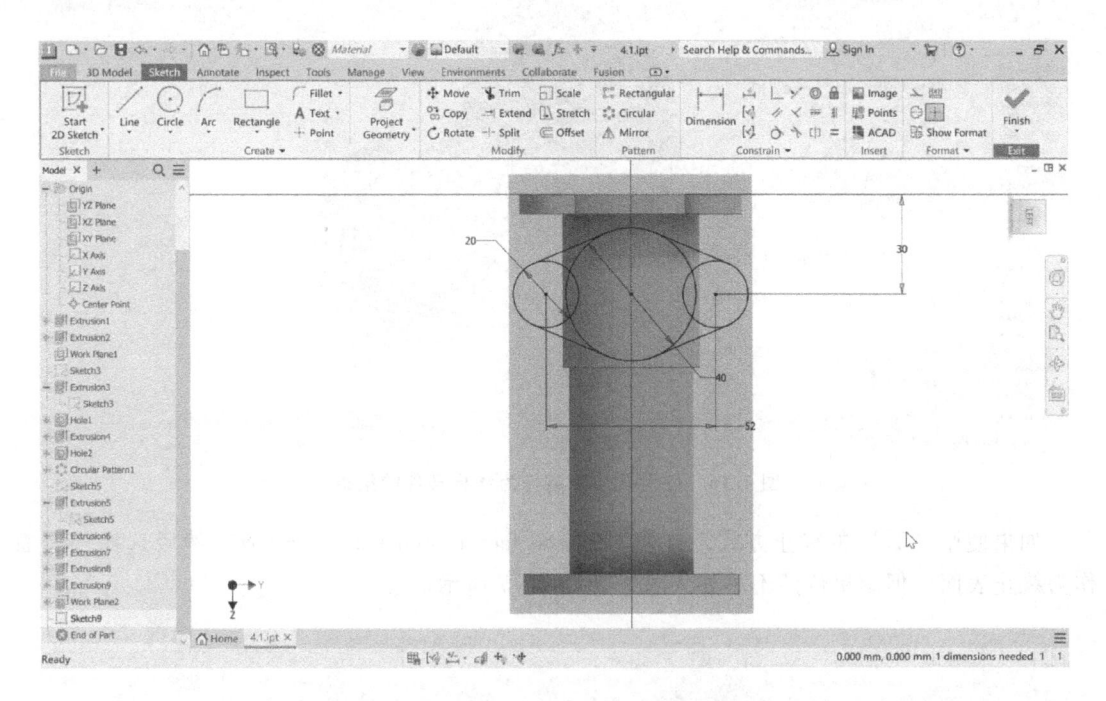

图 4.14 投影几何图元作为草图定位基准

3)拉伸特征的终止方式。完成草图并拉伸端面后,使用孔特征构建直径为 7mm 的两个安装孔,孔特征终止方式使用"To Surface"。在靠主体一侧的端面上新建草图,并以端面轮廓的中心为圆心画草图轮廓,完成草图后拉伸草图形成连接圆柱,如图 4.15 所示。

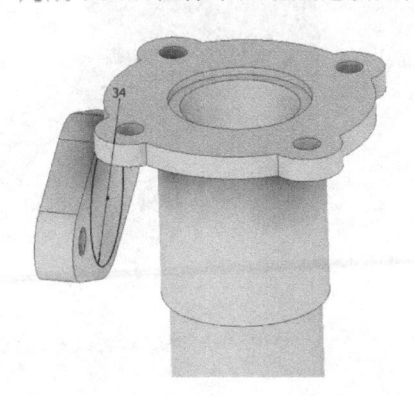

图 4.15 在端面和主体之间拉伸形成连接圆柱

但是,这个拉伸特征显然不能使用拉伸距离作为拉伸终止条件(图 4.16)。

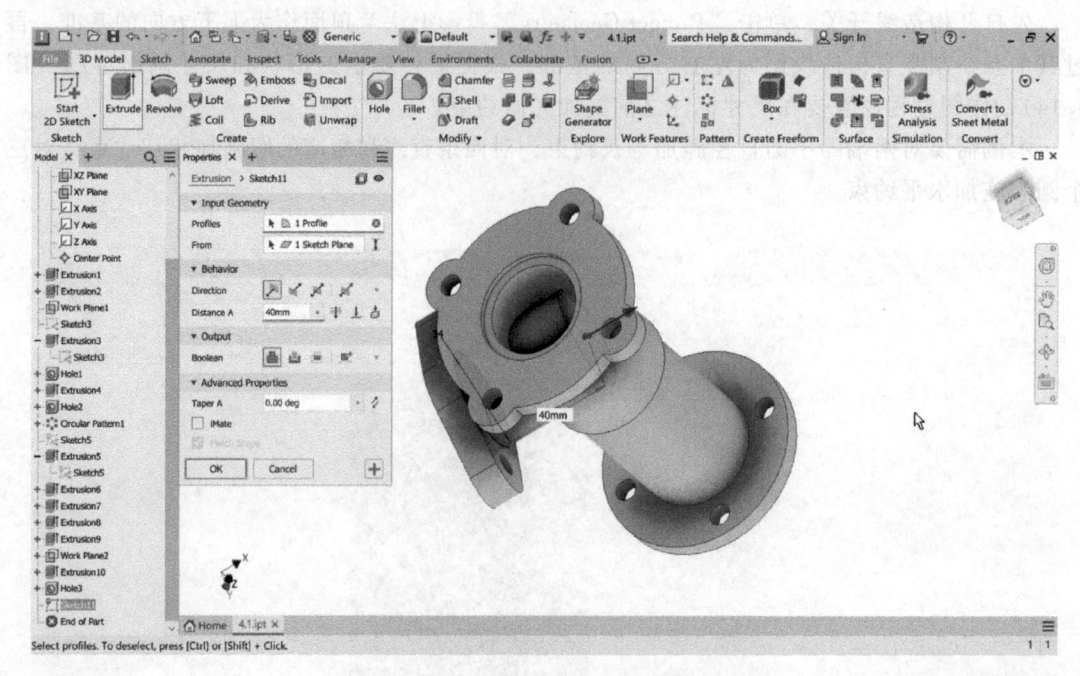

图 4.16 使用拉伸距离作为终止条件的结果

如果使用"To"的终止方式,打开"Extend face to end feature is ON"然后选择外表面作为终止表面,但结果依然不尽如人意,如图 4.17 所示。

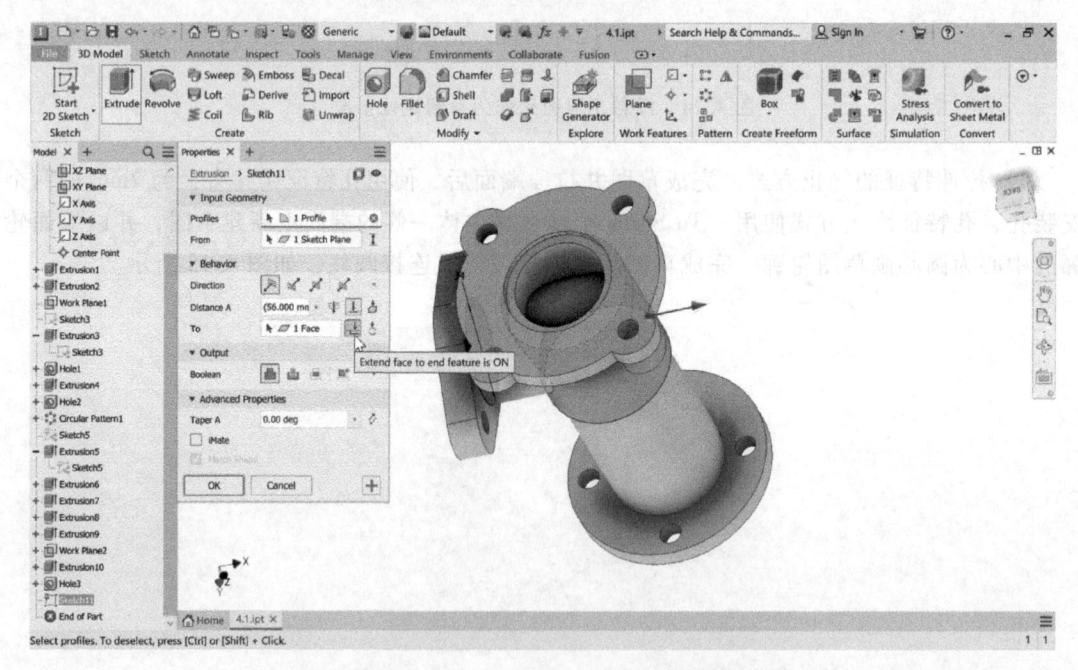

图 4.17 使用"To"作为终止方式仍需要调整选项

此时,需要单击"Extend face to end feature is ON"右侧的按钮"Alternate solution"选项,切换其拉伸长短,才能达到想要的结果,如图 4.18 所示。

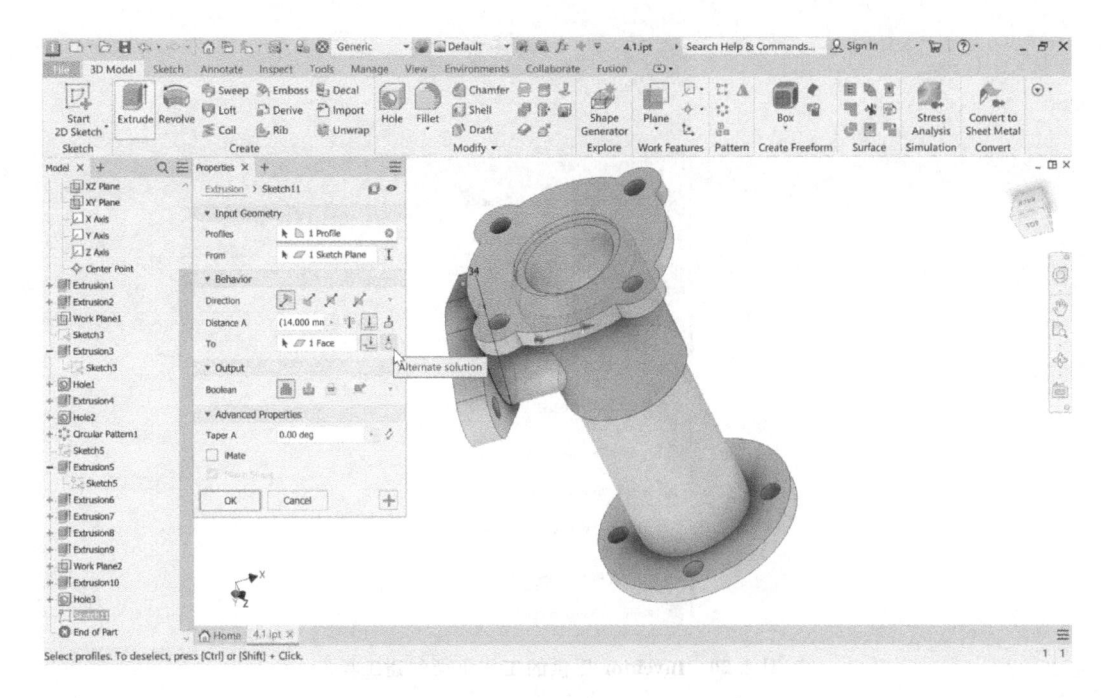

图 4.18　使用 "Alternate solution" 选项

同样，在左端面新建草图，完成草图后用去除材料拉伸到内圆柱表面，再采用到表面的方式打孔，最后形成如图 4.19 所示模型。

3. 右下连接圆筒建模

右下连接圆筒的创建思路和左上圆筒相同，但是左上连接圆筒的左端面草图平面和原始坐标面 YOZ 平行，可以直接利用原始坐标平面为基础创建工作平面。而右下连接圆筒的端面和已有特征表面、原始坐标平面都没有平行关系，只有垂直关系，必须通过过渡的方式创建工作平面。

建立工作平面的方法有很多，Inventor 也提供了相应工具（图 4.20），这些工具不必死记硬背，要在理解的基础上灵活应用。几何上，只要能确定一个平面的位置，都可以用来建立工作平面。建立工作平面可以利用原始坐标系的坐标面、坐标轴、原点，已有特征的表面、边、轴线、顶点、边的中点等所有可拾取的要素。当所有这些要素仍然不足以在特定位置确定所需要的工作平面时，需要

图 4.19　完成后的模型

创造过渡的条件——先利用已有条件建立工作点、工作轴、工作面，使最终在所需要的位置建立工作平面成为可能。本例中右下连接圆筒的端面平面就需要采用过渡的方式建立。

Inventor 提供的工作平面创面工具中，没有创建和已知平面成一定角度的工作平面的方法。实际上建立工作平面的方法很多，为每种方法提供一个工具按钮不太可能也没有必要。因为要使工作平面和 XOY 平面垂直，与 YOZ 成 135°，可以过 Z 轴先建一个和 YOZ 坐标面成 135°的过渡工作平面，然后再通过偏移该过渡工作平面创建需要的工作平面。

图 4.20　Inventor 提供的工作平面创建工具

但是，通过 Z 轴和 YOZ 坐标面成 135°的工作面能否建立？如何建立？虽然 Inventor 没有提供这个按钮，但是在单击工作平面按钮后，先选取 Z 轴、再选取 YOZ 坐标面，会出现角度输入的对话框，如图 4.21 所示。

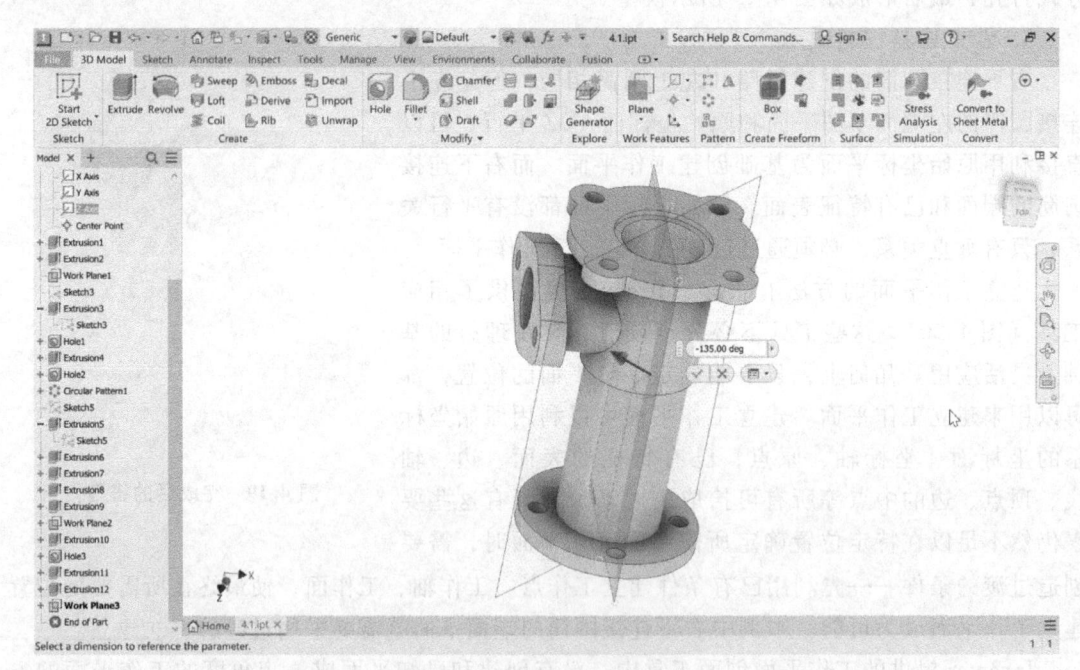

图 4.21　角度输入的对话框

输入相应的角度参数"−135.00 deg"，拾取勾选符号确认接受创建中间（过渡）工作平面，然后通过偏移该平面得到所需位置的工作平面，如图 4.22 所示。

图 4.22 最终获得所需的工作平面

4.1.3 iFeature 特征的创建和使用

1. iFeature 的创建

注意到右下的法兰和左上的法兰有同样的形状。在使用 CAD 软件的时候，相同结构不需要重复建模，但是形状相同大小不同的结构是否也不需要重复建模呢？答案是肯定的。因为参数化造型设计软件对模型或特征的管理是使用数据参数进行的，形状相同大小不同的特征或零件，可以通过改变已有特征或零件的参数获得，并不需要重复建模。

Inventor 使用 iFeature 管理形状相同的特征或零件。对需要重复使用的结构，可以将其定义为 iFeature，在使用的时候输入新的合理参数即可重复使用。

Notice that the lower right flange has the same shape as the upper left flange. When using CAD software, the same structure does not need to be repeated, but is it possible to make structures with different sizes without repeating? The answer is yes. Because the management of models or features by parametric modeling design software is carried out using parameters, features or parts of the same shape but different size can be obtained by changing the parameters of existing features or parts, and there is no need to repeat the modeling. Inventor uses iFeature to manage features or parts of the same shape. For features that need to be reused, they can be defined as iFeatures, and be reused by entering new reasonable parameters.

iFeature 的功能相对比较复杂，建议先使用帮助学习后再尝试。

要把左上的法兰结构定义为 iFeature，选择"Manage"菜单，单击"Extract iFeature"，如图 4.23 所示。

iFeature 定义界面如图 4.24 所示，在"Selected Features"选项下绘图窗口或特征浏览器中选择相应的特征，选中的特征将在列表中出现，可以单击右键弹出菜单，再单击"Remove"移除，然后加载需要重新定义的参数到右侧的"Size Parameters"窗口。

在"Size Parameters"窗口定义"Prompt"提示，以免重新定义特征大小的时候不知该参数所指，因为原始参数都是尺寸编号，给定清晰具体的提示才能便于重新输入新特征的参数。

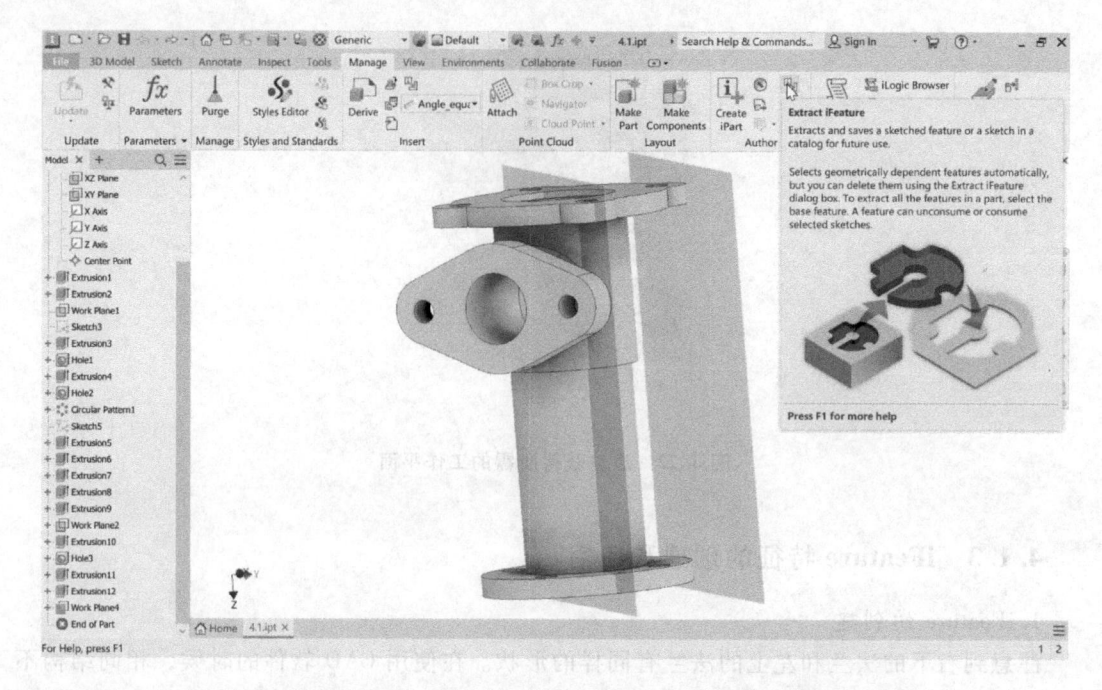

图 4.23 使用"Manage"菜单下的"Extract iFeature"定义 iFeature

图 4.24 定义 iFeature

定义完成后，保存定义的 iFeather 到预定位置，并命名备用。
2. iFeature 的使用

单击"Manage"菜单下的"Insert iFeature"命令，如图 4.25 所示。

在弹出的窗口浏览并指定要插入的 iFeature，选择上一步保存的 iFeature，然后单击"Open"打开，出现"Insert iFeature"界面，注意此时鼠标不要随便拾取。"Insert iFeature"

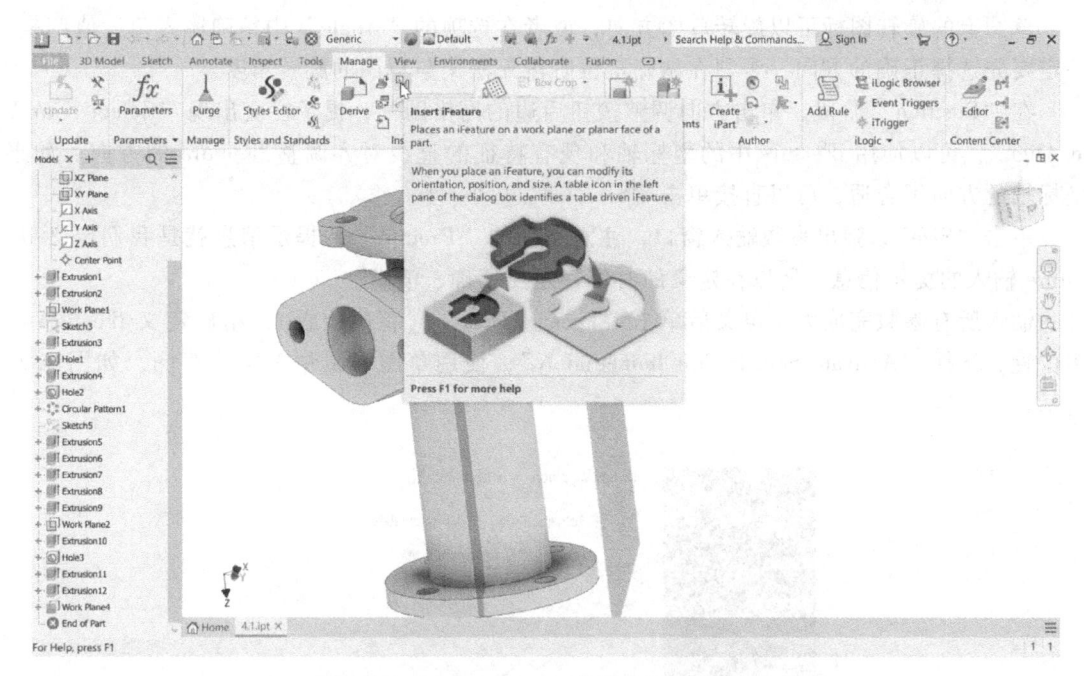

图 4.25　Insert iFeature 使用定义的 iFeature

选项卡出现提示"Pick Sketch Plane",就是 iFeature 的草图平面要和现有零件的哪个平面重合,拾取上一步创建的工作平面,如图 4.26 所示。

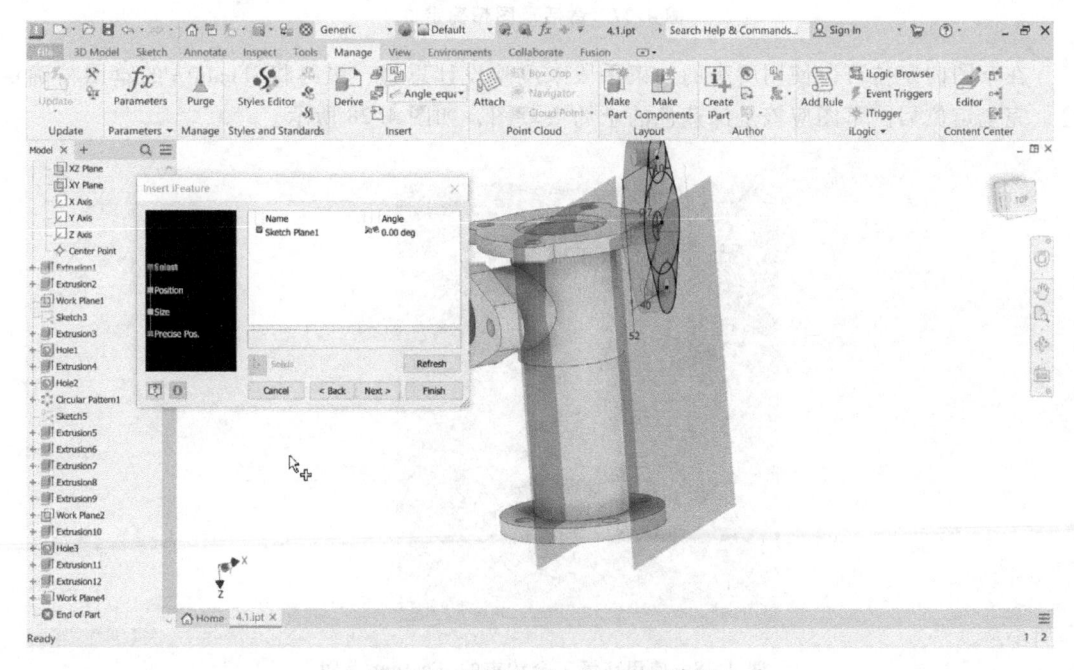

图 4.26　Insert iFeature 定义选项

确定草图平面后,预览 iFeature 的拉伸方向,可以通过"Sketch Plane"后面的方向按钮来调整。

草图上的旋转图标可以旋转草图方向,或者在选项的"Angle"中精确输入角度值调整,一定要先选择正确的方向,否则在精确定位阶段无法调整草图的旋转角度。

在"Position"阶段,单击方向调整按钮后边的网格图标,提示栏会出现"Select X or Y to Align",可以使用 iFeature 中的坐标轴和现有特征的直线对齐调整 iFeature 的方向。如果坐标轴的方向不合适,可以直接单击"Size"跳过这一步。

单击"Size",弹出参数输入窗口,注意下面的"Prompt"的提示信息就是我们定义 iFeature 输入的提示信息,所以在定义的时候一定要精确、清晰。

输入所有参数完成大小定义后单击"Precise Pos."(精确位置),精确定义 iFeature 草图位置,选择"Activate Sketch Edit Immediately",使用草图编辑精确定位草图,如图 4.27 所示。

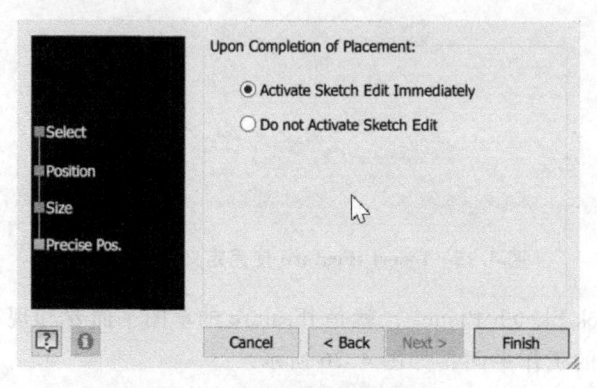

图 4.27 激活草图精确定位

在草图内定位可以使用所有的约束手段来反映设计思想,最终将 iFeature 的草图精确定位,完全定位后的草图应该是深蓝色的全约束草图,如图 4.28 所示。

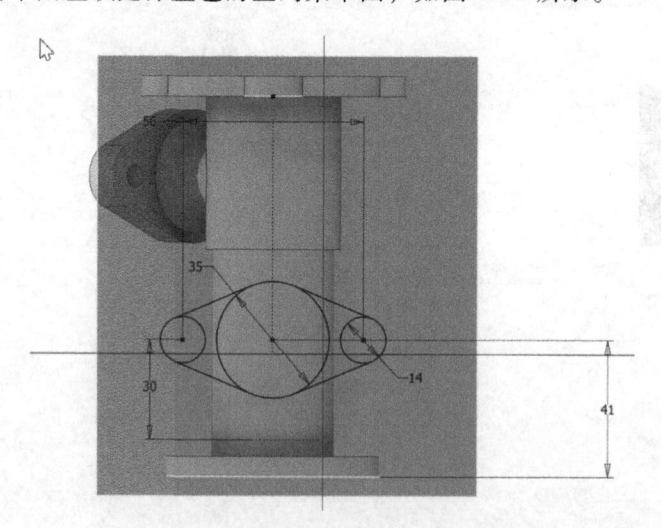

图 4.28 使用环境下全约束的 iFeather 草图

单击"Finish"完成该草图,iFeature 被正确插入指定位置,如图 4.29 所示。

采用同样的步骤,完成连接右下法兰和主管的圆筒,即完成该零件主体的造型设计,如图 4.30 所示。

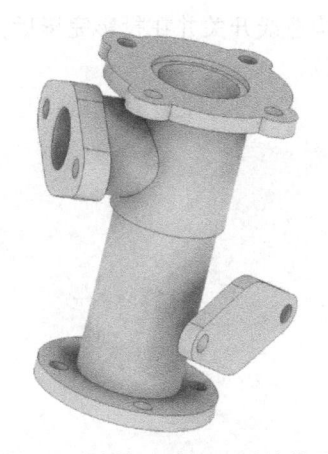

图 4.29　插入 iFeature 后的效果　　　　图 4.30　零件主体造型设计

4.1.4　加强筋特征详解

1. 实例零件的加强筋特征

本例右下倾斜法兰上加强筋特征的草图平面也必须新建工作平面，创建工作平面的思路和方法同前述，可以利用原始坐标轴和法兰端面。

先选中 Z 轴，再单击"Work Plane"，然后拾取法兰断面，所选中的要素唯一地确定了一个平面，正是所需要的工作平面（图 4.31），确定接受。

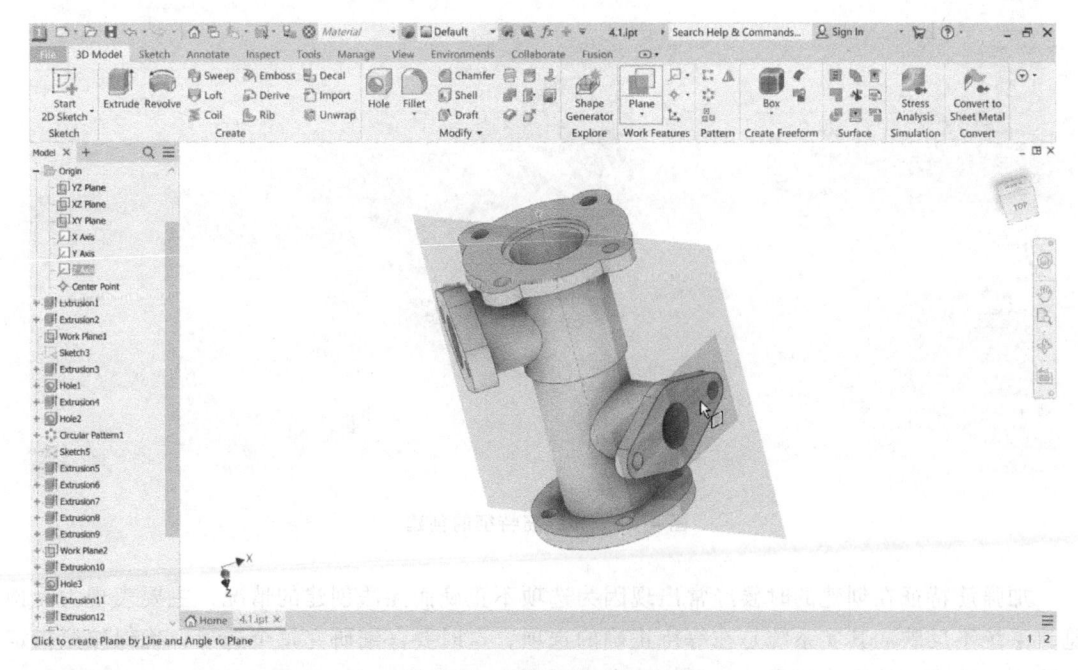

图 4.31　所需要的工作平面

在工作平面上新建草图，草图平面过圆柱面的外圆轮廓线，为清楚观察需要使用切片观察模式，按<F7>键打开切片模式，如图 4.32 所示。

虽然草图平面过圆柱的外圆轮廓线，但是这个轮廓线并不能在草图中被捕捉并作为定位基准，所以需要投影几何图元。在投影之前，注意打开构造线开关并在投影完毕后关闭。投影完毕后切换到草图模式观察加强筋草图，如图 4.33 所示。

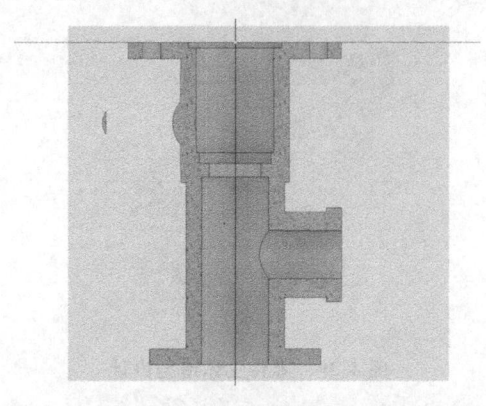

图 4.32　使用切片观察草图　　　　图 4.33　加强筋草图

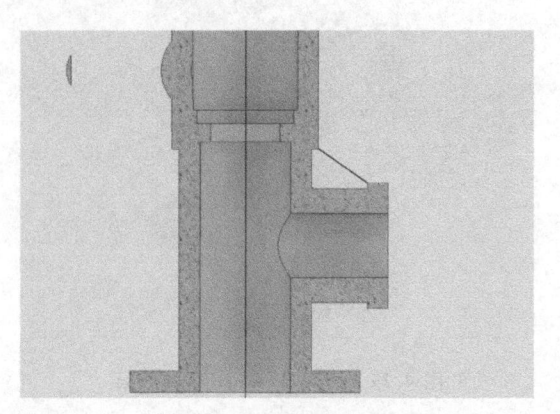

退出草图模式，创建加强筋特征，如图 4.34 所示。

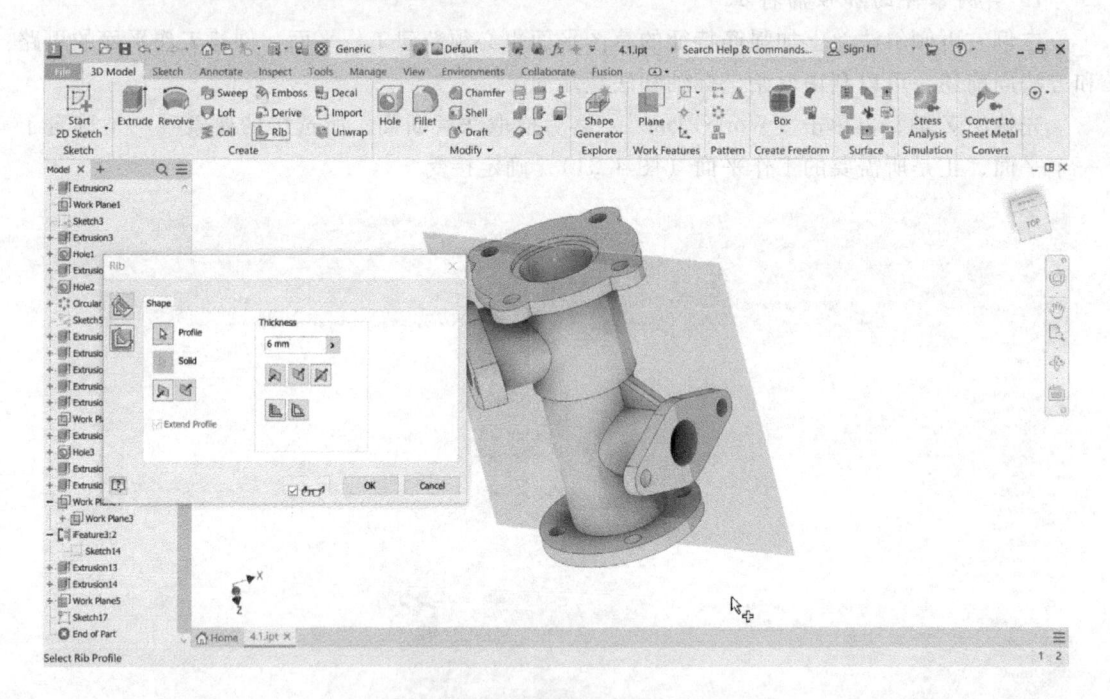

图 4.34　加强筋特征的创建

加强筋特征在创建的时候经常出现因为选项不正确而无法创建的情况，主要表现为无预览，系统不反映。其实系统是在等待正确的选项，这时要仔细研究每个选项，确保按照指定的选项，能唯一的生成加强筋，系统才会出现预览。

When creating ribs, it is often impossible to create them due to incorrect options, and the system does not show the preview. In fact, the system is waiting for the correct option, so careful study of each option is necessary for the system to show the preview.

首先选择加强筋的形状是筋状还是板状，筋状加强筋两个方向需要定义尺寸，板状加强筋只有厚度一个尺寸定义。其次确定加强筋特征是沿草图线向指定的方向拉伸，遇到满足要求的终止条件才结束，所以只有指定正确的拉伸方向才会出现预览并成功创建加强筋特征。左上圆筒的加强筋特征创建方法相同。

2. 加强筋详解

实例中的加强筋只要方向参数正确匹配就很容易形成预览，但是有些情况下，如果对加强筋的定义逻辑一知半解，无论怎样调整也无法正确生成。

加强筋特征是为增加零件强度的结构性特征，和零件的功能没有关系。就像圆角和倒角等工艺结构一样，加强筋的设计定义不像其他功能结构那样严谨。如果零件的底板上有一个薄壁圆筒，需要加强筋增加零件的结构强度，加强筋的草图可以有左右两种不同的定义方式，如图 4.35 所示。

直觉上加强筋的草图可以从底板边缘到圆筒顶端，但实际上因为加强筋有一定的厚度，如果这样定义的话，即便选择正确的拉伸方向，因为加强筋有一定的厚度，圆筒顶端的加强筋都不具备终止条件，无法形成预览，也就是说这样的加强筋草图按照软件的加强筋定义逻辑无法生成特征。

这种情况就需要使用右边的加强筋草图定义模式，因为加强筋只是一个结构特征，两个定义尺寸并不需要严格的设计，稍微大于圆角半径即可。

从右边的草图形成的加强筋也能看出，如果草图特征在对称平面上和圆筒顶点相交，厚度方向拉伸的加强筋高度会超过圆筒高度，不能形成终止条件，用通俗的话说就是圆筒"兜不住"加强筋的拉伸（图 4.36）。

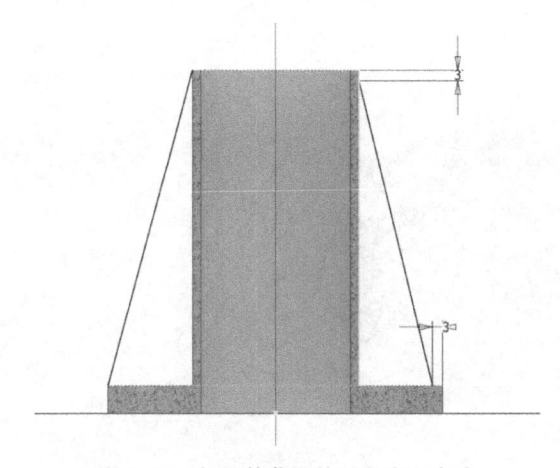

图 4.35　加强筋草图的不同定义方式　　图 4.36　加强筋前后的拉伸高度大于草图平面处

综合实例中的加强筋不存在这样的情况，但是因为零件是一个形状复杂的铸件，需要在很多地方使用圆角特征，特别是加强筋和法兰、圆筒变径处，处理的不好，会使圆角特征不容易或者无法施加，这个时候就需要调整加强筋的定义。

4.1.5　圆角特征详解

本例零件是铸造零件，需要在非加工表面相交的位置加上圆角，但是因为本例结构复杂，实际操作中有些地方可能加不上圆角，这时候可以把圆角半径改小一点，如果还不能解决问题，说明条件不具备，需要修改模型。

圆角是否具备施加条件还和施加顺序有关，增加圆角会改变原始结构的大小，使下一个圆角的施加条件改变，虽然圆角是三维特征，但是原理可以用二维图形表示（图 4.37），如果左上角施加一个半径为 10mm 的圆角，左下就只能再施加一个最大半径为 10mm 的圆角了，而右上却可以施加最大半径为 20mm 的圆角，所以圆角施加的顺序有时候很重要。

当施加圆角到最后一个特征（右下法兰）背面的时候发现，无论怎样修改参数，都不能形成预览，就是因为没有施加条件（图 4.38）。

通过改变圆角顺序等还是不能解决问题，经过分析发现问题出在加强筋的定义，这使施加圆角后加强筋和法兰相连处形成了复杂的条件（图 4.39）。

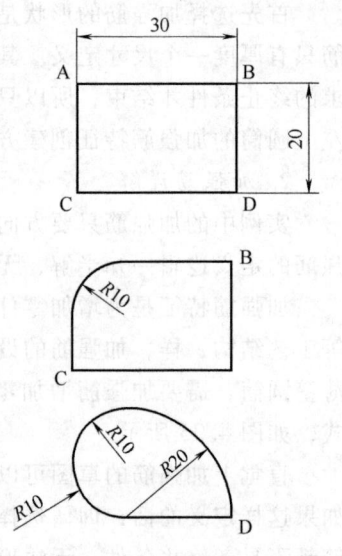

图 4.37　施加圆角

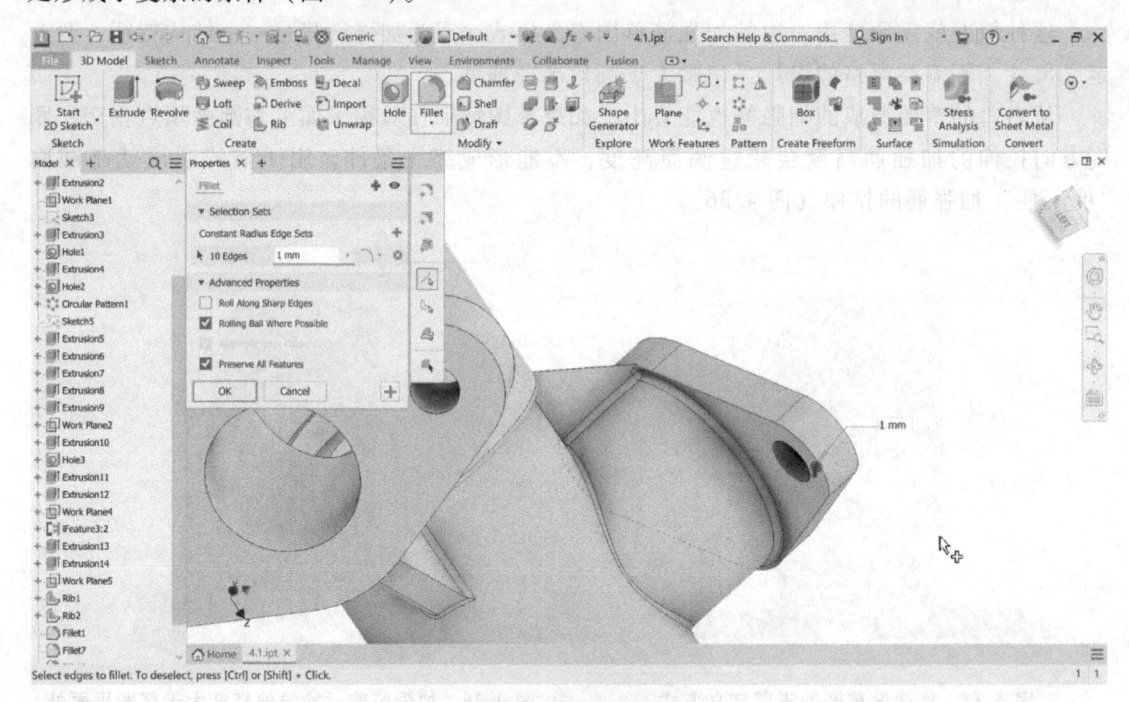

图 4.38　法兰背面

图 4.39　不恰当的加强筋定义带来的后果

在特征浏览器中找到该加强筋的草图，双击进入草图编辑环境，按下<F7>键进入切片观察模式，修改编辑草图如图 4.40 所示。

重新定义加强筋草图如图 4.41 所示。

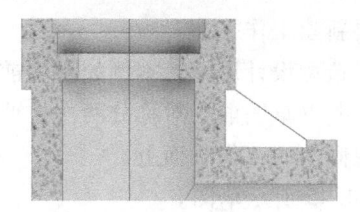

图 4.40　进入草图编辑界面 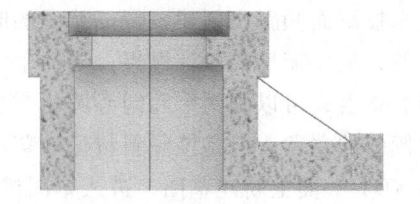　　　　　　图 4.41　重新定义的加强筋草图

完成草图退出草图编辑后，加强筋特征自动修改，如果出现和已有圆角特征矛盾的弹窗，接受并重新施加圆角即可（图 4.42）。

继续施加完成所有圆角特征，在特征浏览器里选中建立的工作平面、共享的草图等，取消其可见性，最终完成模型的设计，如图 4.43 所示。

图 4.42　完成草图编辑后加强筋特征自动修改 　　　　图 4.43　完成零件的造型设计

4.2　摇臂零件造型设计实例

摇臂零件的形状和大小如图 4.44 所示。

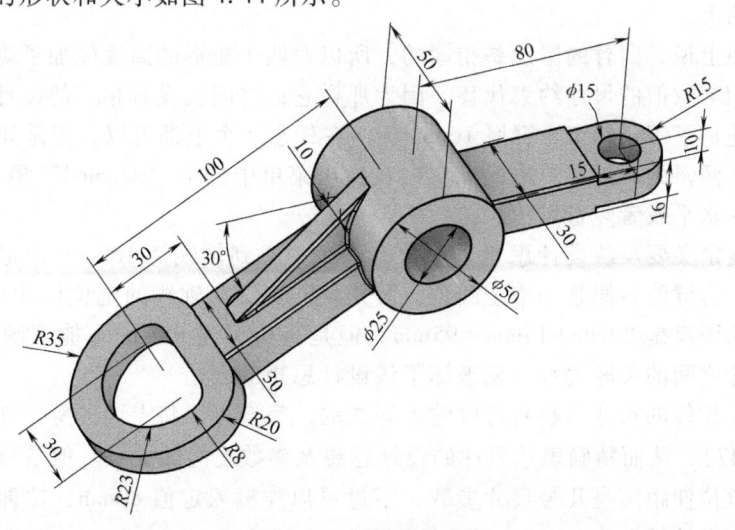

图 4.44　摇臂零件实例

4.2.1 形体分析和造型设计思路

如图 4.44 所示实例是一个典型的摇臂类零件,该零件的特点是前后对称,有一个臂相对于基本投影面倾斜,创建该特征草图的时候一般需要新建工作平面。

当然,只要能反映设计思想,同一个零件有不同的造型设计思路,本例如果从前往后正对着圆筒观察,可以画两个和同心圆相交的矩形,然后共享草图前后对称分两次拉伸,也可以形成倾斜的左臂,但是该倾斜特征的草图不需要画在倾斜的工作平面上。

在 XOY 平面上新建草图,进入草图模式,画如图 4.45 所示草图。

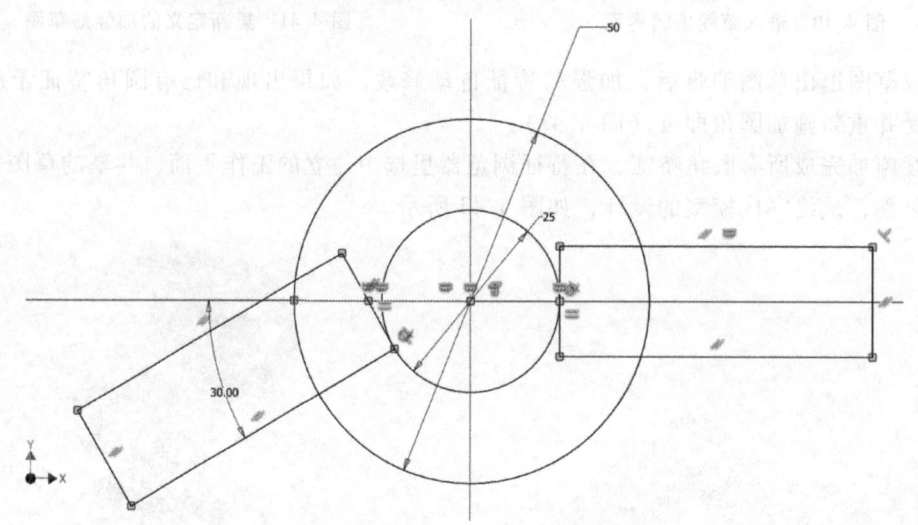

图 4.45 未完成尺寸约束的草图

该草图暂时未完成尺寸约束,但是需要详细介绍一下绘图思路及其与零件设计意图之间的关系。为了显示已经施加的约束,在绘图区域的空白处单击鼠标右键弹出对话框,选中"Show All Constrains",所有已经施加的约束将会显示。

因为两臂要与圆筒融合且不能突入内壁,因此对两个矩形在同心圆之间的边施加了和圆筒内圆的相切约束。

从设计思想上说,两臂的厚度是相同的,所以对两个矩形的高度施加了等长约束,这个不可以用两个相等数值的尺寸约束代替,因为那样它们之间就没有相等的设计思想了。

因为已经施加了等长约束,臂厚 16mm 标注在任意一个上都可以,但是如果标注在左臂上,因为其边是倾斜的,需要单击鼠标右键在弹出菜单中选中"Aligned"模式(图 4.46),否则就只能标注水平或者竖直尺寸。

矩形的长度定义要反映设计思想。左臂有一个中心到轴线为 100mm 的定位尺寸,可以作为矩形的长。右臂的右侧是一个全圆角,圆角中心到圆筒轴线的定位尺寸是 80mm,加上右臂宽度一半的距离是 80mm+15mm=95mm,但是直接标注 95mm 不能反映尺寸的等式关系,不反映尺寸之间的关联关系,就破坏了该设计思想的表达。

参数化设计软件的尺寸参数是可以输入等式的,完全可以将上面的等式在尺寸标注中表达出来(图 4.47),从而精确表达零件的设计思想及参数之间的关系。但是目前只是草图阶段,我们不知道拉伸距离是几号尺寸参数,不过可以先输入定值 80mm,拉伸后知道该尺寸的参数编号再回来编辑。

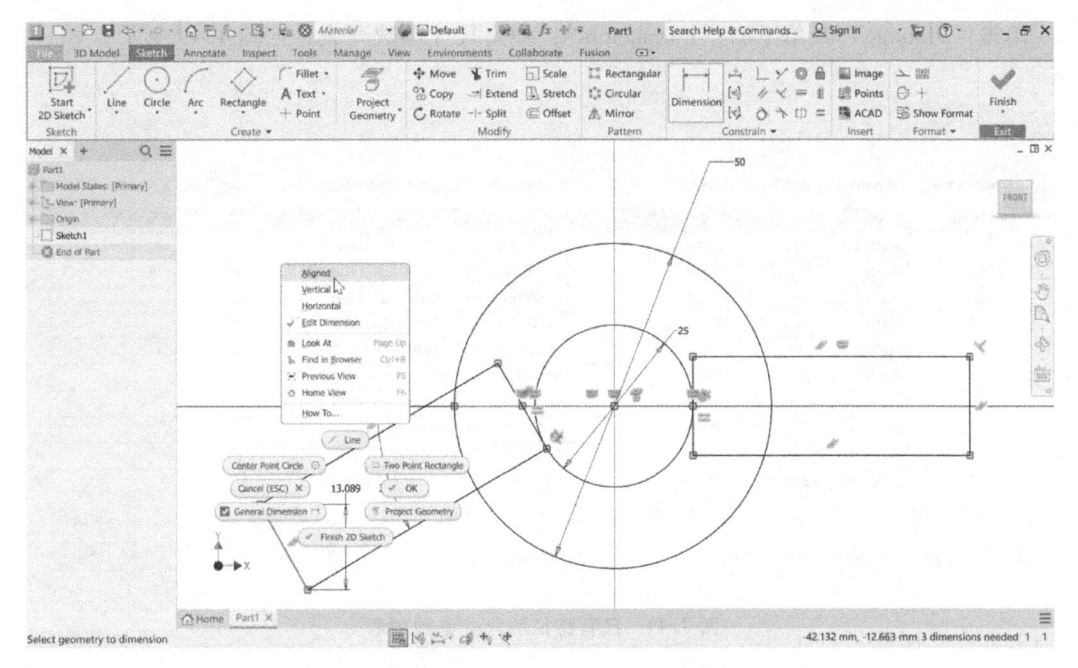

图 4.46　对斜线只有 Aligned 模式才能标注其长度

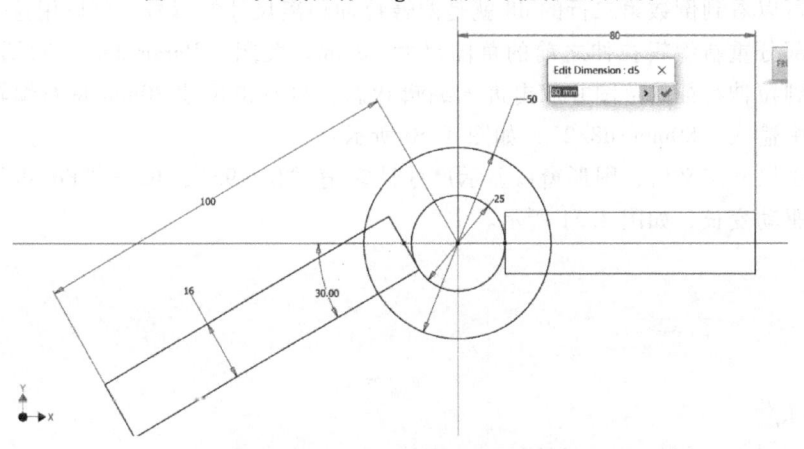

图 4.47　等式在尺寸标注中表达

退出并共享该草图，施加两次双向对称拉伸特征形成零件的基本体，如图 4.48 所示。

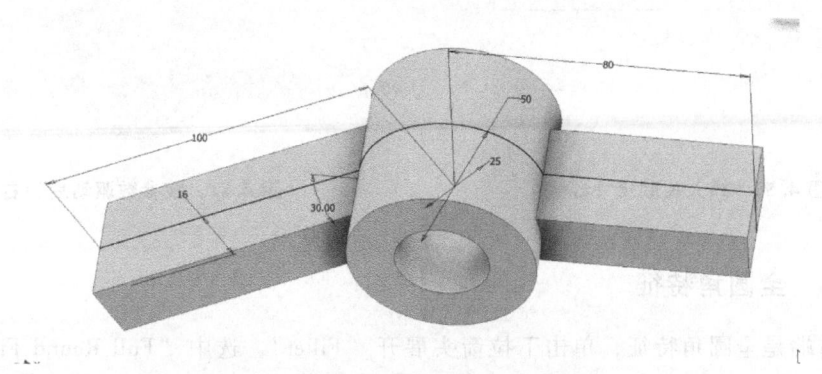

图 4.48　两次拉伸后形成零件的基本体

67

单击"Manage"菜单下的"Parameters",弹出尺寸参数列表,如图4.49所示。

Parameter Name	Consumed by	Unit/Type	Equation	Nominal Value	Tolerance	Model Value	Key	Exp	Comment
─ Model Param...									
d0	Sketch1	mm	50 mm	50.000000	○<Defa	50.000000	□	□	
d1	Sketch1	mm	25 mm	25.000000	○<Defa	25.000000	□	□	
d2	Sketch1	deg	30 deg	30.000000	○<Defa	30.000000	□	□	
d3	Sketch1	mm	16 mm	16.000000	○<Defa	16.000000	□	□	
d4	Sketch1	mm	100 mm	100.000000	○<Defa	100.000000	□	□	
d5	Sketch1	mm	80 mm	80.000000	○<Defa	80.000000	□	□	
d6	Extrusion1	mm	50 mm	50.000000	○<Defa	50.000000	□	□	
d7	Extrusion1	deg	0.00 deg	0.000000	○<Defa	0.000000	□	□	
d8	Extrusion2	mm	30 mm	30.000000	○<Defa	30.000000	□	□	
d9	Extrusion2	deg	0.00 deg	0.000000	○<Defa	0.000000	□	□	

图4.49 已有特征的尺寸参数列表

从表中可以看到倒数第二行的d8就是两臂拉伸距离尺寸的编号,可以用这个d8作为关联尺寸的一部分重新编辑拉伸之前的草图尺寸80mm。关闭"Parameters"对话框,在特征浏览器中找到拉伸特征的草图并双击进入编辑状态,再双击尺寸80mm重新编辑尺寸大小,在定义选项中输入"80mm+d8/2",如图4.50所示。

确定接受尺寸定义后,图形窗口显示尺寸计算值"fx:95",单击"Finish"完成草图,右臂被尺寸驱动变长,如图4.51所示。

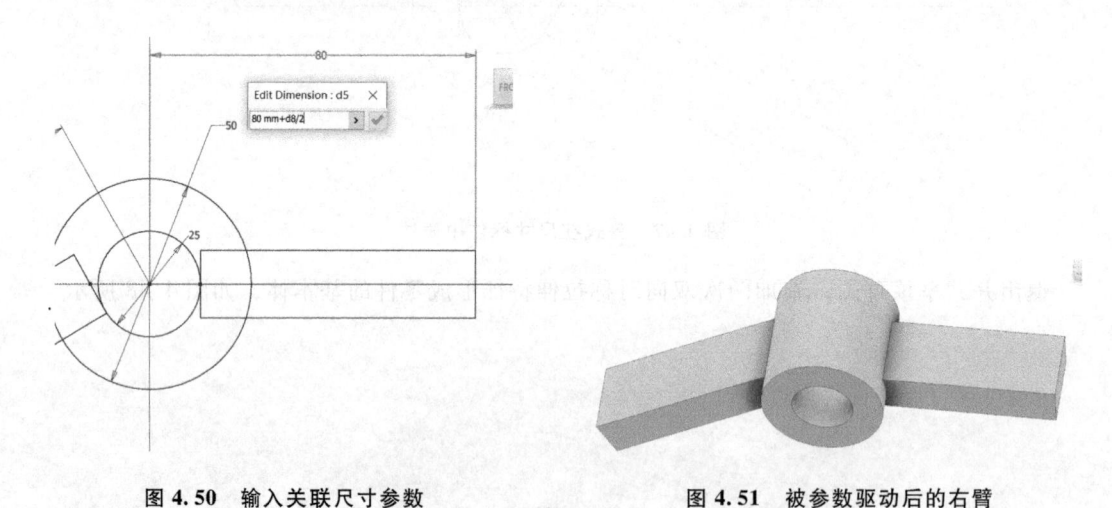

图4.50 输入关联尺寸参数　　　　图4.51 被参数驱动后的右臂

4.2.2 全圆角特征

右臂右端是全圆角特征,单击下拉箭头展开"Fillet",选中"Full Round Fillet",在图形窗口中依次选中三个面,实现全圆角特征的加载,如图4.52所示。

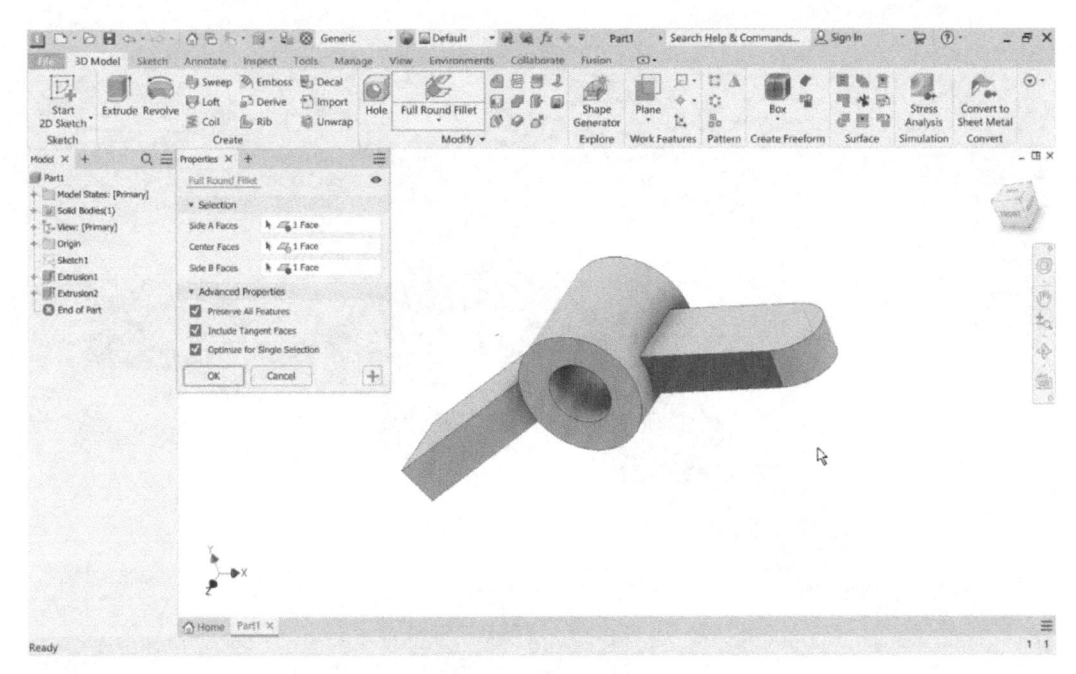

图 4.52 全圆角特征

当然，也可以两次加载普通圆角特征，但是要注意此时圆角半径等于臂宽的一半，记住臂宽的参数是 d8，选中要加圆角的两条边后，在圆角半径内输入 d8/2（一定要输入参数，不能输入定值），也可以变相实现全圆角特征，如图 4.53 所示。

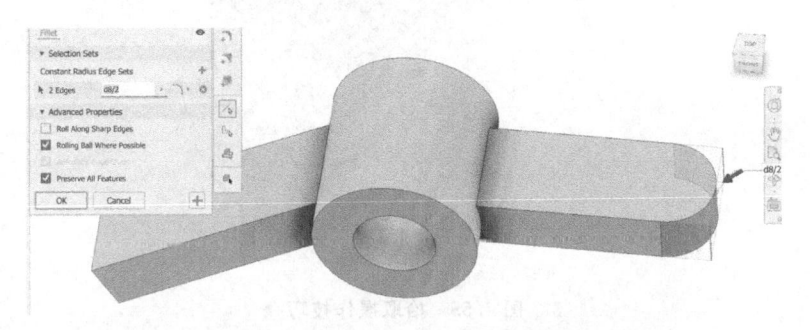

图 4.53 也可以使用参数定义两个圆角特征实现全圆角

左臂端部的造型设计过程也要反映设计思想，因为涉及圆筒轴线的定位尺寸，草图平面应该在过轴线的上下对称平面上，因为这是一个倾斜平面，可以以原始坐标平面和坐标轴为基础创建工作平面。但是，因为左臂拉伸特征已有，也可以用左臂的上下对称平面作为草图平面。

单击"Work Plane"，先选中左臂下表面，当鼠标移动到上表面时，会有一个上下表面对称平面作为工作平面的预览（图 4.54），拾取结束。

在工作平面上新建二维草图，按照设计思想完成草图绘制，注意在形状、定位和尺寸上都要精确反映设计思想。

因为圆心距离 30mm 与臂宽 30mm 相同，在拾取圆心的时候会捕捉到臂宽的投影，使形成的约束不是来自 30mm 这个尺寸，而是 d8，所以在画两个圆心定位点的时候，先使两个对称点之间的距离小于 30mm，这是避开绘图过程中误拾取的一种操作技巧，如图 4.55 所示。

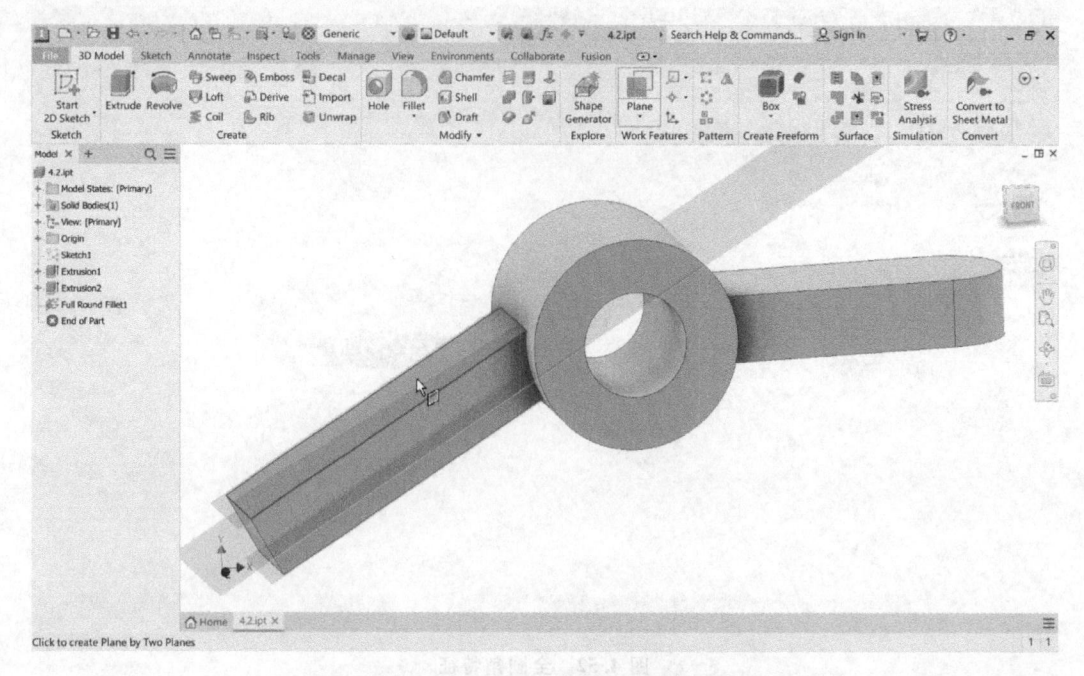

图 4.54 创建两个平行平面的对称工作平面

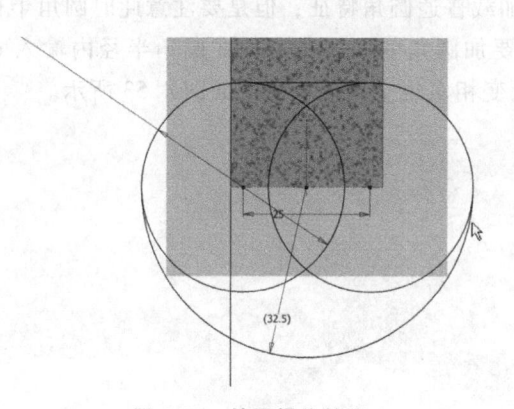

图 4.55 拾取操作技巧

待草图完成后再修改该尺寸为 30mm 驱动草图要素，完成草图绘制，如图 4.56 所示。

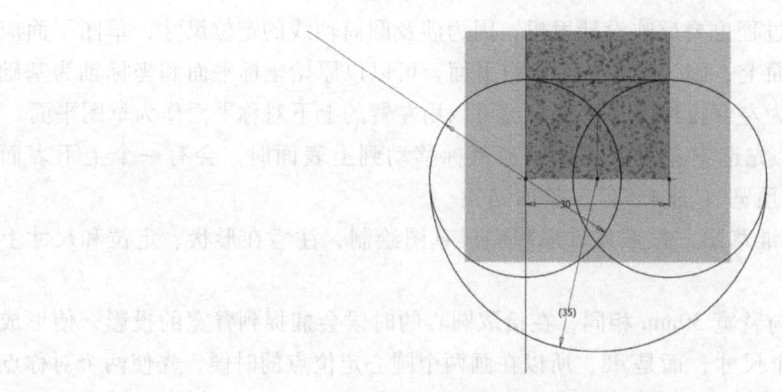

图 4.56 精确反映设计思想的草图

之后施加拉伸特征，注意终止方式不要输入距离，应该选择"From"和"To"的模式，如图4.57所示。

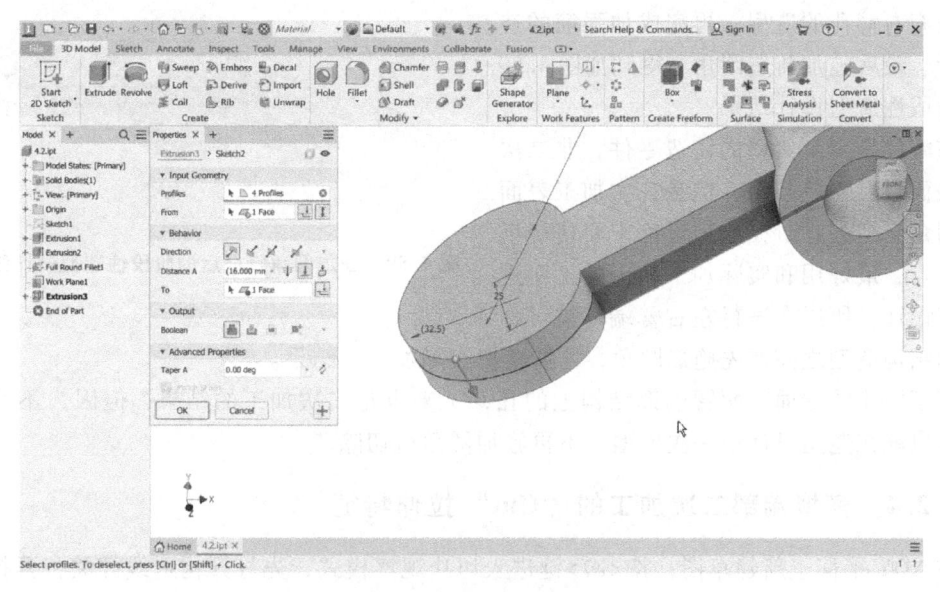

图 4.57 拉伸形成左臂端部特征

4.2.3 草图中的偏移命令

拉伸形成的左臂端部是实体，中间挖去的结构要二次拉伸。空心结构的轮廓形状和外部相同，可以从外部轮廓偏移得到，不需要再重建一次。

在左部上表面新建二维草图，投影端部特征轮廓，画竖直线连接两个圆弧的端点，使之封闭，然后单击草图工具"Modify"中的"Offset"，选中该封闭轮廓并拖动，可以看到偏移的预览，如图4.58所示。

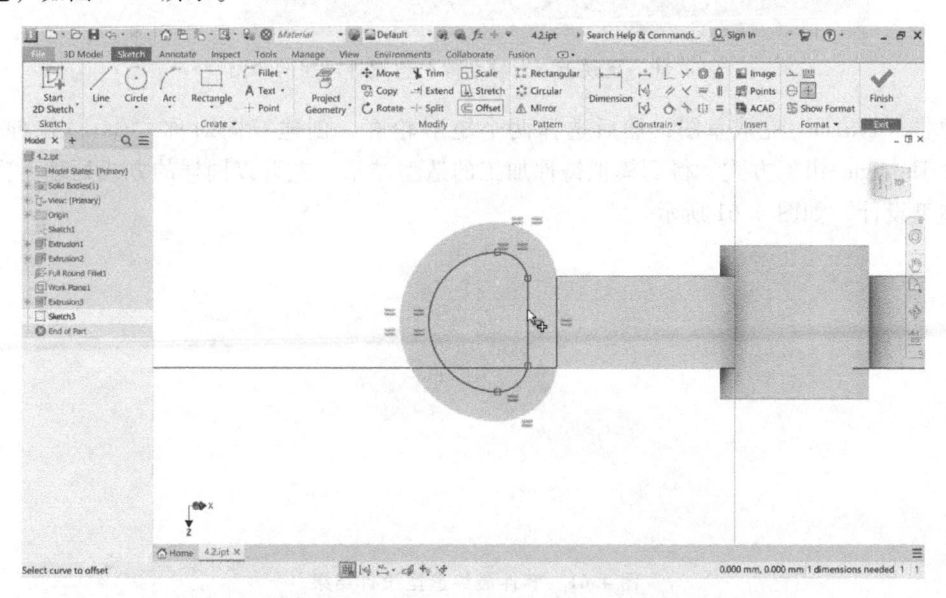

图 4.58 草图中的"Offset"可以简化复杂轮廓的绘制

标注尺寸后完成草图，以该草图轮廓创建拉伸特征，使用"Cut"布尔运算完成左臂的造型设计。

补充右臂孔的造型，再完成加强筋的造型设计，最后施加铸造圆角，得到如图4.59所示阶段性造型设计结果。

该零件是一个典型的铸造零件，非二次加工表面要有铸造圆角，但是二次加工表面处的圆角会被去除，在造型设计中要精确反映这一点，最好用和实际加工相同的工序进行造型设计，所以在进行左右臂端部被对称切去的结构造型之前要先施加圆角，才能模拟实际加工的结果。

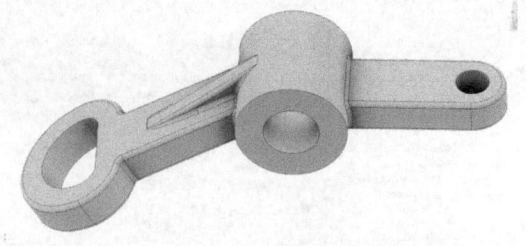

图 4.59　施加圆角特征后的阶段性造型设计结果

至于圆筒的端面、两臂端部结构上的孔，本来也是二次加工的结果，但因为不影响效果，所以就在造型设计中一次成型，不再施加圆角后切除。

4.2.4　模拟端部二次加工的"Cut"拉伸特征

在XOY平面上新建草图，按<F7>键进入切片观察模式，先打开构造线开关，再投影相关几何图元，然后完成如图4.60所示反映设计思想的草图。

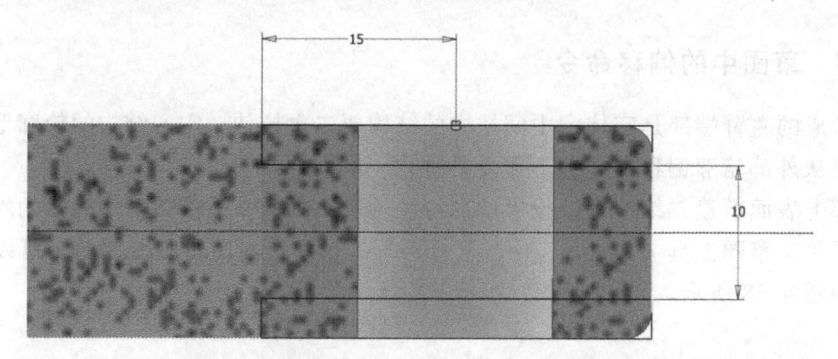

图 4.60　反映上下对称切除材料设计思想的草图

单击"Finish"完成草图，然后选择两个矩形轮廓，创建双向对称"Cut"拉伸特征，使用"Through All"方式，得到模拟铸件加工的造型结果。左臂以同样的方式处理，完成零件的造型设计，如图4.61所示。

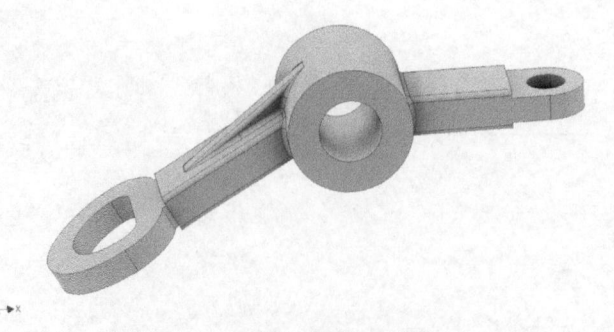

图 4.61　零件最终造型设计结果

需要说明的是，本例完全可以用先拉伸或者旋转形成圆筒特征，再按特征形状画草图轮廓拉伸两臂的方法完成造型设计。同一个零件造型设计的方法多种多样，只要能精确反映设计思想，都是可行的。在熟悉所用软件的功能操作之后，只要能反映设计思想，不必拘泥于特定的造型设计方法和思路。

思考题：

4.1 摇臂零件实例的主体部分是否可以采取旋转特征的方式一次做成，然后再分别拉伸左右臂？相对多次拉伸，各有什么优缺点？

4.2 画草图时，一般先施加尺寸约束还是几何约束？为什么？

4.3 图 4.45、图 4.46 中的有些约束没有正确施加，致使左臂的上下对称平面不通过圆筒的轴线，需要推到重来吗？需要怎样编辑草图才能纠正这个问题？

4.4 施加孔特征时，不同的终止方式分别表达了怎样的孔深属性和设计思想？

4.5 摇臂零件实例中左臂端部切除的部分，因为在端部和臂连接的部分先施加了圆角，所以与图 4.43 所示相比稍微大了半个圆角半径的大小，而图 4.43 为了精确反映切除部分的大小，在端部和臂连接的地方没有施加圆角。怎么通过调整特征顺序的方式在实际造型设计中改进这个不一致？

作业：

4.1 练习本章的典型腔体类零件实例，因为本实例将在工程图表达章节再次使用，请注意精确反映零件的设计思想，并注意圆角特征等细节处理。

4.2 练习本章的摇臂零件实例，因为本实例将在工程图表达章节再次使用，请注意精确反映零件的设计思想，并注意圆角特征等细节处理。

第5章

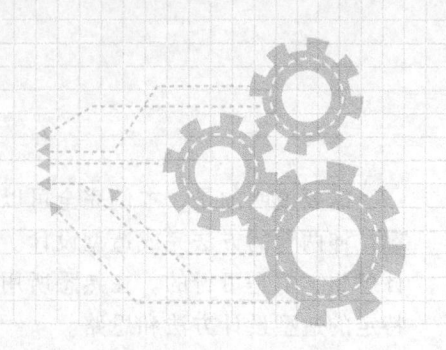

扫 掠 特 征

拉伸是参数化造型设计最常用的特征，拉伸特征的本质是定截面沿着草图的法向直线拉伸而形成的三维特征。当拉伸路径是平面或空间曲线的时候，就是扫掠特征。可以说拉伸特征是扫掠特征的特殊形式。

Extrude is the most commonly used feature in parametric modeling design. The essence of extrusion is a section extruding along the normal line of the sketch plane. When this extrude path is a 2D or3D curve, it is a sweep feature. So the extrude feature can be taken as a special form of the sweep feature.

本章将通过两个实例讲解参数化造型设计中二维和三维路径的扫掠特征。

5.1 二维路径扫掠特征实例

下面以如图5.1所示带法兰的弯管零件建模为例介绍二维路径扫掠特征，需要注意的是两端的法兰结构要用拉伸特征完成，拉伸特征和扫掠特征的融合部分是较易出问题的地方。

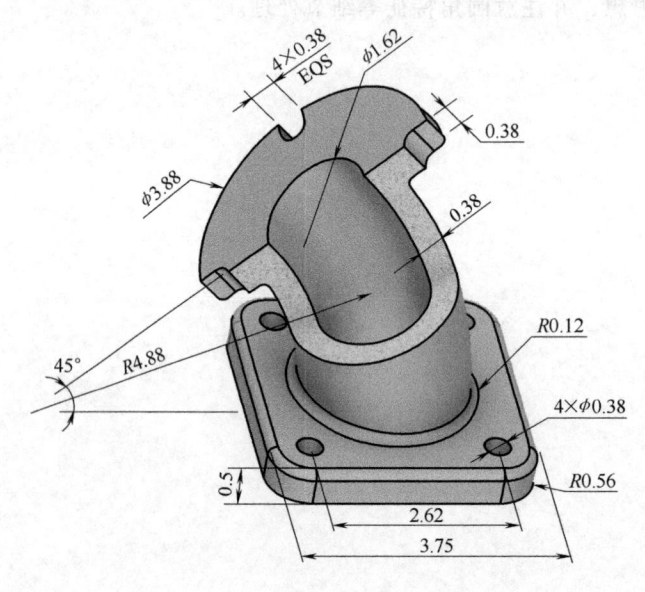

图5.1 带法兰的弯管零件

还需要注意本实例的尺寸单位是英寸（in），在选择模板的时候要先切换到英制，否则中途无法切换。

It is also important to know that the size unit of this part is inch, and inch template must be selected at the very beginning of the new file, otherwise it cannot be switched to metric system anymore.

5.1.1 扫掠弯管特征

单击"New"新建零件，选择英制零件模板，进入特征造型环境，单击"Start 2D Sketch"新建草图，选择 XOY 平面为草图平面，进入草图工具窗口，如图 5.1 所示给尺寸画扫掠路径草图，完成草图如图 5.2 所示，注意将坐标原点留给截面的同心圆圆心。

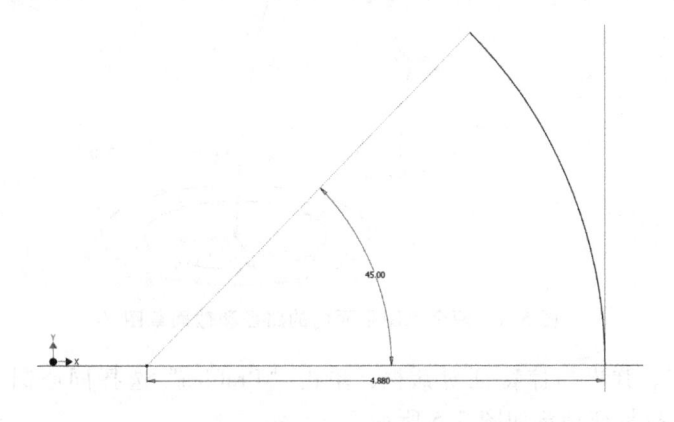

图 5.2 扫掠路径草图

单击"Finish"完成扫掠路径草图。选择截面草图平面绘制截面同心圆，注意截面草图平面和路径草图之间的位置关系，在本例中，截面草图应该选择 XOZ，如图 5.3 所示。

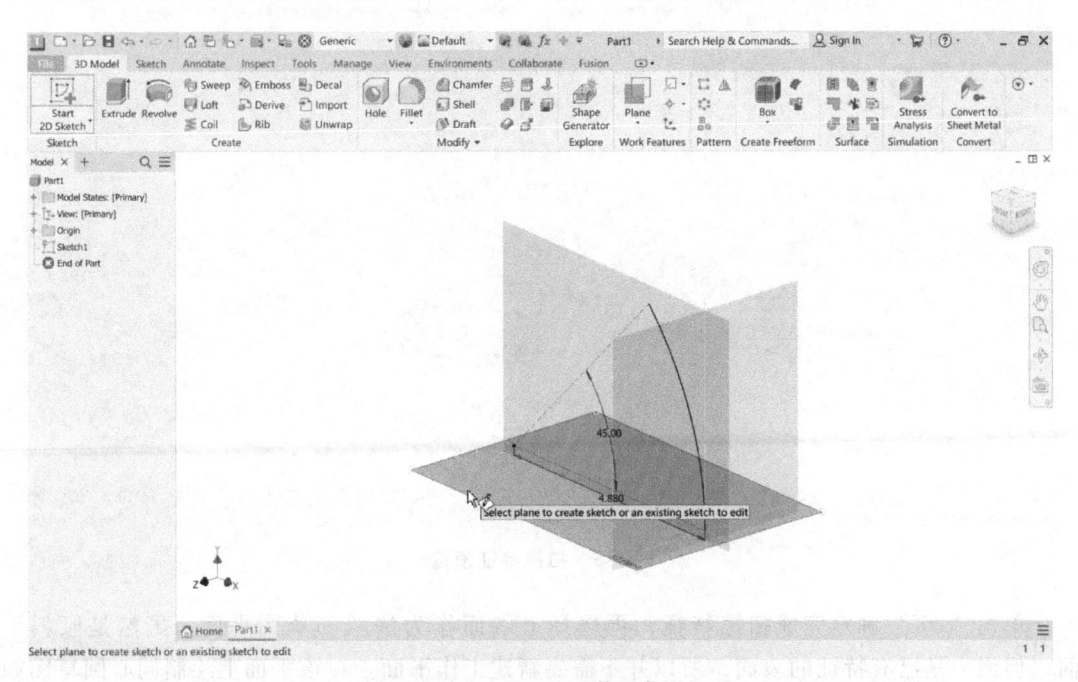

图 5.3 选择 XOZ 作为截面草图平面

以坐标原点为圆心，按尺寸绘制截面草图同心圆，注意尺寸标注根据设计意图标注内圆直径和壁厚，然后完成截面草图。最后得到在两个草图平面内的路径和截面草图如图5.4所示，即完成扫掠特征的草图准备工作。

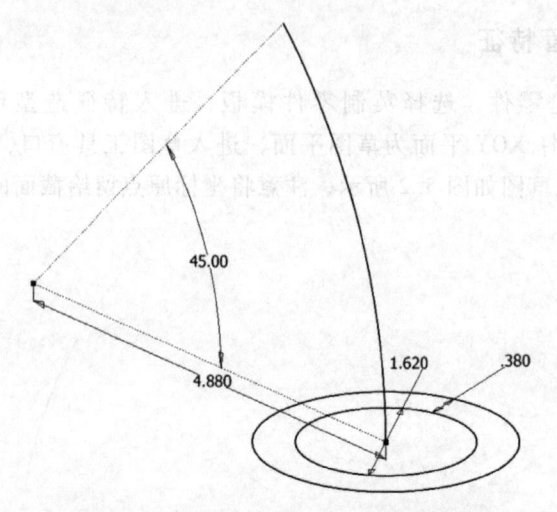

图5.4 两个草图平面内的路径和截面草图

单击"Sweep"，弹出扫掠特征对话框，单击"Profiles"选择同心圆，再单击"Path"选择圆弧，可见扫掠特征预览如图5.5所示。

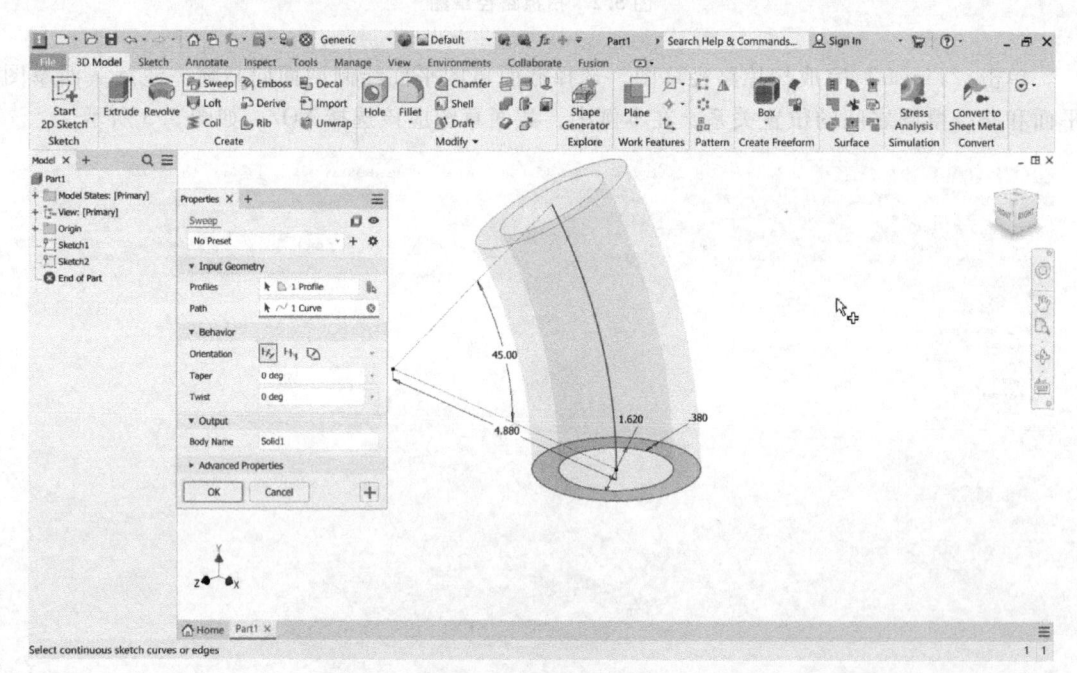

图5.5 扫掠特征预览

单击"OK"确定完成扫掠特征，再选择上端面作为法兰的草图平面，虽然是倾斜平面，但因为是已有特征的表面，所以并不需要新建工作平面。在该平面上绘制同心圆草图如图5.6所示，其上的均布孔槽可以后续再添加。

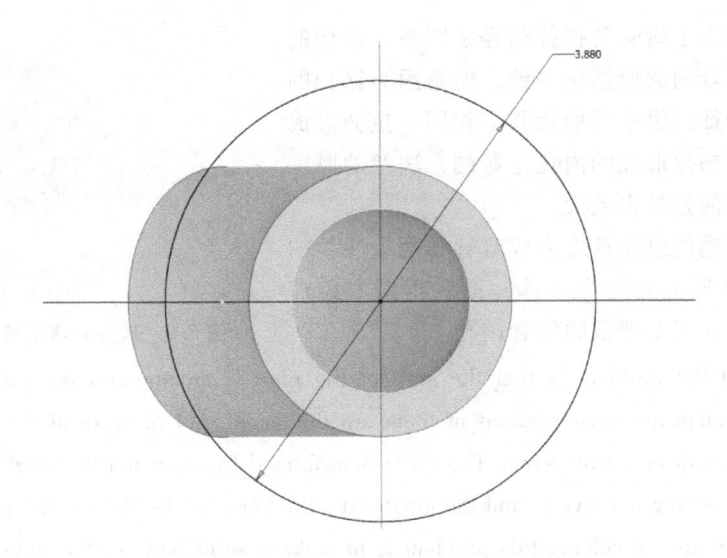

图 5.6　顶部法兰特征的草图

单击"Finish"完成草图，再单击"Extrude"启动拉伸特征，选择拉伸区域，调整拉伸方向和布尔运算方式，构造拉伸特征如图 5.7 所示。

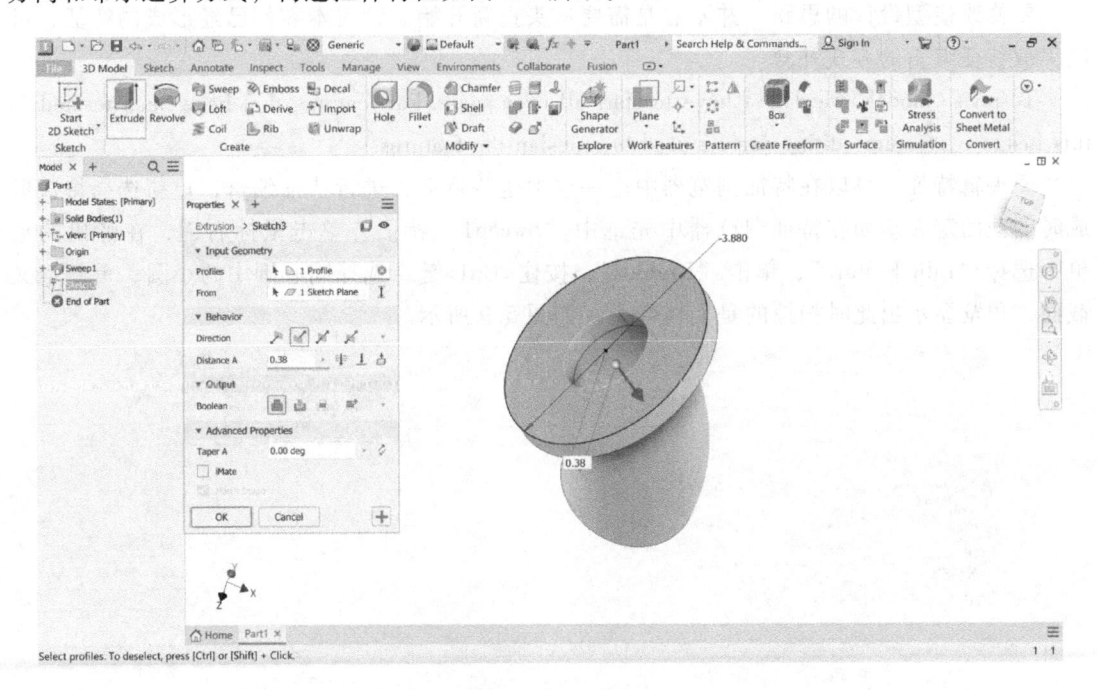

图 5.7　法兰拉伸特征

单击"OK"确定后发现，法兰和弯管特征叠加部分的内壁出现不光滑的现象（图 5.8），这跟设计思想不符。

After confirmation, it was found that the inner wall of the superimposed feature of the flange and pipe features was not smooth (Fig. 5.8), which was inconsistent with the design idea.

问题的根源在于弯管的扫掠路径是圆弧，拉伸的路径是直线，二者的截面虽然一致，但是因为路径的不同，形成的特征结果空间形状并不相同。拉伸形成的内孔是直的，扫掠形成的内孔是弯的，法兰的厚度越大，两者之间的差异也越大。

解决这个问题的思路是先形成弯管和两端法兰的实体，让它们外形上先融为一体，最后再用"Cut"模式扫掠形成贯穿三个特征的弯管内孔。

图 5.8 法兰和弯管特征叠加部分

The origin of the problem is that the path of the pipe is an arc and the extruded path is a straight line, although the cross-sections of them are the same, but because of the different paths, the shape of the result is not the same. The inner hole formed by extrusion is straight, and the inner hole formed by sweeping is curved, and the greater the thickness of the flange, the greater difference between them. The idea of solving this problem is to make a solid body of the pipe and the flanges first, and then "Cut" sweep to form the inner hole of the pipe through all these three features.

5.1.2 特征编辑

要修改造型设计的思路，并不总是需要从头重新开始。针对本实例已经形成的特征，可以采取特征编辑的方式补救。

To revise model, we don't have to start all over again. For features that have been formed in this instance, feature editing can be used to redesign the features.

要编辑特征，可以在特征浏览器中逐一选中这些特征，进行特征编辑，重新选择特征形成时的截面定义。如在特征浏览器中先选中"Sweep1"特征，单击鼠标右键，在弹出的菜单中选择"Edit Feature"，单击"Profiles"，按住<Ctrl>键，选择同心圆中的小圆，重新定义截面，预览显示出此时扫掠的是实体弯头，如图 5.9 所示。

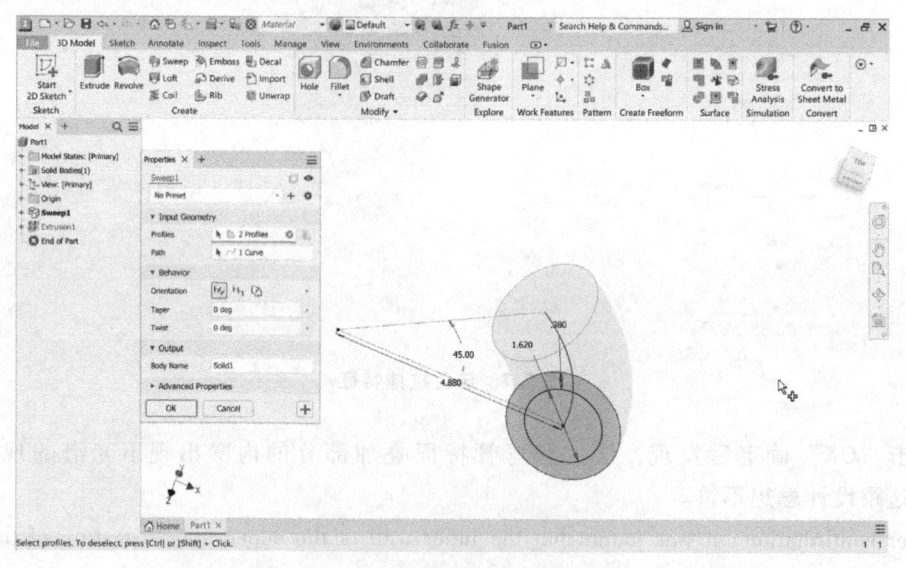

图 5.9 编辑扫掠特征重新定义截面

单击"OK"确定,弹出提示如图 5.10 所示,提示编辑特征会影响后续特征草图的约束。因为我们改变了错误的造型设计思路,单击"Accept"接受。

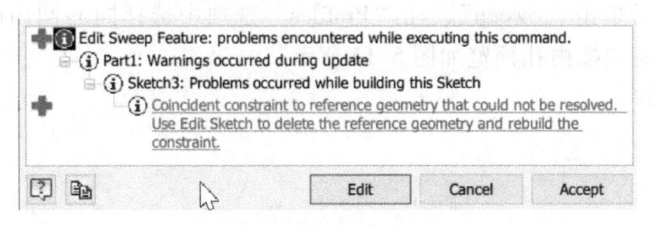

图 5.10 特征编辑带来的结果提示

接受后发现,在特征浏览器中法兰的拉伸特征也出现了提示(图 5.11),展开特征发现此特征依附的 Sketch3 也出现了警示,这是因为这个草图原来的同心圆内圆依附孔心弯管内圆定位,现在孔心弯管变成实心弯管,定位基础缺失,所以出现错误提示。

本来新的造型设计思路也是先构建实体弯头和法兰,所以直接编辑法兰拉伸特征的草图,如图 5.12 所示。

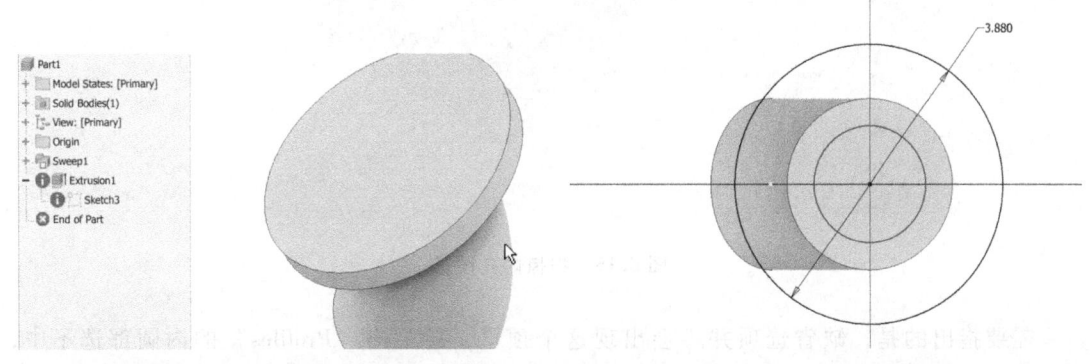

图 5.11 编辑扫掠特征后拉伸特征出现错误提示

图 5.12 编辑法兰草图

双击该草图进入编辑状态,发现小圆因为原先依附的约束丢失其图线变成粉色,直接删除后完成草图,发现特征浏览器中"Extrusion1"的错误提示也随之消失(图 5.13),模型正确。

继续完成实心法兰端部的造型设计,得到弯头和两端法兰的组合实体模型,如图 5.14 所示。

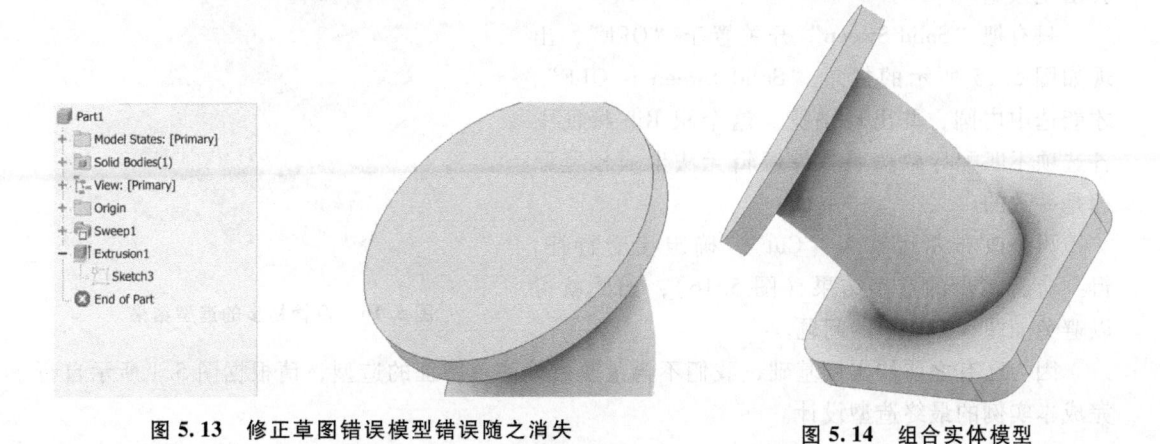

图 5.13 修正草图错误模型错误随之消失

图 5.14 组合实体模型

弯管内孔的扫掠特征所依据的草图在第一个扫掠特征中已经创建，要扫掠内孔特征，只要把这个草图再次共享使用即可。在特征浏览器中展开"Sweep1"特征，依次选中并共享其下两个草图，然后单击"Sweep"，在"Profiles"选项中选择同心圆内圆，在"Path"选项中选择圆弧，可见扫掠内孔预览如图 5.15 所示。

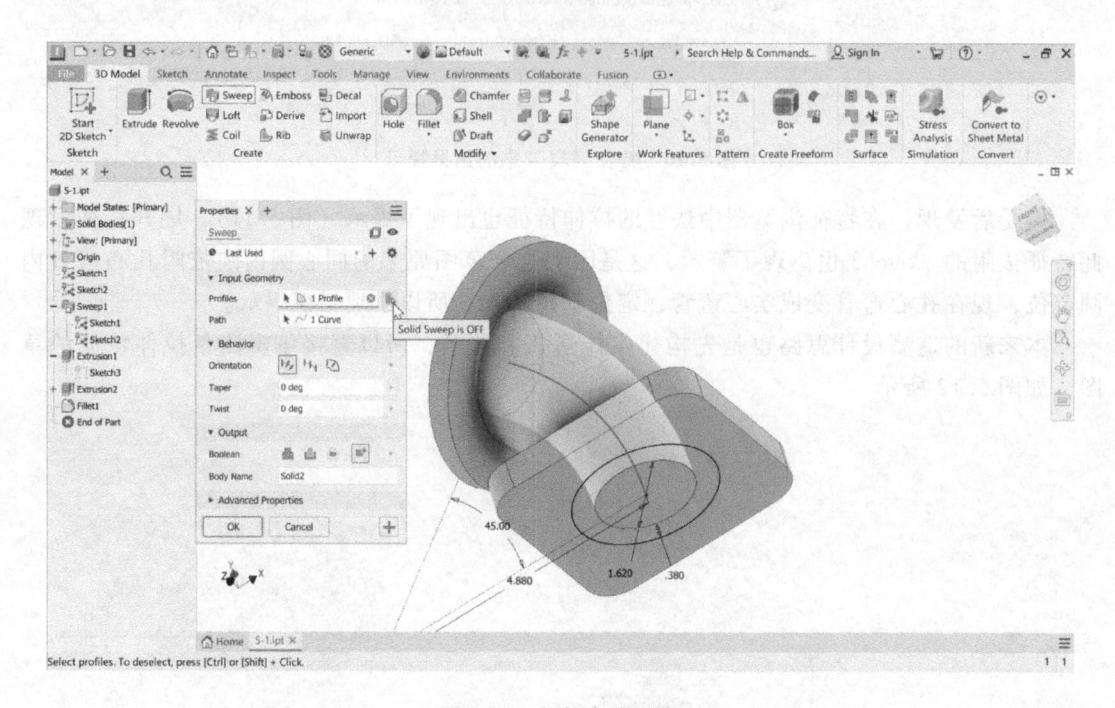

图 5.15　扫掠内孔预览

需要指出的是，缺省选项并不会出现这个预览，甚至连"Profiles"的内圆都选不中，这是因为"Profiles"选项后面有一个"Solid Wweep"开关，缺省值是"ON"，因为已有弯头实体，再次选中同心圆中的一个作为"Profile"，生成的"Solid Sweep"对结果不产生任何影响，所以选不中这两个圆作为"Profile"，也不会出现预览。

只有把"Solid Sweep"开关置于"OFF"，出现如图 5.15 所示的提示"Solid Sweep is OFF"，才能选中内圆，并出现预览。这个跟 Rib 特征中各选项不匹配导致按照软件逻辑无法生成预览原理是一致的。

再修改布尔运算为"Cut"，确定接受特征，得到弯管初步的造型结果（图 5.16），如此就可以避免如图 5.8 所示的问题。

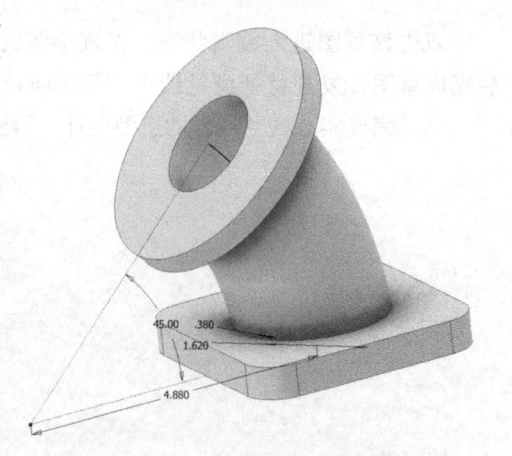

图 5.16　弯管初步的造型结果

因为已有之前的实例基础，我们不再重复后续简单特征的造型，请根据图 5.1 所示自行完成本实例的最终造型设计。

5.2 三维路径扫掠特征实例

扫掠特征的路径可以是平面的，也可以是三维的（图 5.17）。如果是三维路径，除了截面草图外，还需要先构建三维路径。

The path of a sweep feature can be either 2D or 3D (Fig. 5.17). In the case of a 3D path, in addition to the section sketch, the 3D path needs to be constructed first.

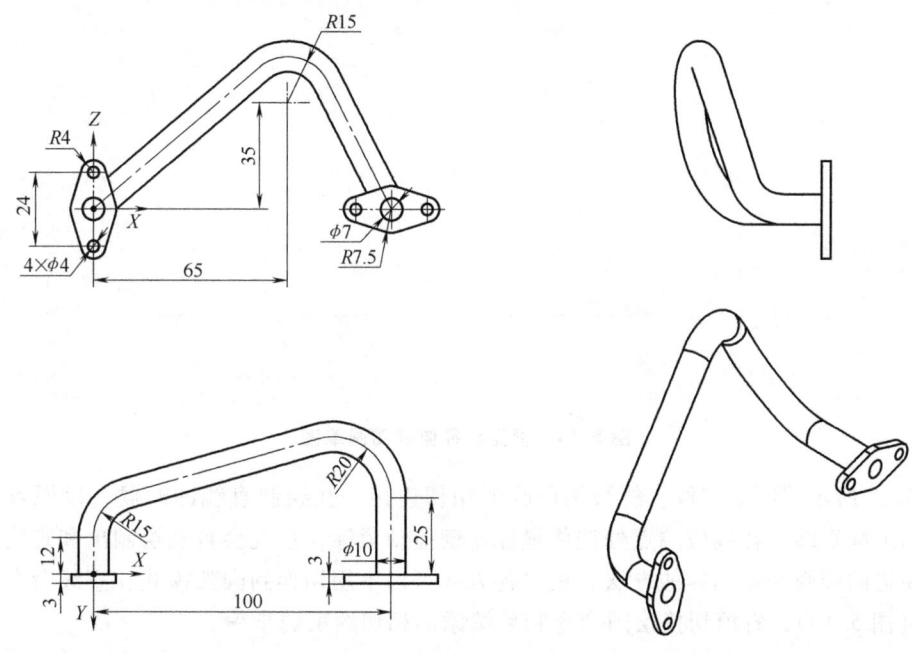

图 5.17 弯管视图

5.2.1 形体分析和弯管造型设计

弯管的两端是拉伸特征，形状和图 4.1 所示的类似。中间的弯管是典型的三维路径扫略特征，在工程图上，从主视图和俯视图可以很清晰地看到弯管中心线的定义。但是仅凭在两个方向的中心线定义，很难在形象地表示弯管形状，所以工程图中附加了辅助的轴测图，这个轴测图是三维造型生成的，手工绘制难度和工作量会大得多。

弯管造型设计的主要难度在扫掠路径的设计，该路径是两个二维路径综合而成的三维路径，可以使用曲面相交生成路径的方法。

The main difficulty design of pipe modeling lies is the design of the swept path, which is a 3D path defined by two views and can be generated by surface intersecting.

1. 创建三维扫略路径

可以这样理解，将三维空间路径分别向两个相互垂直的坐标平面投影（主视图和俯视图），每个投影所得的特征视图沿其所在平面的法线方向拉伸，生成曲面，两个曲面的交线就是空间三维路径。创建三维路径就可以利用这个方法。

1) 路径俯视图曲面。新建零件文件，然后新建草图，选择 XOY 平面进入草图模式，单击"Line"命令，切换到以原点为起点生成水平构造线，根据工程图俯视图的形状画草图，添加几何和尺寸约束，得到如图 5.18 所示的草图。

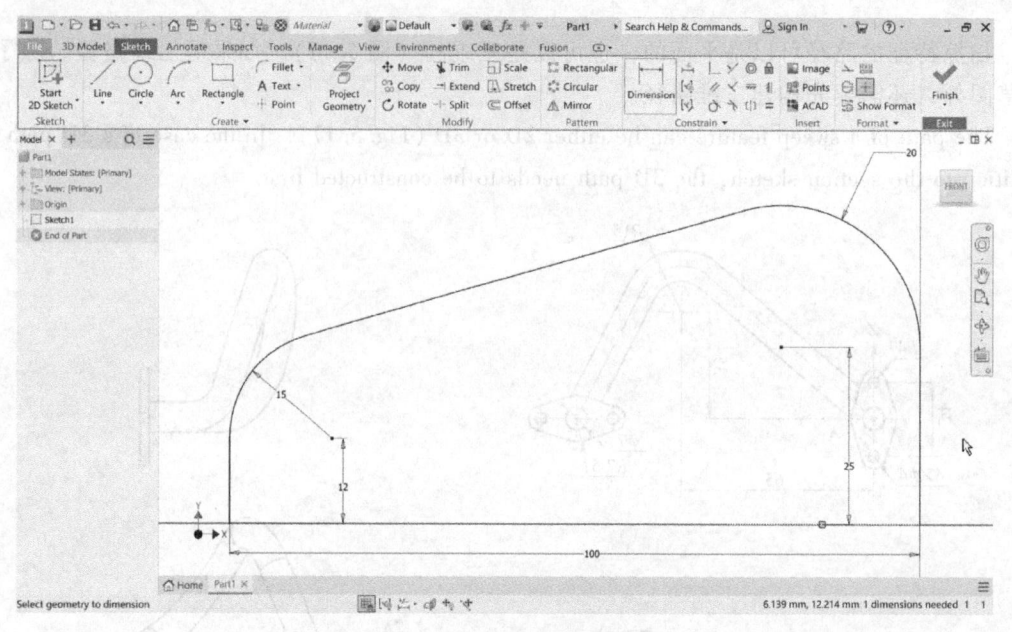

图 5.18　根据路径俯视图画草图

图 5.18 所示草图是三段直线被两段圆弧相切连接，在绘制直线的时候，以原点投影点为起点向上画直线，在线段端点处按住鼠标左键拖动鼠标，系统会自动绘制出和直线相切的圆弧。左边的圆弧采用同样的方法，用这种方式可以不用切换到圆弧模式在直线命令下画相切圆弧（图 5.19），省掉切换绘图命令和后续添加相切约束的步骤。

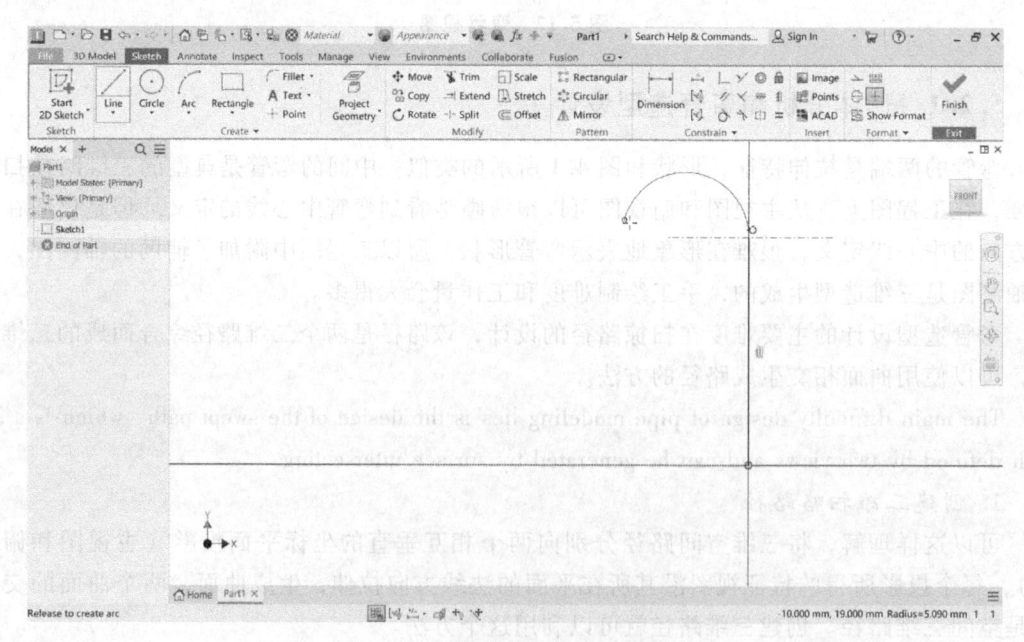

图 5.19　在直线命令下画相切圆弧

结束并拉伸草图，因为草图不封闭，会自动出现曲面拉伸预览，如图 5.20 所示。参考主视图路径投影的尺寸，输入拉伸距离 50mm 或大于 50mm 的任意尺寸。

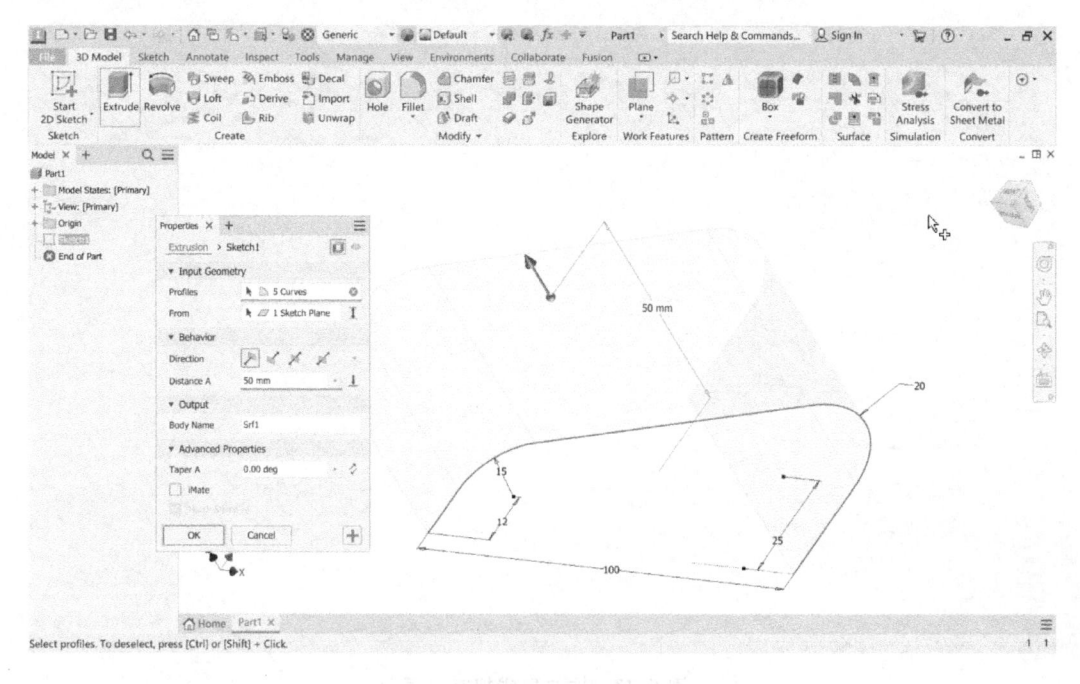

图 5.20 拉伸生成一个方向的曲面

2）路径主（前）视图曲面。以 XOZ 平面为草图平面新建草图，然后根据主视图的路径投影画草图（图 5.21），同样使用在直线端点按住鼠标左键拖动的方式画相切圆弧。

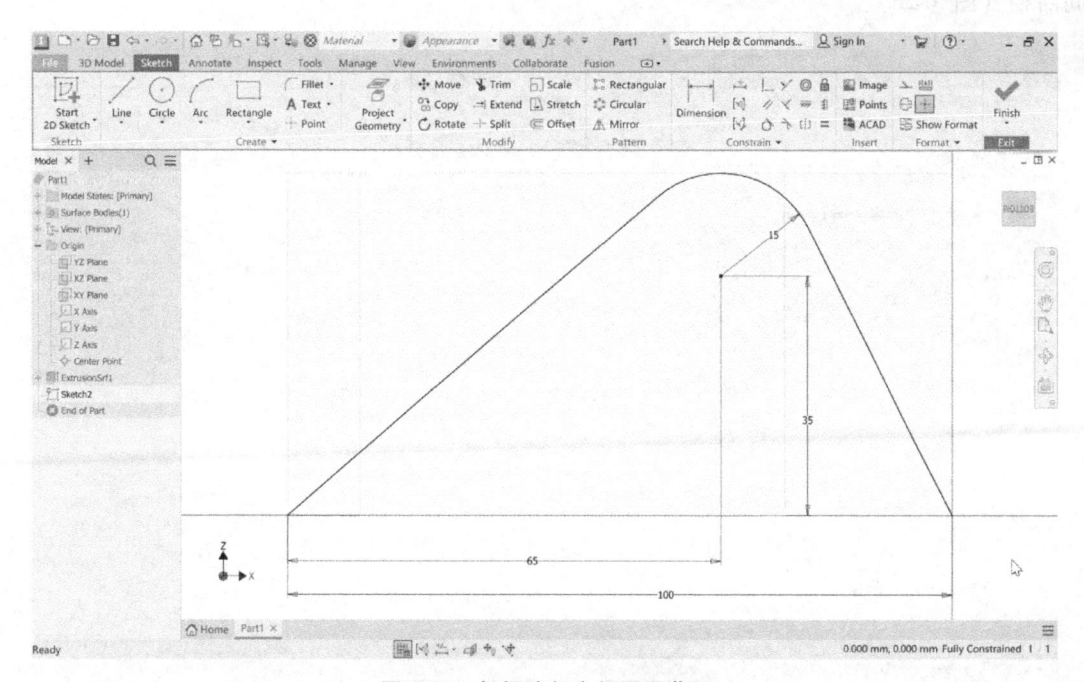

图 5.21 根据路径主视图画草图

完成草图后，拉伸形成曲面，拉伸时选择"To Next"模式到上一个曲面，形成两个相交的曲面（图5.22）。

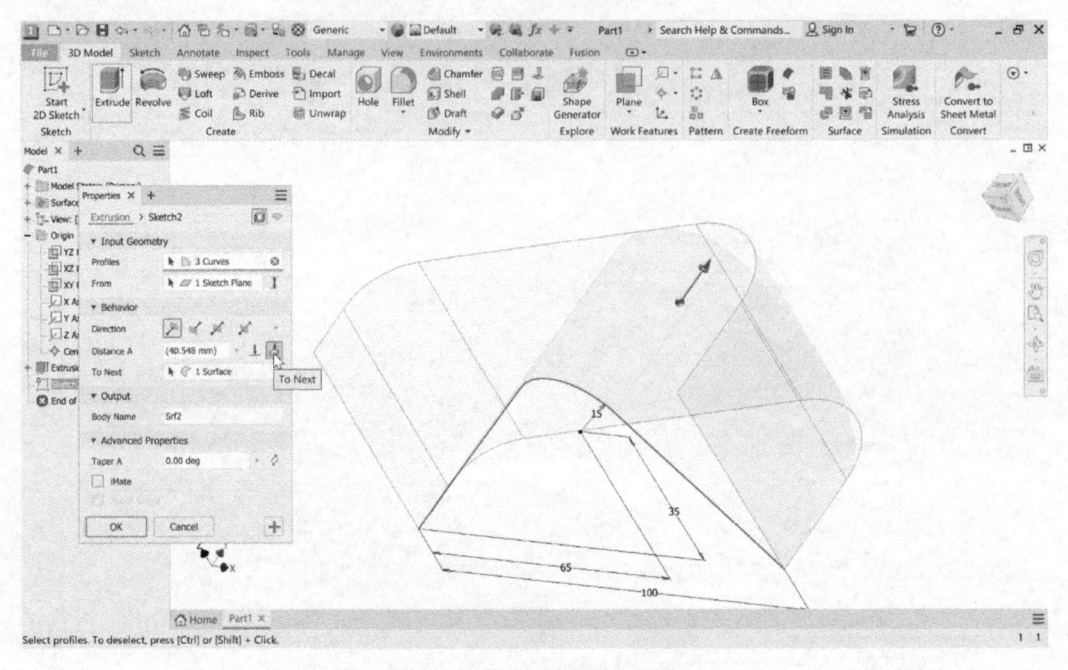

图 5.22　拉伸形成相交曲面

3）构建三维扫掠路径。单击"Start 3D Sketch"新建三维草图，选择"Intersection Curve"的方式，选择刚才创建的两个曲面，其相交曲线生成的三维草图即为创建的扫掠空间路径（图5.23）。

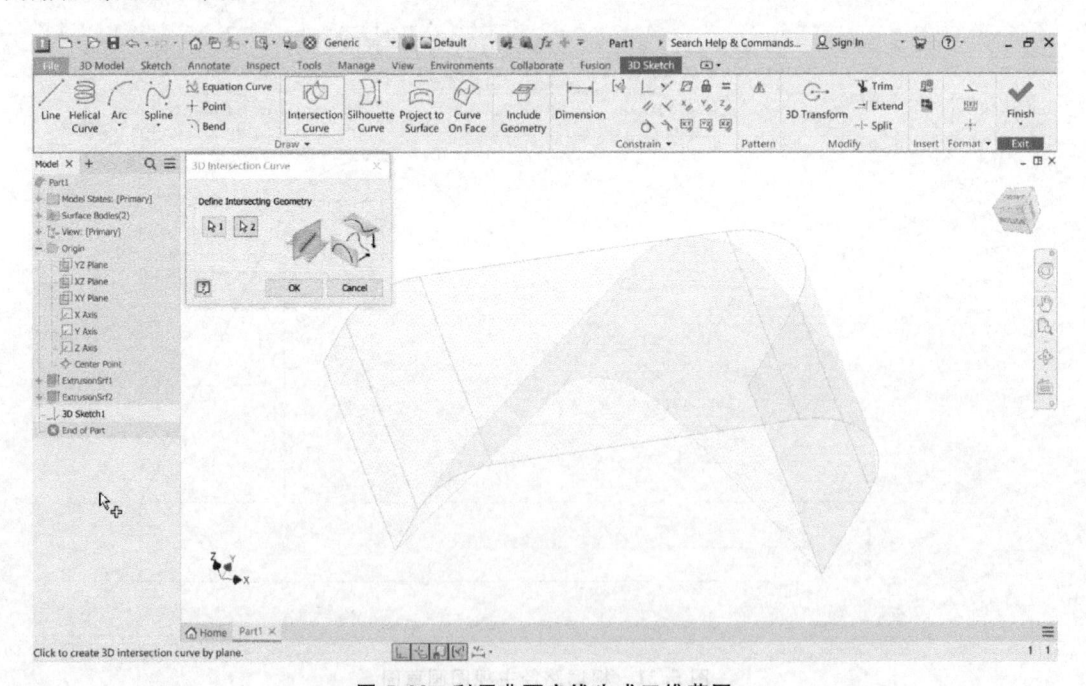

图 5.23　利用曲面交线生成三维草图

最终生成的三维扫掠路径如图 5.24 所示，请从上述过程中体会三维路径的形成和设计思路。

2. 创建扫略特征

扫略特征除了路径草图还需要截面草图，在有些情况下还需要引导线草图。本例中只需要截面草图，在 XOZ 平面上新建二维草图，根据尺寸完成截面草图。

创建扫略特征，选择草图截面和扫略路径，结果如图 5.25 所示。

图 5.24　最终生成的三维扫掠路径

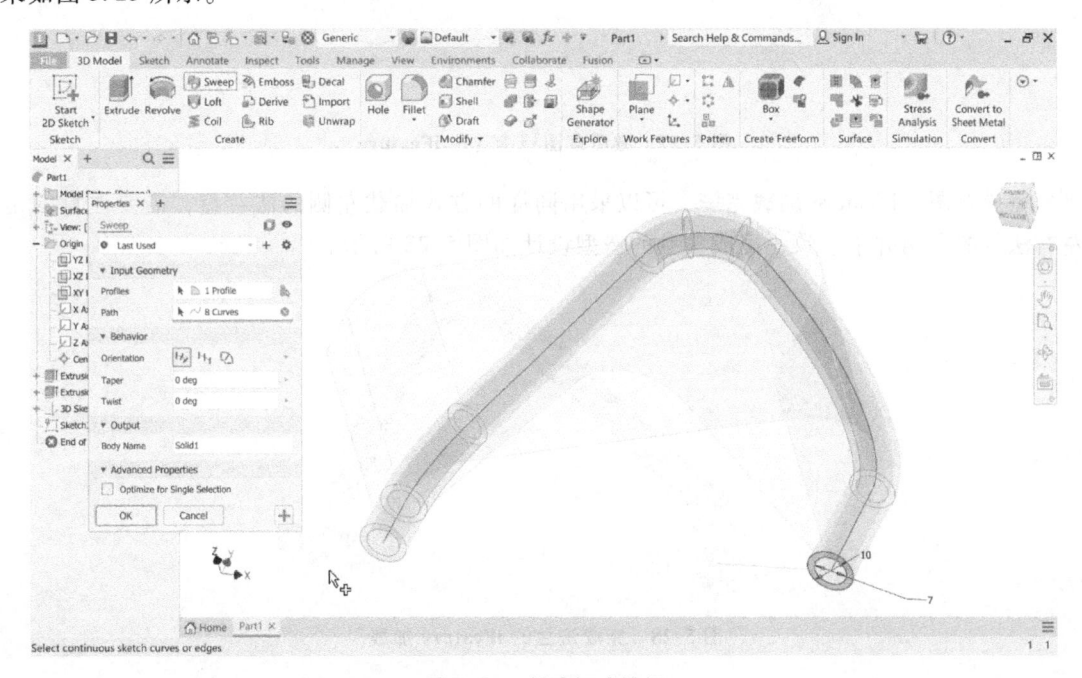

图 5.25　创建扫略特征

单击"OK"完成扫掠特征。在特征浏览器中分别选择构建扫掠路径的两个曲面，使其不可见。改变零件的材质和外观，最终生成弯管的主体部分如图 5.26 所示。

5.2.2　使用 iFeature 完成弯管的造型设计

弯管端部的法兰当然可以采用草图拉伸的方式进行造型设计。在弯管端面新建二维草图，画出连接端部的轮廓，构造拉伸特征。弯管两端的结构可以一次完成草图，一次拉伸造型。因为两端部的结构形状相同，只是方位不同，在草图绘制时可以使用相关复制工具，避免重复劳动。

图 5.26　生成弯管的主体部分

此处因为图样法兰的形状和第 4 章实例中的法兰形状相同，只是大小不同，而且之前我们已将第 4 章法兰做成了 iFeature，所以我们可以使用 iFeature。

单击"Manage"下的"Insert iFeature",找到并打开上次创建的 flange.ide 文件,选择草图平面,调整特征方向,输入定义参数,然后激活草图编辑精确定位 iFeature(图 5.27)。

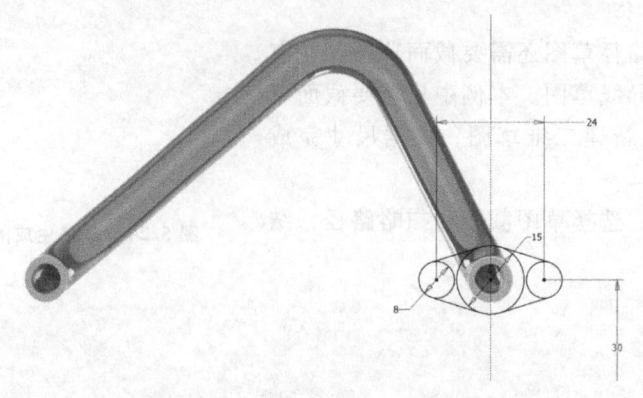

图 5.27 激活草图精确定位 iFeature

完成草图,iFeature 加载完毕,可以采用同样的方式加载左侧的法兰盘,需要注意的是左右法兰的方向并不一致,完成法兰的造型设计如图 5.28 所示。

图 5.28 完成法兰的 iFeature 加载

因为法兰中间的小孔应该和弯管内径一致,所以 iFeature 没有定义该参数,导致加载 iFeature 之后,法兰中心是实心的,要使其与弯管内孔连通,需要再施加一个拉伸特征。

在法兰端面上新建二维草图,因为法兰中心孔的大小应该是弯管内孔孔径,所以不能用画圆标注尺寸的方式定义其大小,而是投影几何图元,传递内孔孔径参数到法兰上,如图 5.29 所示。

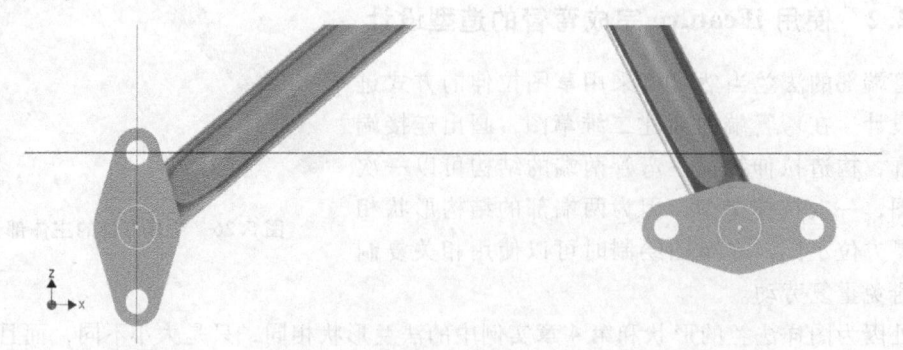

图 5.29 法兰孔径必须从弯管内径传递过来才能贯彻设计思想

完成草图，创建拉伸特征，选择投影的两个几何图元为拉伸轮廓，注意关闭"Surface Mood"，调整拉伸方向和布尔运算方式，终止方式选择"To"模式到法兰的后表面，完成零件的造型设计，如图 5.30 所示。

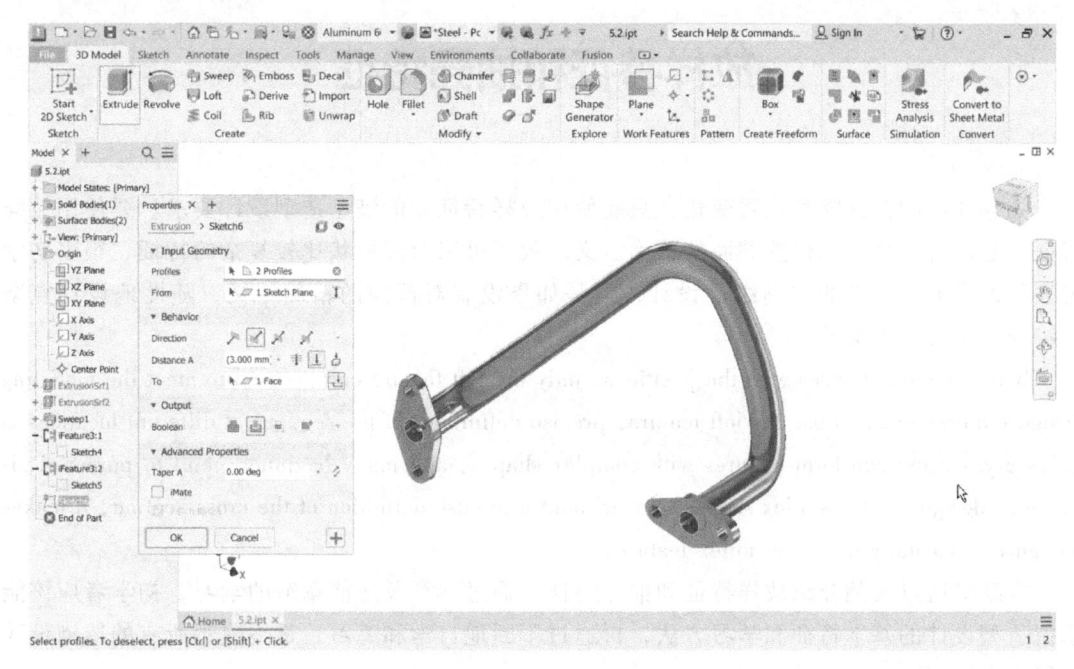

图 5.30 完成零件图

思考题：

5.1 为什么说如图 5.10 所示弹出的提示对造型设计结果没有影响？

5.2 三维扫掠路径是怎么定义的？实例中该路径的创建过程和其设计定义有什么关系？

5.3 为什么三维路径弯管零件法兰的中心孔草图不能使用尺寸约束定义其大小？

作业：

5.1 完成本章介绍的带法兰的弯管零件造型，注意拉伸和扫掠特征路径不一致可能带来的错误结果，并在零件非加工面相交处施加圆角特征。

5.2 完成本章介绍的三维弯管造型，注意在造型设计中反映零件的设计思想。

第6章

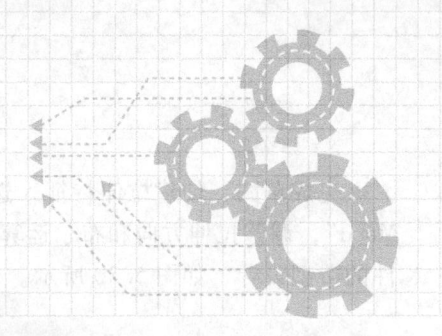

放样特征和抽壳特征

如果立体的截面随着位置变化,只能使用放样特征才能满足造型设计要求。要使用放样特征,必须有立体不同位置截面的精确定义。放样可以形成形状比较复杂的特征,很多初学者往往追求形状复杂的"高级"设计,但是如果没有对截面的精确定义,随性地设计复杂的特征,是没有意义的。

If the section changes with the positions, only the loft feature can be used to meet the modeling design requirements. To use the loft feature, precise definitions of the sections at different locations is necessary. Lofting can form features with complex shapes, and many beginners tend to pursue "advanced" designs with complex shapes, but without a precise definition of the cross-section, it makes no sense to casually design complex features.

本章将通过实例介绍放样特征和抽壳特征。通过本章及之前章节的学习,初学者应该能掌握造型设计的基本特征和学习方法,再通过不断地自学和练习,最终熟悉所有的造型设计特征命令和方法。

6.1 放样特征造型设计实例

如图 6.1 所示零件的主要特征是带凸台的圆筒和固定底座,两者之间由一个弯臂相连,因为宽度不同,这个弯臂既不能用拉伸特征,也不能用扫掠特征,只能用放样特征建模。

The main feature of the part in the Fig. 6.1 is a tube with a boss and a base, which are connected by a curved arm, due to the different widths, can be neither extruded feature nor swept feature but only with the loft feature.

因为弯臂的结构强度不足,在弯臂之上还设计了一个加强筋。

6.1.1 造型设计思路及基本拉伸特征

零件的造型设计一定要遵循真实零件的设计思路。该零件最关键的特征是圆筒和底座,放样特征和加强筋只是连接两者的结构性特征,不是关键特征,所以第一步应该对圆筒和底座建模。

The modeling design of the parts must follow the design ideas of the real parts. The most critical features of this part are tube and base, and the lofting feature and the rib are only the structural features that connect them, not the key features, so the first step should be modeling the tube and base.

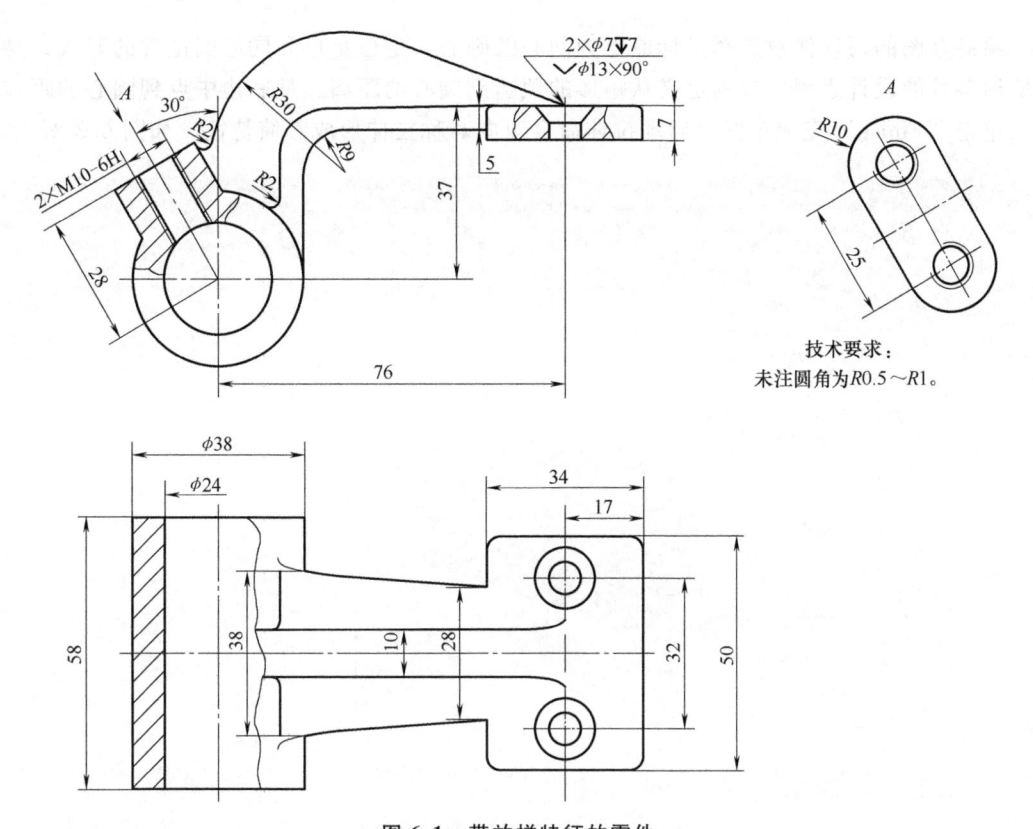

图 6.1 带放样特征的零件

技术要求：
未注圆角为 $R0.5\sim R1$。

因为该零件前后对称，圆筒和底座特征可以在一个草图中一次完成，然后共享草图，完成两次拉伸，这样可以在草图中很方便地定位两个特征。

Because the part is symmetrical from front to rear, the tube and base features can be made with one shared sketch and two extrusions, which make it easy to locate them in the sketch.

单击"New"新建零件，选择公制模板进入特征环境，单击"Start 2D Sketch"新建二维草图，选择草图平面进入草图模式，并绘制如图 6.2 所示草图。

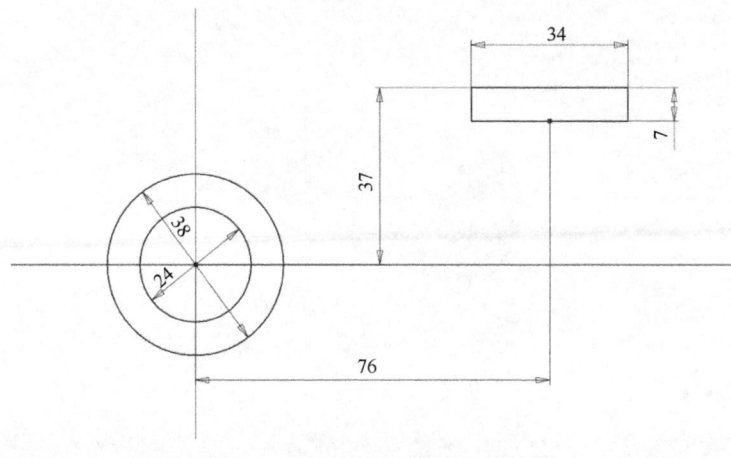

图 6.2 全约束的基本特征草图

绘制草图的时候注意选择坐标原点为同心圆圆心，定位矩形和同心圆位置的时候，要按照所给零件的设计思想，分别定义从矩形的顶边到圆心的距离、从底边中点到圆心的距离。

单击"Finish"完成草图，启动拉伸命令双向对称拉伸形成圆筒特征，如图6.3所示。

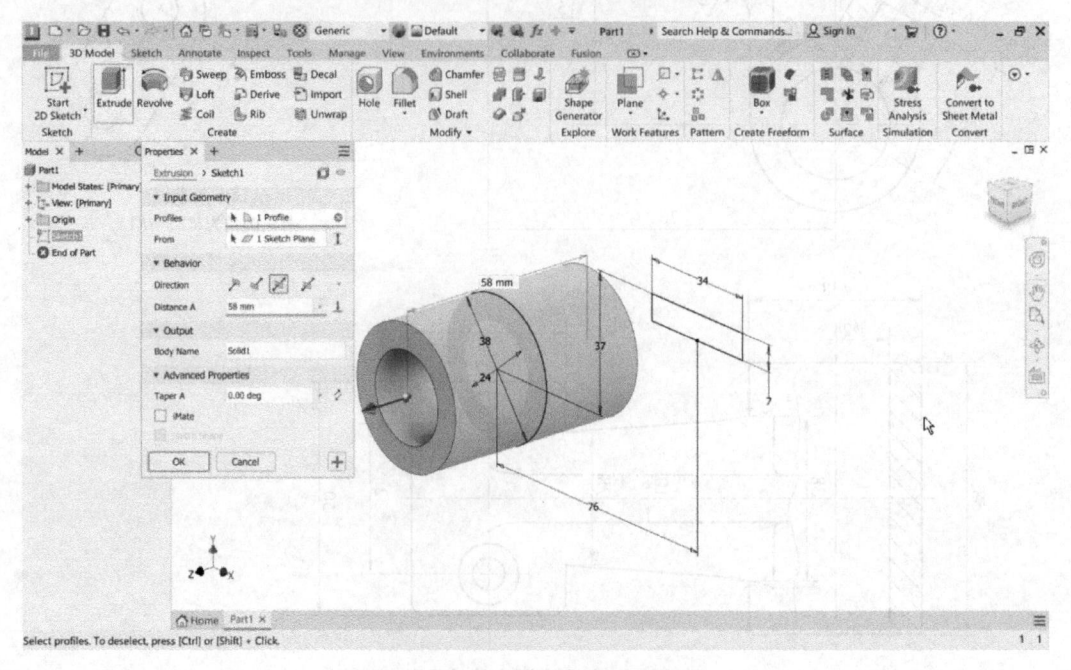

图6.3 双向对称拉伸的圆筒特征

确认接受预览结果后，在特征浏览器中展开"Extrusion1"，找到并共享"Sketch1"，再次启动拉伸特征命令使用该草图二次拉伸形成底座特征，如图6.4所示。

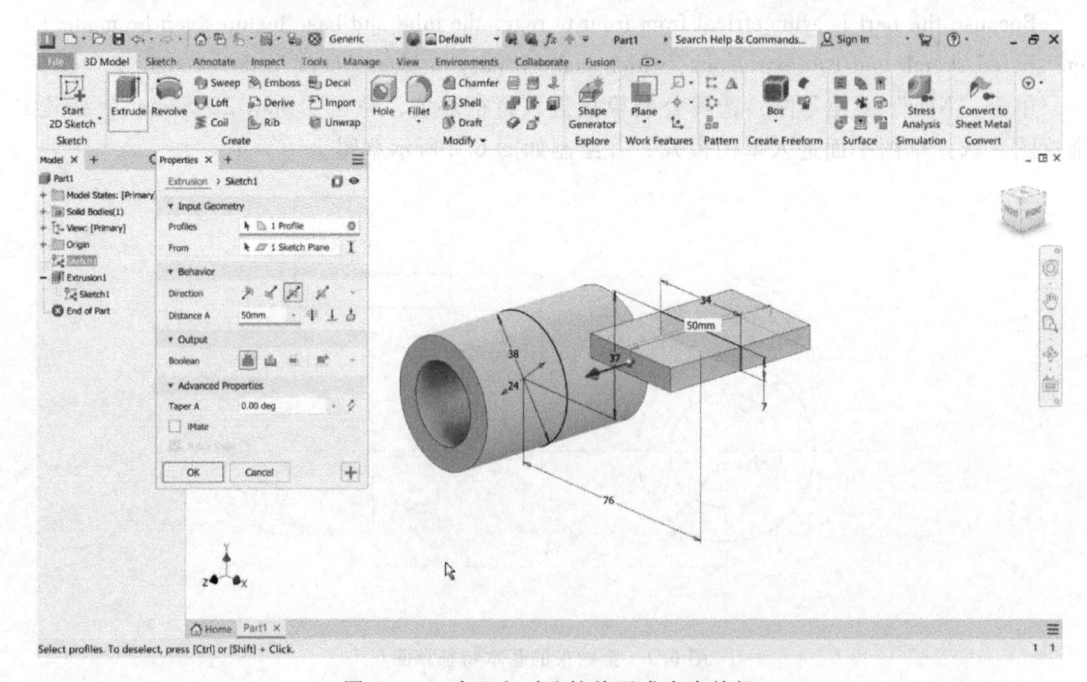

图6.4 二次双向对称拉伸形成底座特征

6.1.2 圆筒上的倾斜凸台特征

圆筒上倾斜的凸台特征，应该从凸台顶面向圆筒外表面拉伸，以终止形式形成，所以该特征的草图平面应该是该凸台的顶面。

The sloping boss feature on the tube should be formed by extrusion from the top of the boss to the outer surface of the tube, so the sketch plane of it should be the top surface of the boss.

1. 建立工作平面

要在该位置画草图，需要先创建工作平面。该平面的定义是离圆筒轴线一定距离且法线和基本坐标平面成 30°。因为一次性地形成该定义的条件并不具备，所以需要先过圆筒轴线定义过渡工作平面。

单击"Work Plane"，在特征浏览器中选中圆筒的轴线 Z 轴，然后再选择 XZ 或者 YZ 平面，在图形窗口的参数输入对话框中输入相应的角度即可定义过渡工作平面，如图 6.5 所示。

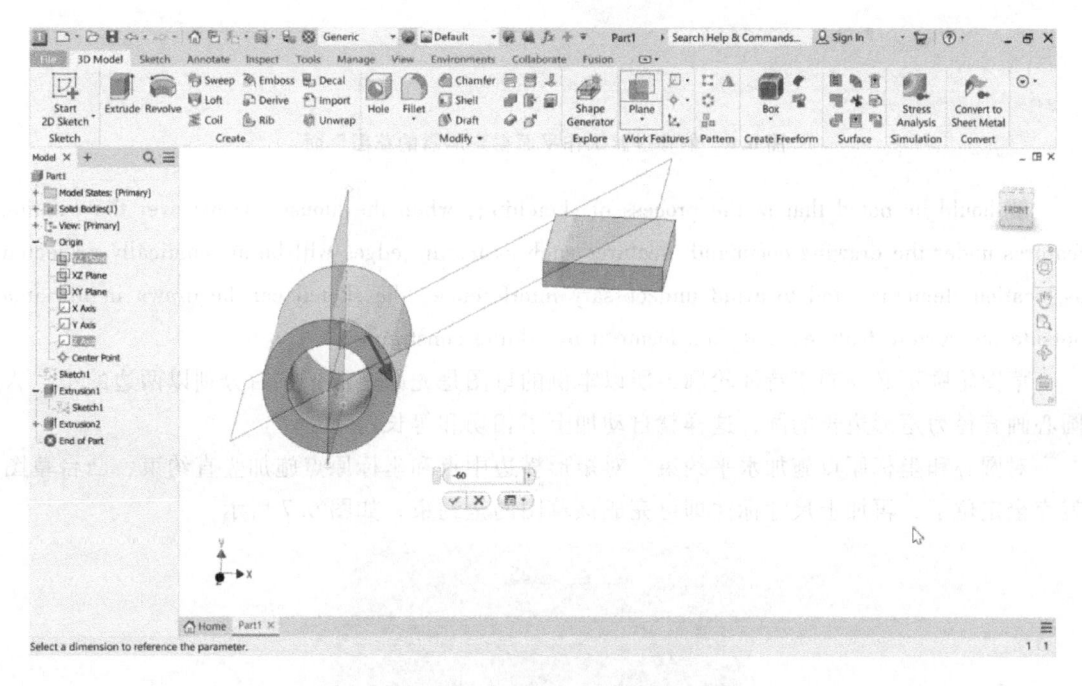

图 6.5 利用原始坐标系定义过渡工作平面

再次单击"Work Plane"，拾取刚刚创建的工作平面，拖动该过渡工作平面向上偏移 28mm，即为凸台顶面所在的平面，如图 6.6 所示。

2. 绘制凸台草图并拉伸凸台特征

为防止造型中选择拾取特征要素时发生干扰，先在特征浏览器中选择并关闭过渡工作平面的可见性，然后在工作平面上画凸台草图。

需要说明的是，在画草图的过程中，绘图命令下当鼠标掠过已有特征时会自动投影特征边等要素作为定位要素，为避免不必要的干扰，可以先在特征之外的区域绘制草图，然后通过施加约束的方式定位。

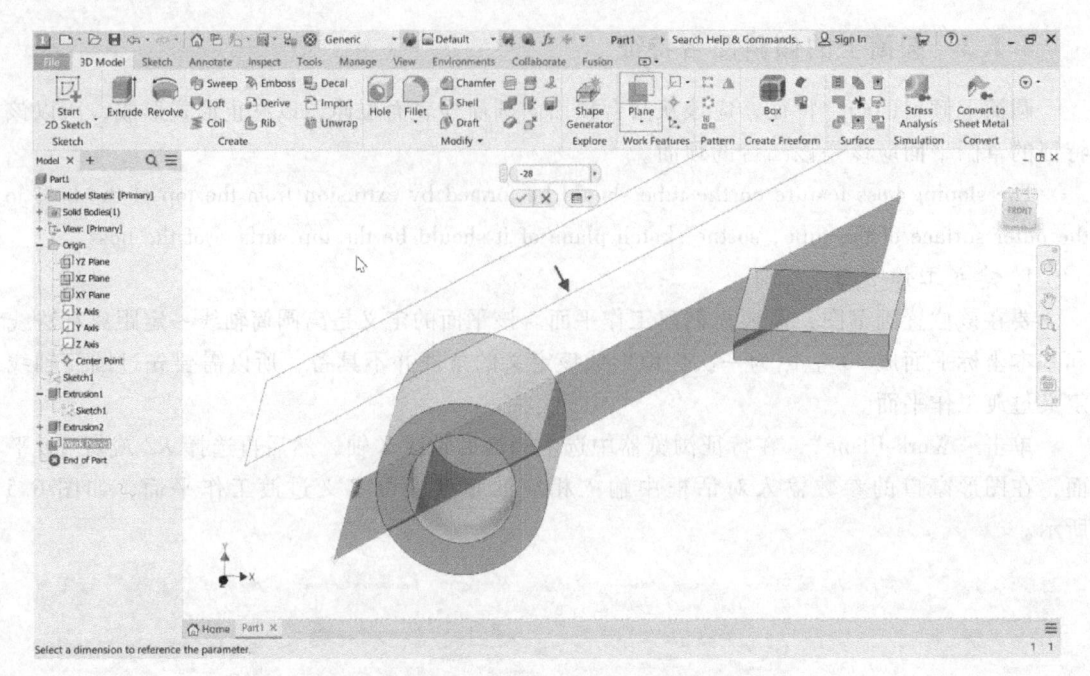

图 6.6　偏移过渡工作平面得到所需的草图平面

It should be noted that in the process of sketching, when the mouse sweeps over the existing features under the drawing command, features such as feature edges will be automatically projected as location elements, and to avoid unnecessary interference, the sketch can be drawn in the area outside the current feature, and then locate it by adding constraints.

草图轮廓不必等同于特征轮廓，所以本例的草图是先画矩形，然后分别以两边的中点为圆心画直径为矩形边长的圆，这样就自动加上了相切和等长约束。

对圆心和坐标原点施加水平约束，对矩形横边中点和坐标原点施加竖直约束，凸台草图就完全定位了，再加上尺寸标注即可完成该草图的全约束，如图 6.7 所示。

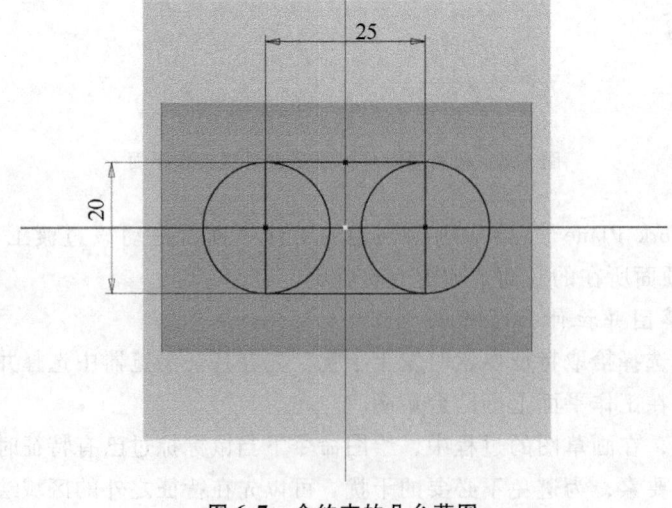

图 6.7　全约束的凸台草图

单击"Finish"完成草图，再单击"Extrude"创建拉伸特征，选择轮廓并拉伸到圆筒表面，注意其中的"To Next"选项开关的使用，可以在不同的"Next"表面之间调整，如图6.8所示。

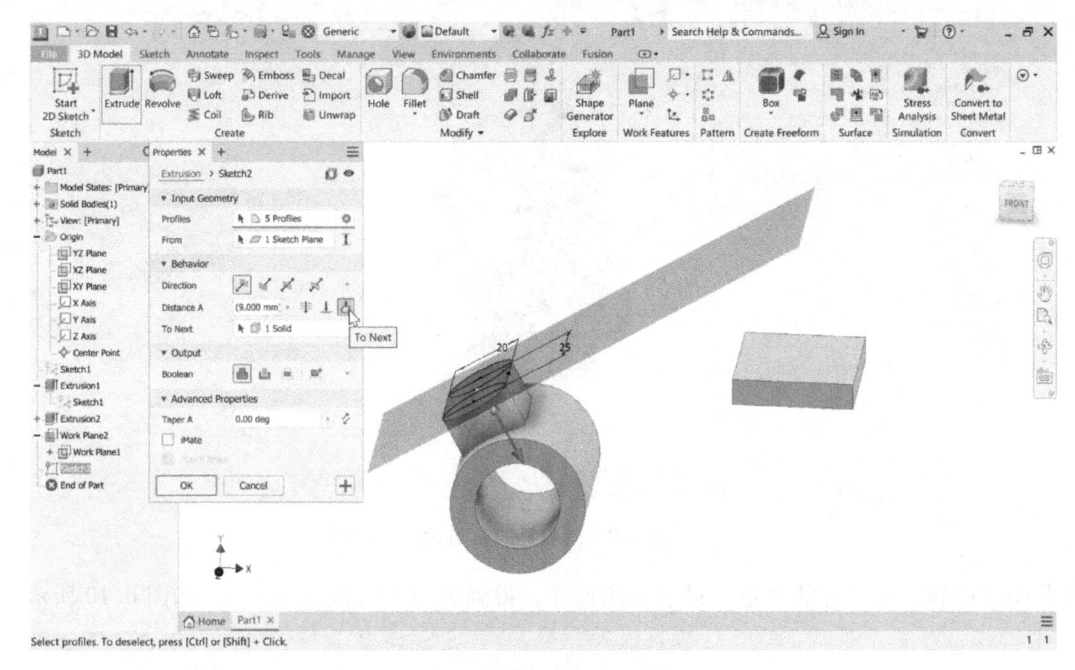

图6.8 拉伸形成凸台特征

3. 凸台上的螺纹孔特征

凸台上的螺纹孔特征需要重新创建孔心草图，单击"Start 2D Sketch"并选择凸台顶面为草图平面，进入草图模式。

螺纹孔的定位是与凸台半圆柱同轴，所以在草图中直接以半圆柱投影的圆心定位即可。单击"Point"后鼠标掠过半圆柱面，系统会自动投影形成半圆，拾取并捕捉到圆心画螺纹孔的定位点，然后完成草图。

单击"Hole"施加孔特征，因为已有的草图中有两个草图点，系统的"Positions"自动选中该"2 Positions"作为定位点，根据图6.1所示图样标注的孔参数选择相应的选项，如图6.9所示。

缺省的螺纹孔参数规格是英寸，要选择公制规格，需要在type中切换到"Iso Metric Profile"，然后在"Designation"中选择规格参数M10，在"Class"中选择公差等级"6H"。

孔终止方式选择"To"，然后指定终止面"To Surface"到圆筒内表面，单击"OK"完成螺纹孔的造型。

6.1.3 连接底座和圆筒的放样特征

根据图6.1所示图样，连接底座和圆筒的放样特征有两个截面和一条引导线，需要在各自的草图平面上分别创建三个草图。

1. 草图准备

1）截面草图1。单击"Start 2D Sketch"新建草图，选择底板左侧面为草图平面，单击"Rectangle"绘制矩形，然后添加重合约束到矩形顶边中点和底座上表面投影线的中点，实

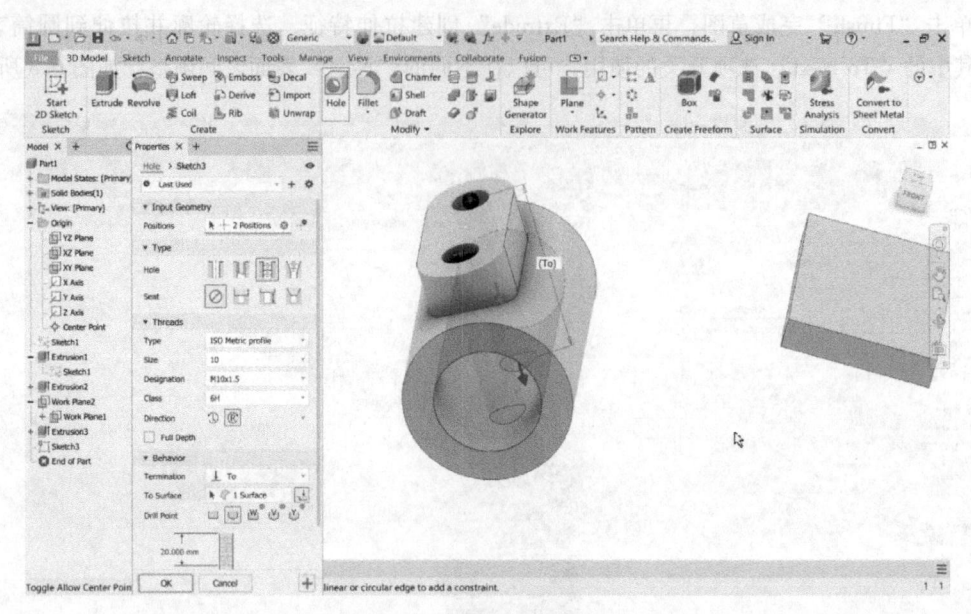

图 6.9 螺纹孔特征选项

现草图居中和顶边平齐的约束，最后标注尺寸，得到全约束的截面草图 1，如图 6.10 所示。

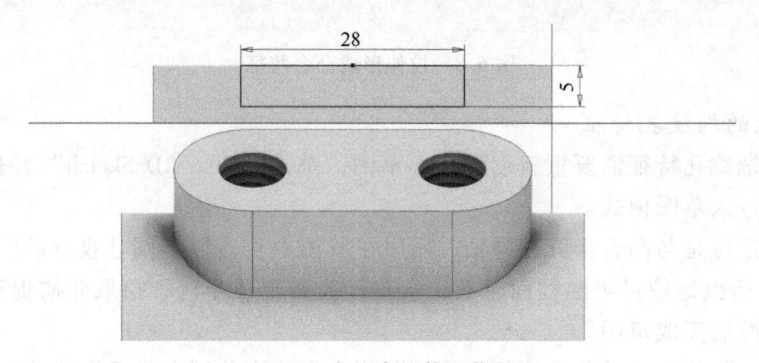

图 6.10 全约束的截面草图 1

2）截面草图 2。单击"Finish"完成草图，在特征浏览器中选中 XZ 平面，再次单击"Start 2D Sketch"进入草图模式，因为草图平面过圆筒轴线，按<F7>键进入切片观察模式。

切换到构造线，投影圆筒外表面的轮廓线作为定位线。关闭构造线，单击"Rectangle"绘制矩形，用定位截面草图 1 的方式定位矩形，最后标注尺寸得到全约束的截面草图 2，如图 6.11 所示。

需要说明的是，图 6.1 所示图样中并没有给出截面草图 2 矩形的宽度，但是根据设计常识和图中放样特征的厚度推理，矩形的宽度应该同截面草图 1 一致，都是 5mm。

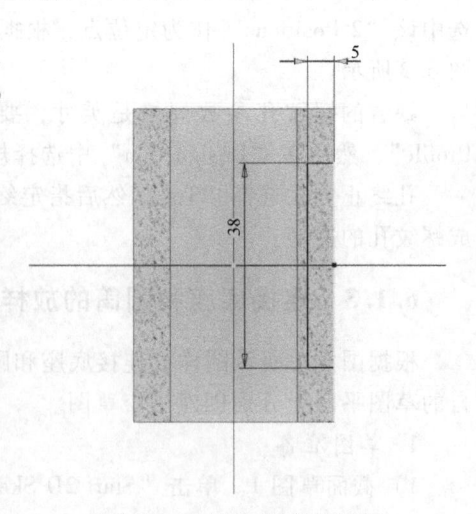

图 6.11 全约束的截面草图 2

3) 引导线草图。单击"Finish"完成截面草图 2，在特征浏览器中选中 XY 平面，单击"Start 2D Sketch"新建二维草图，绘制引导线草图。因为草图平面在特征内部，为便于观察，按<F7>键进入切片观察模式。

引导线的绘制需要投影几何图元作为定位和约束要素，为避免绘制过程中投影的辅助线变成了引导线的一部分，在投影之前一定要先打开构造线开关。在投影的过程中，为投影截面草图 1 中的矩形边线，甚至需要旋转视图改变观察方向（图 6.12）。

To avoid the projection auxiliary line becoming part of the guide line during the drawing process, be sure to turn on the construction line switch before projection. During the projection, it is even necessary to rotate the view to change the direction of observation for the projection of the rectangular edge (Fig. 6.12).

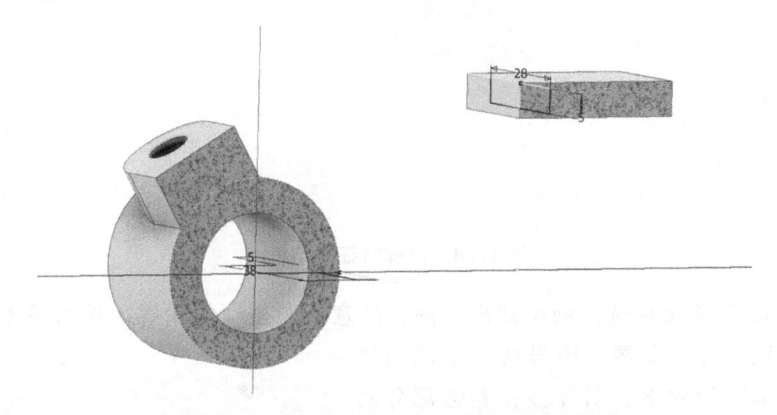

图 6.12 改变观察方向便于选中要投影的线

关闭构造线，绘制引导线，为避免绘图命令执行过程中自动投影的几何要素变成引导线一部分的情况，依然采取先在绘图区域空白处画线，然后再施加几何约束的方式。当然，如果还是出现不必要的自动投影，完成绘图命令后选中该投影改为构造线即可。

最后添加尺寸，得到全约束的引导线草图，如图 6.13 所示。

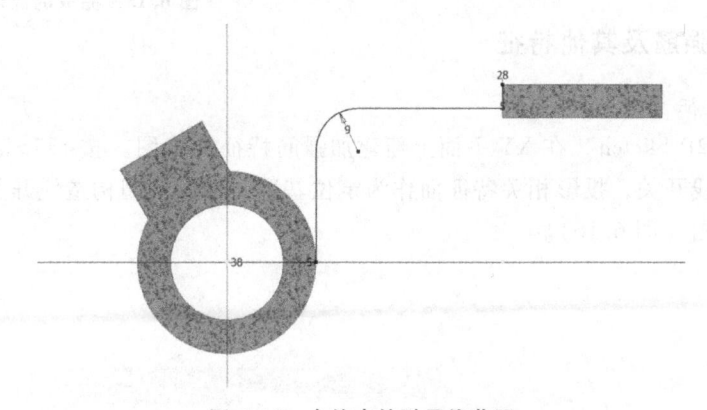

图 6.13 全约束的引导线草图

2. 放样特征

引导线草图完成后，构建放样特征的草图条件已经全部具备。单击"Loft"，弹出放样特征对话框，如图 6.14 所示。

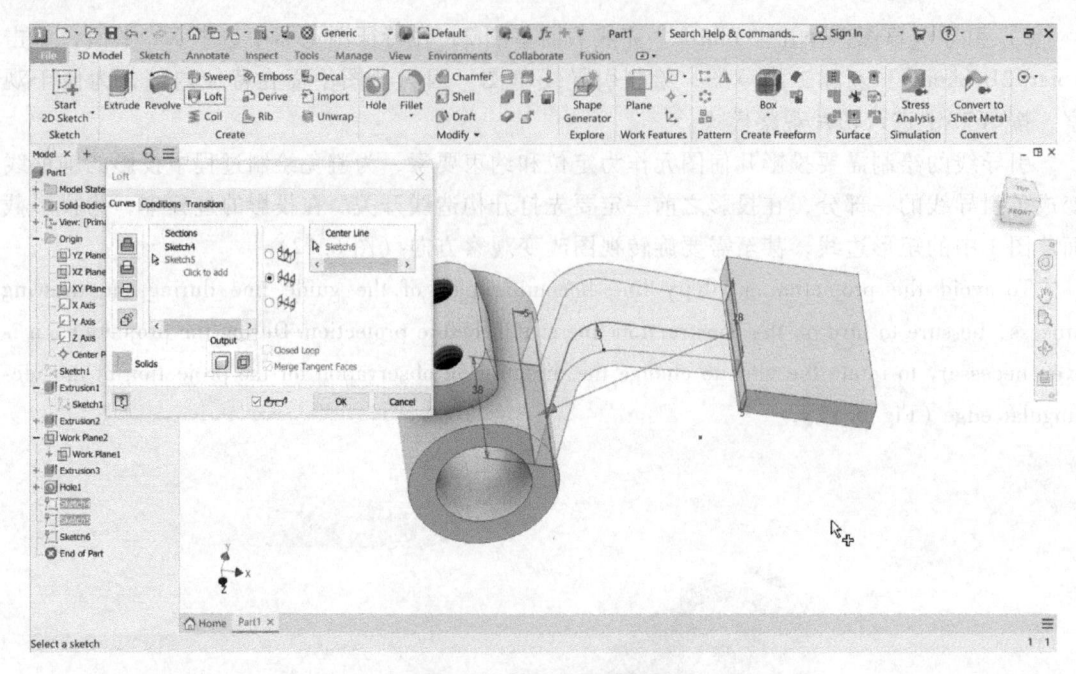

图 6.14　放样特征对话框

在"Sections"选项里选择两个截面草图，注意拾取正确的轮廓。然后单击"Rails"增加引导线，拾取引导线草图。引导线有不同的使用方式，"Rails"模式下，引导线在圆弧部分放样的厚度会变大；"Center Line"模式下，引导线圆弧部分放样的厚度一致。可以尝试各个选项，借此探究该特征的定义逻辑。

单击"OK"确定接受预览，完成放样特征的创建，如图 6.15 所示。

图 6.15　完成的放样特征

6.1.4　加强筋及其他特征

1. 加强筋特征

单击"Start 2D Sketch"在 XY 平面上新建加强筋特征的草图。按<F7>键进入切片观察模式，打开构造线开关，投影相关特征面作为定位基准，然后关闭构造线开关，根据加强筋的定义画如下草图（图 6.16）。

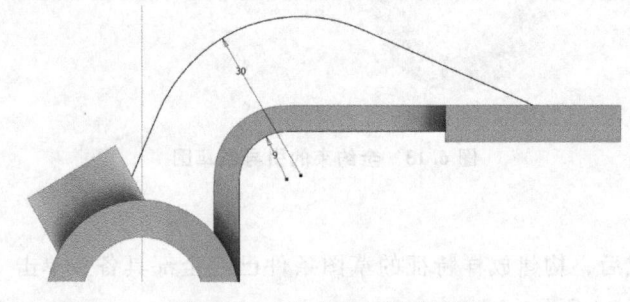

图 6.16　欠约束的加强筋草图

加强筋草图应该完成全约束，但是在添加 R30mm 的圆弧和放样特征圆角部分投影同心约束的时候发现，无法选中该投影线，不能施加同心约束。

即便共享引导线草图，施加该同心约束依然不成功。这说明放样特征形成的圆角形状并不是直觉理解的圆柱面，共享的引导线草图也不能在加强筋草图内使用。

为了使用引导线草图的圆心添加约束，需要将其投影到加强筋草图内。先在特征浏览器内选中引导线草图，投影几何图元，得到圆心的投影。为了确定地在加强筋草图内拾取引导线圆弧圆心，先退出该草图，在特征浏览器内找到引导线草图并打开，捕捉圆弧圆心，在其上绘制重合的草图点，然后退出。

重新编辑加强筋草图，投影引导线草图中圆心处的草图点，施加加强筋草图圆弧圆心和该投影点的重合约束，发现草图点的投影可以被捕捉，完成加强筋草图的全约束，如图 6.17 所示。

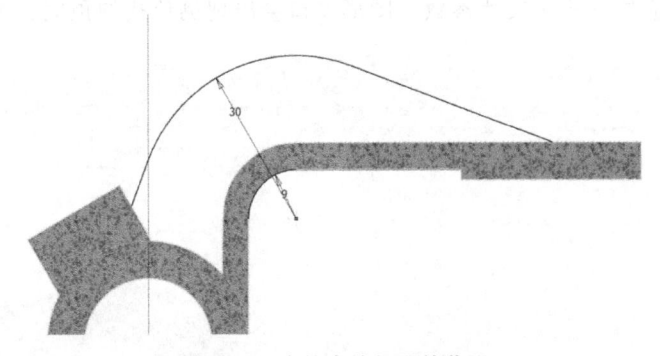

图 6.17　全约束的加强筋草图

完成草图，单击"Rib"构建加强筋特征，调整加强筋生长平面和方向，如图 6.18 所示。

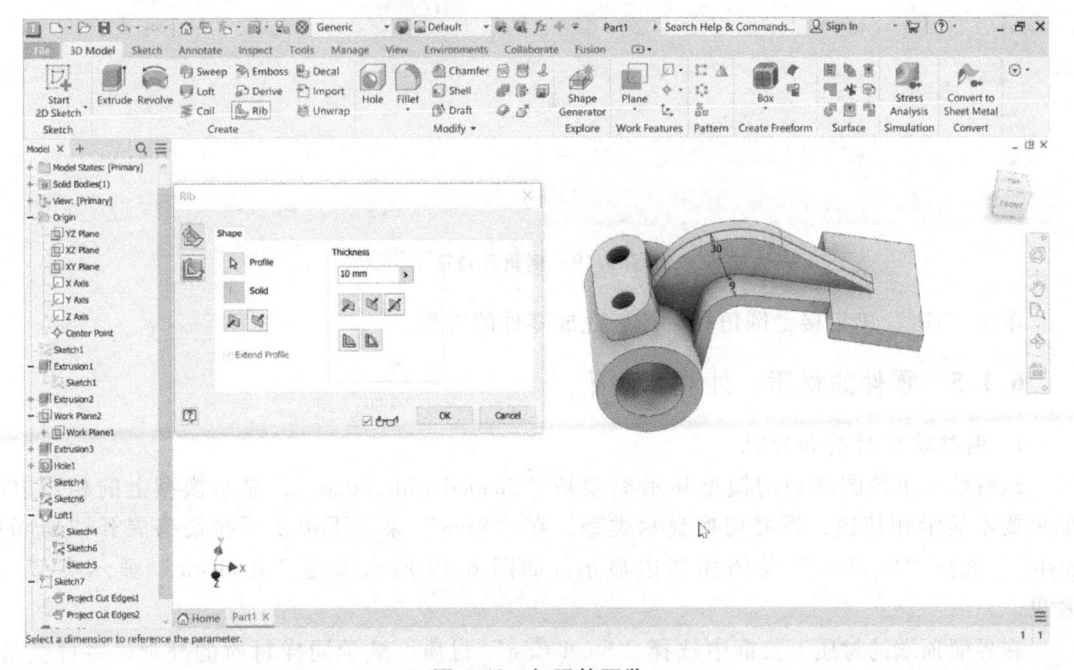

图 6.18　加强筋预览

2. 圆角和孔特征

实例零件是一个典型的铸造零件，需要给非加工表面相交处施加圆角特征。施加圆角特征要注意圆角施加的顺序，先施加放样特征、加强筋特征和圆筒及凸台交界处的圆角 $R2$，然后再施加底板的四个圆角。如图 6.1 所示底板圆角没有标注，其圆角特征可以适当大一些，$R2$ 或 $R3$ 都可以。然后再施加其他的小铸造圆角，如果遇到无法预览的情况，可通过调整圆角顺序或大小的方式解决。

最后按设计要求施加两个对称的倒角孔特征，施加特征之前需要先在底板上表面新建草图，根据设计思想定位两个对称的草图点，然后完成草图，单击"Hole"，进入孔特征选项卡。

"Positions"会自动选中两个草图点，在"Type"的"Hole"选项中选择"Simple Hole"，在"Seat"选项中选择"Countersink"，在"Termination"选项中选择"Through All"，在示意图对应位置输入尺寸参数，图形窗口会出现倒角孔的预览，如图 6.19 所示。

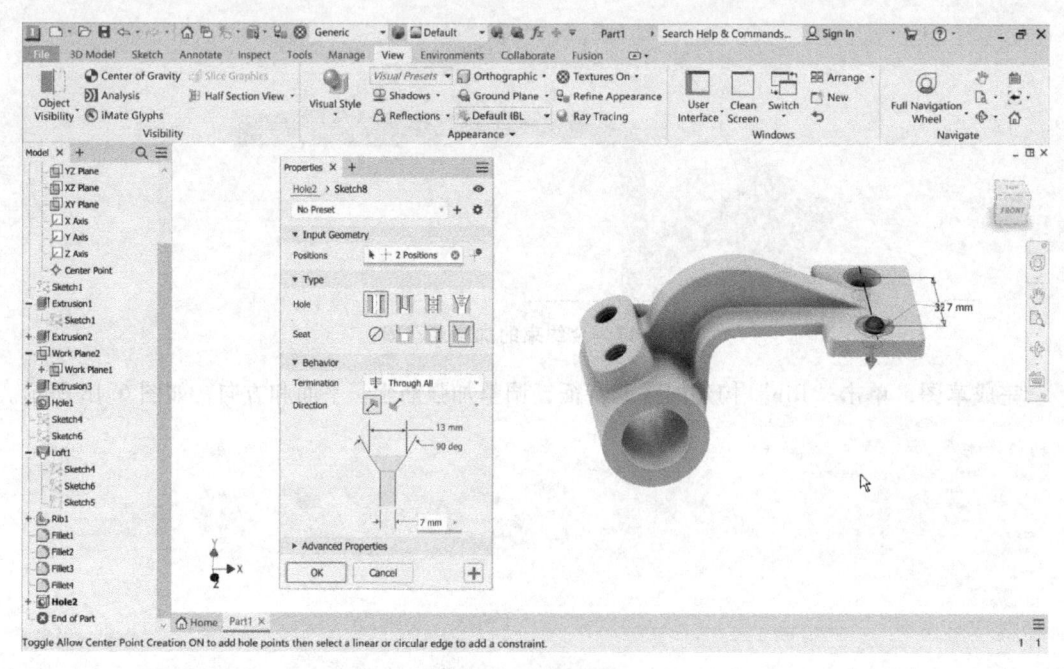

图 6.19 倒角孔特征

单击"OK"确定接受倒角孔特征，完成零件的造型。

6.1.5 零件的材质、外观和渲染

1. 调整零件材质和外观

缺省状态下绘图区域的模型显示类型是"Shaded with Edges"，显示模型上的相切边，如果要不显示相切边，需要切换显示类型，在"View"菜单下单击下拉箭头展开"Visual Style"，选择"Realistic"关闭相切边显示。如图 6.19 所示就是"Realistic"显示类型的效果。

在界面顶端的材质下拉框中选择"Steel Cast"材质，赋予同样材质的外观，零件会呈现铸钢的外观。

非加工表面可以使用缺省的"Steel Cast"外观，加工表面要有所区别。调整加工表面的外观，可以在特征和表面两个层次上操作。

凸台上的螺纹孔和底座上的倒角安装孔都是加工表面，可以按住<Ctrl>键在特征浏览器中复选"Hole1"和"Hole2"特征，单击鼠标右键弹出菜单，选中"Properties"，改变缺省的"AS Body"为"Steel Polish"。

对凸台底面、圆筒两个端面和内孔，可以按住<Ctrl>键复选这些加工表面，单击鼠标右键弹出菜单，选中"Properties"，改变缺省的"As Feature"为"Steel Polish"。

改变外观后的零件在"Realistic"显示类别下的零件如图6.20所示。

尽管"Realistic"模式下的零件已经比较逼真，但是离真实零件的效果还有一定差距。在零件或产品展示环节，如果需要质量更高的展示图片，还需要对图片进行渲染。

图 6.20 改变外观后的零件

2. 零部件渲染和展示

渲染工具在菜单"Environments"下的"Inventor Studio"中，单击"Inventor Studio"，展开功能菜单，如图6.21所示。

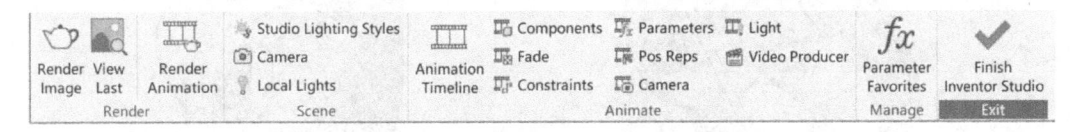

图 6.21 Inventor Studio 丰富的功能

从左到右依次是图片渲染"Render Image"，动画渲染"Render Animation"，灯光"Studio Lighting Styles"和相机"Camera"设置，动画时间轴"Animation Timeline"，不同类别的动画命令"Animate"等。

本例只对零件进行图片渲染，单击"Render Image"，选择输出图片像素、灯光类型等，旋转模型到理想的角度和方位，然后单击"Render"渲染得到质量更高的图片，保存备用。如图6.22所示。

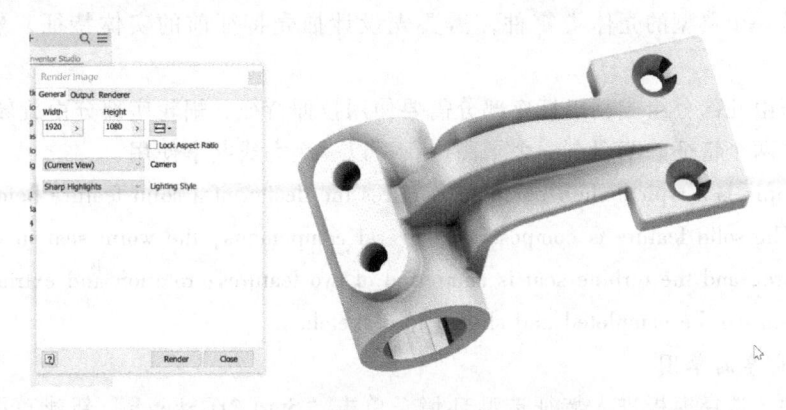

图 6.22 "Render Image"命令选项

6.2 抽壳特征造型设计实例

如图 6.23 所示为蜗轮壳零件的局部模型，整体零件特征较多，因为大多数特征可以用之前介绍过的方法很容易地完成，此处不再重复。

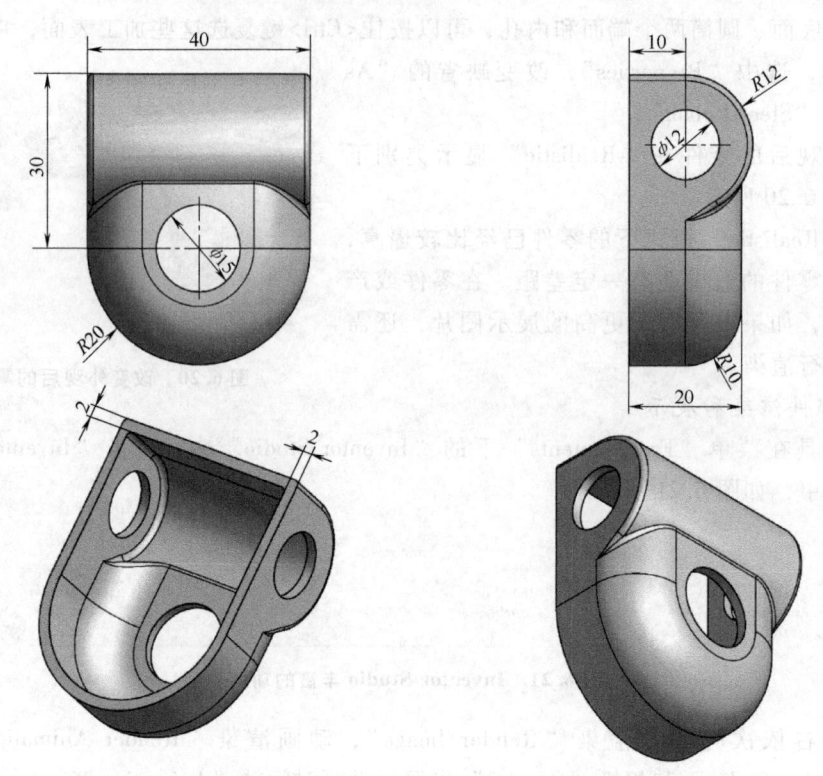

图 6.23 蜗轮壳零件的局部模型

6.2.1 形体分析和实例造型设计

1. 形体分析

本实例是一个典型的壳体类零件，需要先设计抽壳特征前的实体特征，然后再抽壳，打孔。

实体特征由几部分组成，蜗杆座部分需要使用拉伸特征，蜗轮座部分由旋转和拉伸两个特征组成，这两个特征的草图在一个平面内，可以一次完成共享使用。

This example is a typical shell part that requires the design of a solid feature before applying a shell feature. The solid feature is composed of several components, the worm seat needs to use the extrusion feature, and the turbine seat is composed of two features: rotation and extrusion, and the sketches of them can be completed and shared in a sketch.

2. 创建共享的草图

新建零件，选择模板进入特征造型环境，单击"Start 2D Sketch"新建草图，选择 XY 平面作为草图平面，进入草图模式画如图 6.24 所示草图。

草图上半部分是蜗杆座拉伸特征的草图，下半部分是蜗轮座旋转特征的草图，注意旋转特征的草图要有旋转中心线，可将该草图过坐标原点的边设为中心线。

对两部分草图的左边线施加共线约束，注意定位尺寸的标注要符合设计思想。蜗轮座的草图中，圆角尺寸和水平尺寸20mm之间是有函数关系的，即圆角尺寸是水平尺寸的1/2，要使用等式表达设计思想。

3. 旋转特征

完成草图，单击"Revolve"进入旋转特征选项（图6.25）。

在"Profiles"中定义要旋转的截面，在"Axis"中定义旋转轴。在"Behavior"中定义旋转方向和角度，因为本例只需要180°旋转，在"Angle A"中输入180 deg，发现预览特征结果的角度不符合设计，在"Direction"中调整方向为"Symmetric"模式，即双向对称，预览结果符合需求（图6.26）。

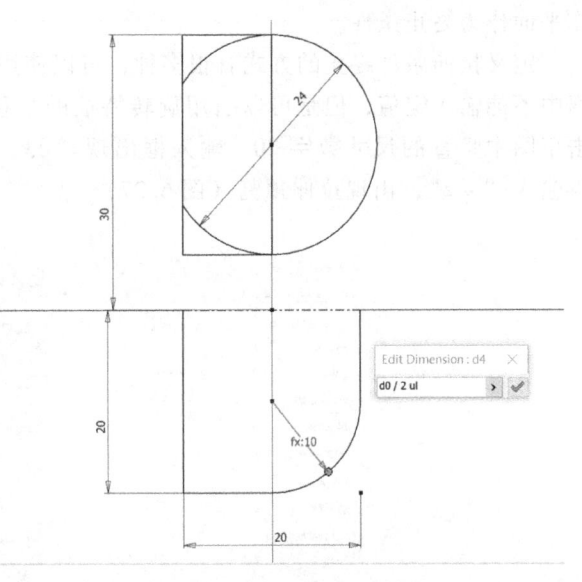

图6.24 全约束的实体草图

图6.25 旋转特征选项

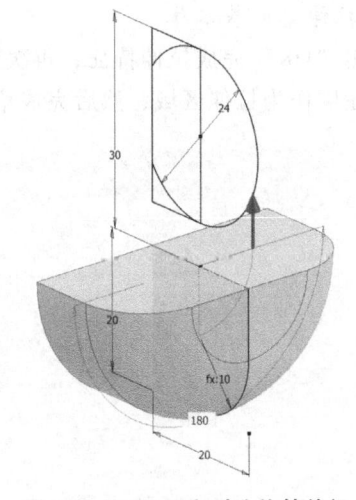

图6.26 180°双向对称旋转特征

4. 拉伸蜗杆座

单击"OK"接受预览结果。在特征浏览器中选中并共享草图，拉伸蜗杆座特征。需要注意的是，双向对称拉伸特征草图，拉伸距离不能直接输入尺寸数字，要选择到旋转特征的前后相切平面。但在选择"To"模式的时候，因为没有在该位置预先定义相切平面，无法用这种方式定义拉伸特征的终止条件。

当然，可以中断拉伸命令，先定义该相切平面，再重新启动拉伸命令，用定义的相切工作平面作为终止条件。

定义拉伸条件终止的方式有很多种，可以使用不同的方式反映设计思想，虽然在拉伸距离中不能输入定值，但是可以引用旋转特征的半径尺寸"d3"，在"Distance A"的窗口单击草图中竖直的尺寸数字 20，输入框出现"d3"，双向拉伸的距离应该是"d3"的两倍，再输入"*2"，出现拉伸预览（图 6.27）。

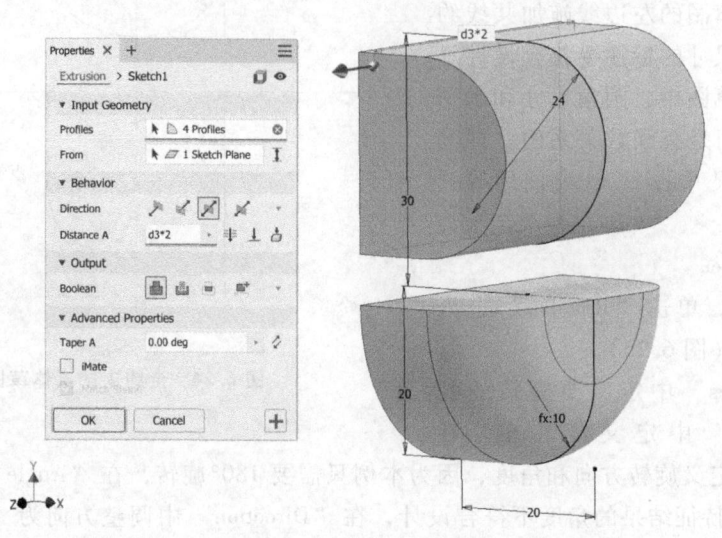

图 6.27　拉伸距离引用其他尺寸参数反映设计思想

5. 拉伸完成基本体

单击"OK"完成拉伸特征，再次新建草图，选择旋转特征的顶面作为草图平面，投影该顶面轮廓作为拉伸区域，然后完成草图，再次单击"Extrude"进行拉伸（图 6.28）。

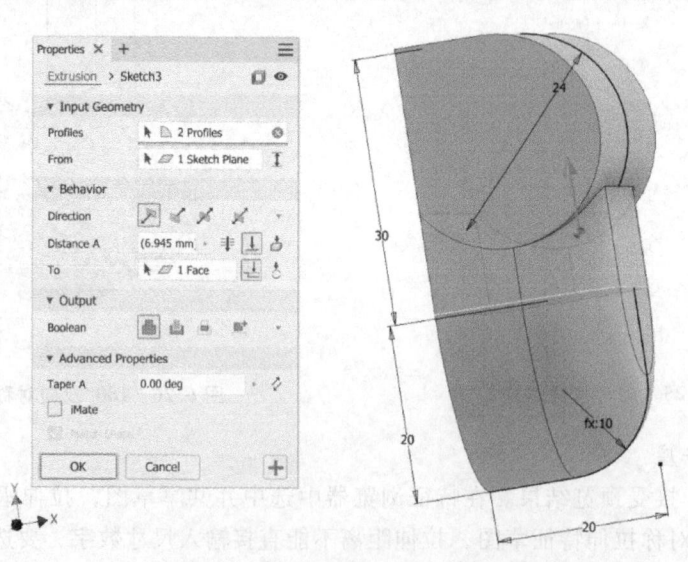

图 6.28　用拉伸特征连接已有的两个特征

注意该拉伸特征的终止条件选择"To Surface"的方式以精确表达设计思想，单击"OK"确定接受预览，整理特征浏览器中的共享草图的可见性，最后完成基本体的造型设计。

6.2.2 圆角和抽壳特征

对于壳体类铸造零件，非加工表面相交处要施加铸造圆角。这些圆角特征要在抽壳之前施加，否侧需要分别对内外表面施加圆角特征。

The shell-type cast part need cast fillet applied to the intersection of unmachined surfaces. These fillet features are applied prior to shelling, if not the inner and outer surfaces need to be applied twice.

如图 6.24 所示并没有给出圆角的尺寸，可以根据设计常识自行确定，本例施加半径为 2mm 的圆角。单击"Fillet"圆角特征，选择相关边，施加圆角特征。

之后在"Modify"修改工具栏中单击"Shell"特征抽壳，弹出如图 6.29 所示选项。

单击"Remove Faces"选择开口面，表示从该面去除材料抽壳。抽壳方向有向内、向外和双向，本例接受缺省的向内抽壳，厚度 2mm。因为基本体施加了圆角，抽壳后有些内侧的交线也有圆角，如果没有的话需要再次施加。

使用孔或拉伸特征，依次做出零件上的蜗轮蜗杆安装孔，最后完成零件的造型设计如图 6.30 所示。

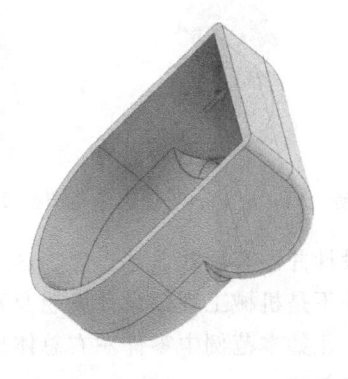

图 6.29　抽壳特征选项　　　　　　图 6.30　蜗轮壳局部造型设计

6.3　特征命令和造型设计的思路

Inventor 2020 版之后，改变了范例文件提供的方式，不过在 Autodesk 的官方网站上，依然可以下载到 Inventor 2019 版之前的范例文件，安装解压后，会形成一个文件夹，双击其中的"samples.ipj"文件就可以激活范例项目。

通过官方提供的范例学习是一种行之有效的方法，对于比较复杂的零件，通过特征浏览器中各特征的定义可以学习造型的思路和过程。

Learning by officially provided example is an effective way, for more complex parts, you can learn the idea and process of modeling through the feature definition in the browser.

1. 引擎零件和"emboss"特征

激活"Samples"项目,打开"models \ assemblies \ Engine MKII \ Components"下的"Engine Case Side.ipt",可见引擎侧壳体的最终设计结果如图 6.31 所示。

这样一个复杂形状的零件,设计过程和思路是怎样的呢?初学者可以自己先设想一下,然后根据范例来学习、检验和校正。

从特征浏览器的底部拾取"End of Part"一步步往上拖动,跟造型设计顺序相反,可以看到该范例零件的造型设计过程,如图 6.32 所示。

图 6.31　引擎侧壳体的最终设计结果

图 6.32　拖动"End of Part"追溯零件造型设计过程

需要说明的是,有些范例的设计并没有反映设计思想,这些范例的设计和制作仅仅是从特征功能的角度讲解软件使用,并不是机械工程师设计思想及其表达的真实设计过程。有些草图甚至缺失尺寸,没有全约束,比如本范例中零件左右总体尺寸在设计思想中就没有反映出来,仅仅是几个简单拉伸特征的叠加。

这是参数化造型设计软件使用的普遍现象,把参数化造型设计软件仅仅当作造型的工具,在设计和表达的环节都不反映设计思想。特别是重视造型轻视表达,更有甚者造型仅仅是为了展示和动画宣传,工程表达要重新使用二维绘图软件绘制。

本范例在模型上使用了"Emboss"特征,在浏览器中找到该特征,鼠标右键单击"Edit Feature"编辑特征,可以学习该特征的使用方法,如图 6.33 所示。

2. 吹风机和"Decal"特征

打开"samples \ Models \ Parts \ Hairdryer"目录下的"Hairdryer.ipt"文件,通过范例学习复杂曲面的造型设计方法(图 6.34)。

通过特征浏览器分析特征历史及其定义发现,吹风机本体使用一个锥度拉伸形成,尾部用点到面的放样特征,手柄使用带导引线的扫掠特征形成。

在本体上,使用"Stripe"和"Indent"形成斜槽和凹陷造型。关于这两个命令的学习,需要使用帮助或查阅资料,并不是所有的命令都能从范例直观掌握。在本范例中使用了"Decal"贴图特征,可以通过编辑特征学习,如图 6.35 所示。

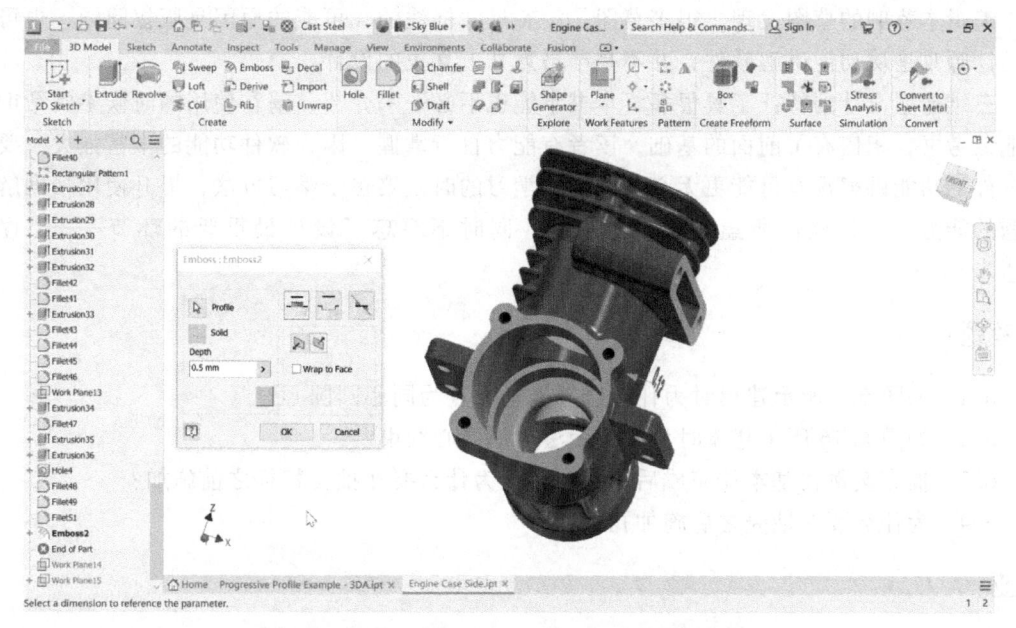

图 6.33 编辑特征学习"Emboss"的使用方法

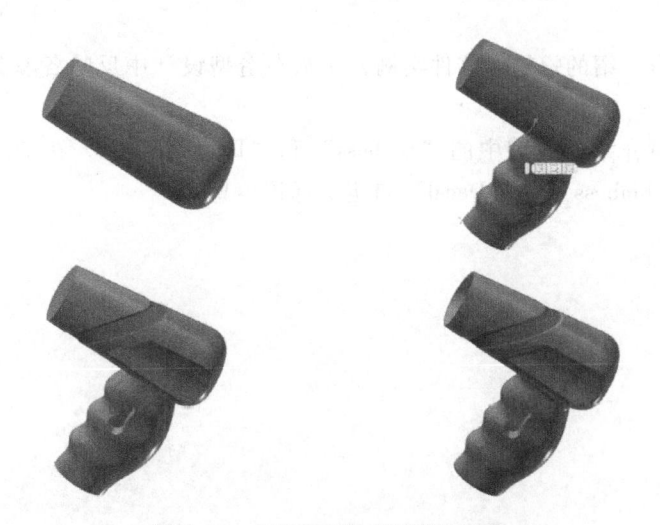

图 6.34 复杂曲面的造型设计过程

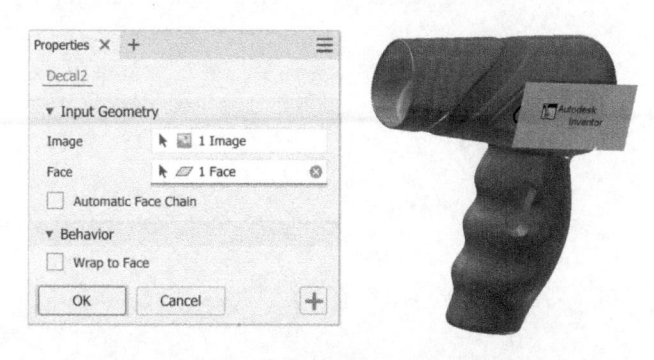

图 6.35 通过编辑特征学习"Decal"特征

编辑本范例的草图发现，很多草图是没有尺寸标注的，可能的原因是版权问题，也可能是设计师只是从功能讲解软件，并不是严格意义上真正的设计。

三维造型设计的特征工具很多，本书不能也不必——介绍，请在使用的时候参阅帮助和其他参考书，相信有了前面的基础，读者有能力自行掌握。因为软件功能的丰富强大，要穷尽软件的功能讲解没有可能更无必要，请在学习的时候聚焦于学习方法，提升使用帮助解决问题的能力，掌握软件所蕴含的设计思路。同时不要忘了设计最重要的环节——工程图表达。

思考题：

6.1 如图6.2所示建模时为什么选择坐标原点为同心圆圆心？

6.2 如图6.16所示建模时为什么无法施加同心约束？

6.3 抽壳实例在基本体完成后，圆角特征为什么要在抽壳特征之前施加？

6.4 为什么要在抽壳之后施加孔特征？

作业：

6.1 练习本章介绍的带放样特征的零件实例，完成造型设计后，调整材质和外观并渲染输出图片。

6.2 练习本章介绍的蜗轮壳零件实例，注意在造型设计中反映各参数之间的关联和零件的设计思想。

6.3 学习本章介绍的范例中的"Emboss"和"Decal"功能，在带放样特征的零件实例的模型上练习"Emboss"和"Decal"自定义标识信息。

第7章

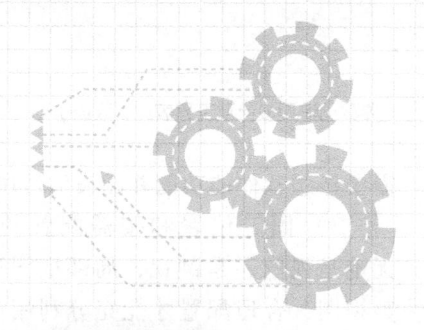

一般典型零件的表达方法——基础视图、全剖视图和半剖视图

零件或产品造型设计结果的表达与展示有多种形式，其中最常用的表达方式是工程图，工程图包括零件图和装配图。在使用参数化设计软件进行工程图表达的时候，轴测图可以在工程图中作为辅助的表达形式。

There are many ways of representation of part or product modeling design results, among which the most commonly used is the engineering drawing, which include detail drawing and assembly drawing. When using parametric design software for drawing representation, isometric drawing can be used as an auxiliary form.

使用参数化造型设计软件，不仅可以很方便快捷地生成轴测图，还能生成装配爆炸图、部件的工作原理动画和装配的拆装动画，使用软件的参数动画、位置动画等还可以生成特效动画等作为产品的展示和发布手段。

但是参数化造型设计最重要的表达方式还是设计的规范工程图表达，本章通过工程图实例介绍基础视图、全剖视图和半剖视图的表达方式。

However, the most important representation of parametric modeling design is the standard engineering drawing, and the representation of the basic view, full section view, and half section view will be introduced through a drawing representation example.

7.1 工程图的表达方法

工程图常用的表达方式有很多种，在工程制图课程中，机件的表达方法是内容最繁杂、最不容易掌握的内容。表达方法本来就是针对不同特点的零件或特征设计的相应表示方式，通常使用范例的方式解释和说明，在学习表达方法的时候，需要用心理解、领会、接受，融会贯通之后才能针对要表达的零件特点灵活运用。

在理解和运用表达方法的过程中，要明确以下关系：

1）内部和外部的关系。有没有需要表达的内部结构，有没有在内部结构上标注尺寸的需求，如果有这方面的需求，要使用剖视。

2）局部和整体的关系。无论是视图还是剖视，有没有必要画完整的视图。工程图表达的原则是在表达清晰、完整的前提下，表达越简洁越好，使用视图的数量越少越好。特别是在使用参数化造型设计软件的时候，视图不需要绘制，只需要单击鼠标就可以生成，按照国家标准的要求使用最简洁的表达方式，不再像手工绘图那样是最省时、省力的方式，甚至不需要额外的操作。使用软件的功能满足工程图的表达要求，需要扎实的工程制图基础知识，需要熟悉软件的功能并能灵活运用。

3) 固定位置和按需配置的关系。无论是视图还是剖视，局部视图还是完整视图，合理配置才能充分利用图纸空间，使图纸清晰易读。在配置视图的时候，要熟悉国家标准相关规定的适用条件、使用方法和标记方式。

在工程制图中，国家标准对以下种类视图的绘制和配置做出了详细的说明（图7.1），在进行本章的学习之前，可以参阅相关教材复习。

当机件有内部结构需要表达的时候，针对具体的情况，国家标准也对不同种类剖视图和断面图的绘制和配置给出了详细的说明（图7.2）。

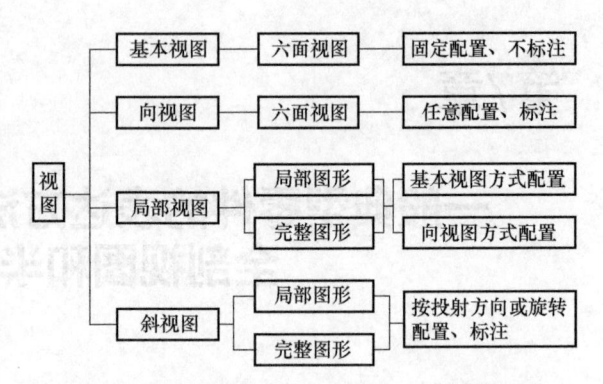

图 7.1 国家标准关于不同视图的分类和配置

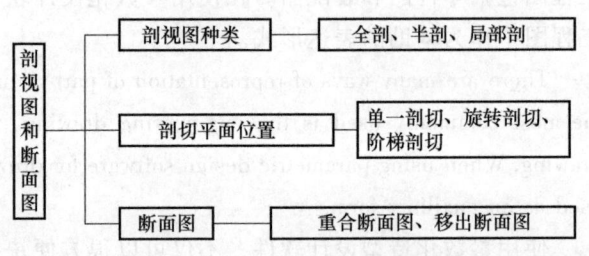

图 7.2 国家标准关于不同剖视图和断面图的分类和配置

需要说明的是，参数化设计软件中的表达方法并没有完全复制国家标准的表达方法，而是按照软件设计的逻辑定义的，这需要在学习使用软件的过程中融会贯通。反过来，通过对软件中表达方法的学习和使用，也可以促进对国家标准中表达方法的深入理解。

It should be noted that the representation function in the parametric design software does not completely copy from the national standard, but is defined according to the logic of software design, which needs to be understood thoroughly in the process of learning to use the software. In return, through the study and use of representation methods in software, a deep understanding of representation methods in national standards can also be achieved.

7.2 图纸的设置和标题栏定制

单击"New"新建工程图文件，注意根据零件的尺寸单位在开始的时候确定公制还是英制，实例的模型是公制，选择"GB.idw"模板（注意不是"GB.dwg"），进入工程图环境，如图7.3所示。

系统自动赋予环境缺省的定制图纸、图框和标题栏。界面上方是表达工具，图纸左侧是浏览器，浏览器中目前只有"Drawing Resources"及在用的图纸、图框和标题栏。

7.2.1 设置图纸的大小

使用CAD软件生成或绘制的工程图，总是采用1:1的比例，要改变输出图纸的比例，可以在打印的时候调整打印比例。虽然在工程图环境下缺省图纸的大小并不影响工程图的生成，且可以在任何时候调整，但是为了避免绘图过程中的随时缩放，最好还是先根据模型大小和表达方法设置恰当的图纸空间。

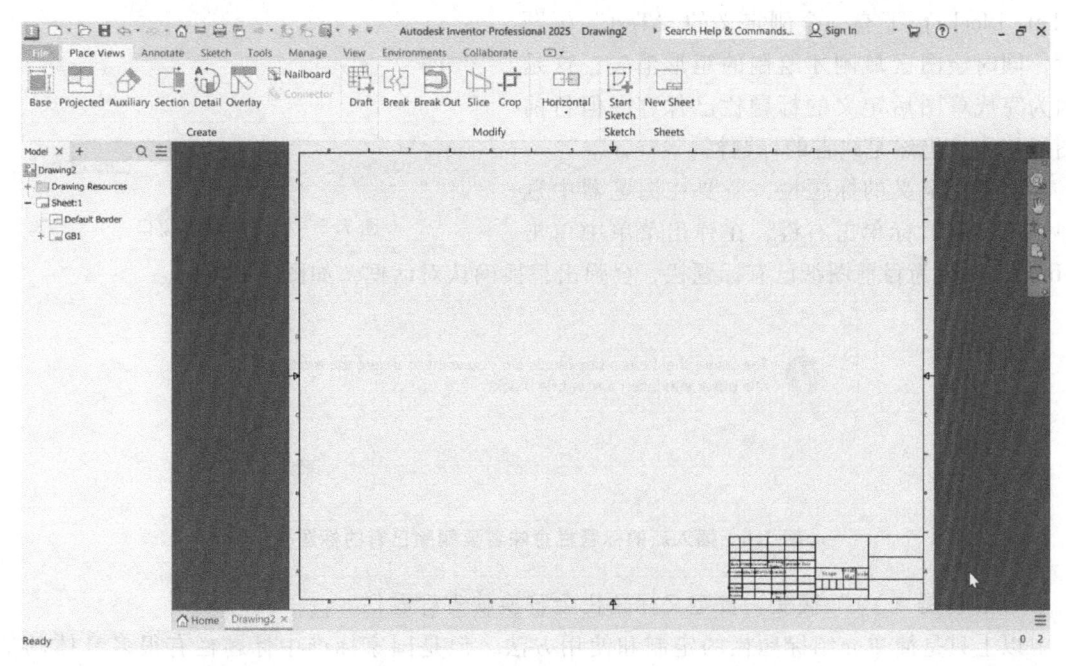

第7章 一般典型零件的表达方法——基础视图、全剖视图和半剖视图

图 7.3 Inventor 软件的工程图环境

在特征浏览器中选中激活的图纸"Sheet1",单击鼠标右键弹出菜单,单击"Edit Sheet"可以看到当前图纸的大小并调整它(图 7.4)。

当前使用的是 A2 图纸,相对于要表达的零件太大了,先估算大小调整为 A3 图纸,如果完成表达后剩余图纸空间还大,可以再次调整。

除了图纸大小外,还可以调整图纸方向。当然只有 A4 图纸才可以使用"Portrait"竖直方式,其他型号的图纸一律只能使用"Landscape"方式。

相对于 A3 或 A4 的图纸空间,缺省的标题栏内容太多,占用图纸空间太大,可以使用自定义的简化标题栏代替。

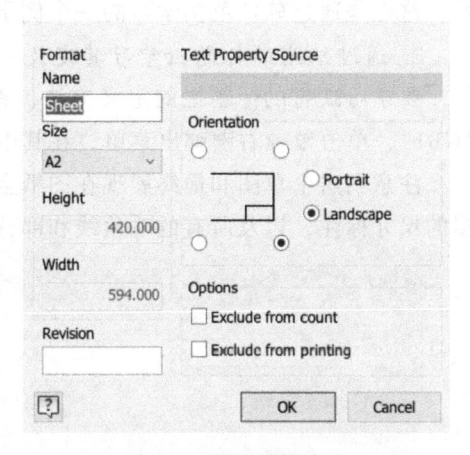

图 7.4 图纸编辑窗口

7.2.2 定制标题栏

1. 自定义标题栏及其使用

展开浏览器中的"Drawing Resources",可以看到现有的可用图纸资源,展开标题栏"Title Blocks",可见现有的"GB1"和"GB2"。要自定义标题栏,需要先在"Drawing Resources"中的"Title Blocks"内定义,然后再使用。

在浏览器中选中"Title Blocks",单击鼠标右键弹出菜单,单击"Define New Title Blocks",进入草图编辑界面,先在绘图区域中间任意画一个矩形,然后完成草图,弹出标题栏命名窗口,如图 7.5 所示。

因为还没到正式的定制阶段,先暂时输入"Test"然后单击"Save",发现在浏览器的

109

"Title Blocks"下有一个刚定义的"Test"标题栏，同时绘图区域刚才绘制的矩形消失，这是因为完成草图后定义的标题栏已保存，但目前图纸使用的仍然是缺省的标题栏。

要使用定义的标题栏，需要在浏览器中选中它，然后鼠标单击右键，在弹出菜单中单击"Insert"。因为目前图纸已有标题栏，会弹出替换确认对话框，如图7.6所示。

图7.5 标题栏命名窗口

图7.6 插入新的标题栏意味着要删除已有的标题栏

单击"是（Y）"接受，自定义标题栏会替换缺省标题栏。

以上只是简单介绍标题栏的定制和使用方法，但是国家标准中标题栏有很多具体的信息，有些信息还需要从特征参数或图样传递，详细的标题栏定制可以通过缺省的标题栏学习，这也是通过软件范例学习的一个例子。

2. 通过缺省的标题栏学习其定义方法

要学习缺省的标题栏的定义方法，首先要在特征浏览器中选中一个缺省标题栏，比如"GB1"，单击鼠标右键弹出菜单，在其中单击"Edit"，进入草图编辑模式，如图7.7所示。

注意到这个草图和最终展现在图纸空间的标题栏并不相同，最终的标题栏不显示这个草图的尺寸标注，以及所有的对角线和部分文本。

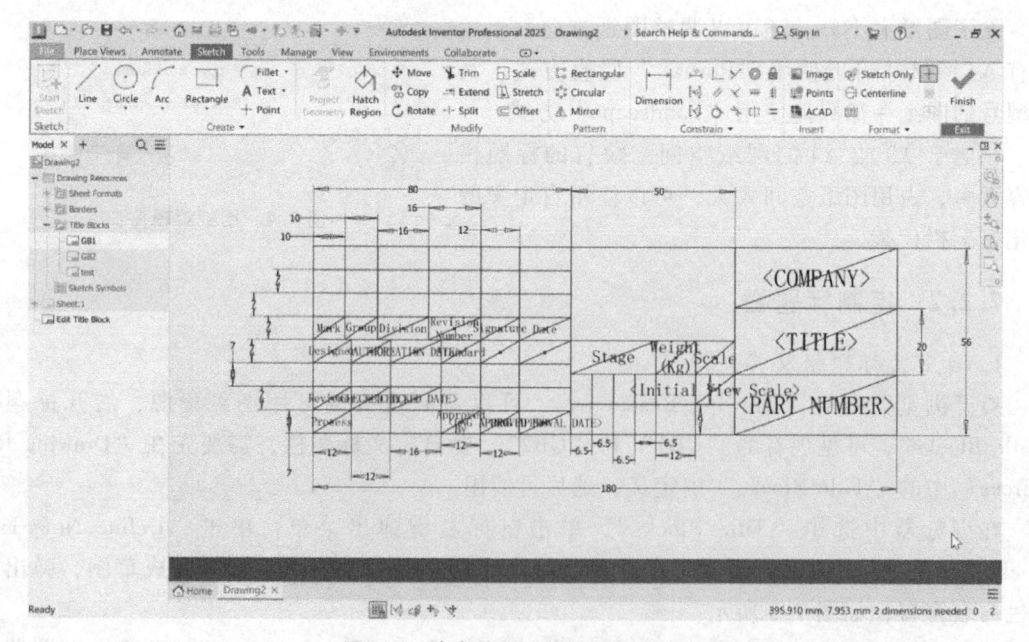

图7.7 缺省的标题栏的编辑界面

第7章 一般典型零件的表达方法——基础视图、全剖视图和半剖视图

草图中的尺寸是为了定义标题栏的大小，在最终的标题栏中不显示，从逻辑上很容易理解。对角线是辅助线，作用是为了使用约束定义文本在行列中的精确位置，也不应该在最终的标题栏中出现。

The dimensions in the sketch are meant to define the size of the title block and are not displayed in the final title block, which is logically easy to understand. Diagonal lines are auxiliary lines that are meant to use constraint to define the precise position of the text in the rows and columns, and should not appear in the final title block either.

选中其中一条对角线，在右上角的属性中发现该线为"Sketch Only"（图7.8），在工程图环节中，Inventor软件可以使有些要素只在草图内显示作为定位等辅助手段，但它们在退出草图后的工程图内不显示。

"Sketch Only"是一个非常有用的功能。因为工程图表达方法的多样性和复杂性，参数化造型设计软件的工程图功能不能实现全自动，需要人为的手动编辑，在编辑过程中，为反映设计思想，需要使用一些仅草图可见的要素作为辅助线。

在草图空白处，单击鼠标右键，弹出对话框，在其中单击"Show All Constraints"显示所有约束，可见<COMPANY>文本框的中心和对角线的中心是重合约束的，这说明仅草图可见的对角线就是为了使字段<COMPANY>在矩形框内居中定位。

注意到矩形框中的文本形式不同，有的是普通文本，如"Mark""Group"是静态文本，完成草图后在标题栏直接显示；有的带括号如<COMPANY><TITLE>等，这些字段在完成草图后在标题栏不显示。

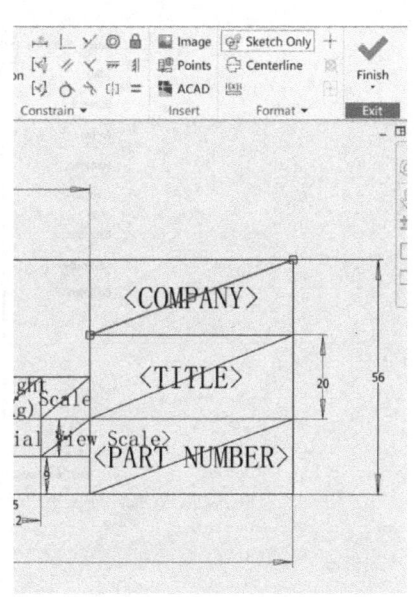

图7.8 "Sketch Only"属性

在标题栏草图编辑模式下双击<COMPANY>字段，弹出对话框，如图7.9所示。

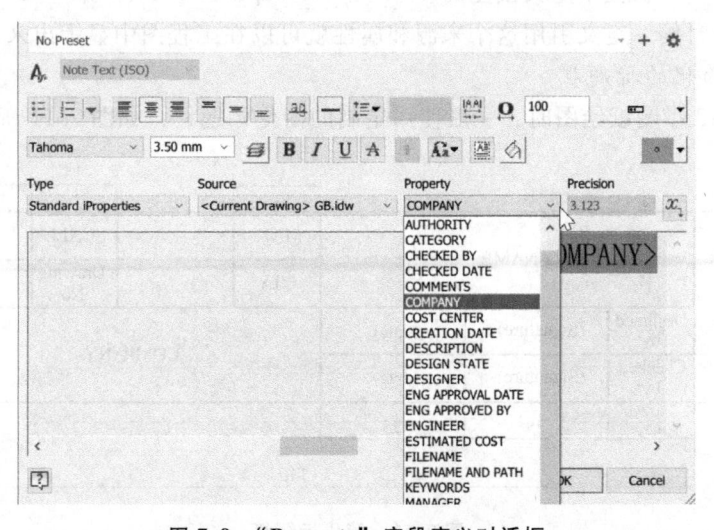

图7.9 "Property"字段定义对话框

有"<>"的字段表示其来源于文件的属性引用,如果完成草图后没有引用值就会不显示。在字段定义对话框内可以定义字段定位约束的方式,更改字高、字体、颜色、对齐方式等。在"Source"内定义属性来源文件是工程图文件还是模型文件,在"Property"的下拉选择定义要引用的属性。

当然,这些属性要在相应的工程图和模型文件中先正确地定义才可以被引用,定义的方式是打开文件,在特征浏览器中找到模型或工程图(比如第2章造型设计实例1的文件2.1.ipt),单击鼠标右键弹出菜单,在其中单击"Iproperties"弹出属性定义对话框,如图7.10所示。

图 7.10 模型文件属性定义

如果在"Title"属性中定义模型的Title为"example 2.1",单击"OK"确定接受,在自定义标题栏的时候,定义引用这个来源和属性就可以在工程图中显示出来。

3. 自定义简化的标题栏

使用A4、A3小图纸绘图时,一般使用定制的简化标题栏,如图7.11所示。

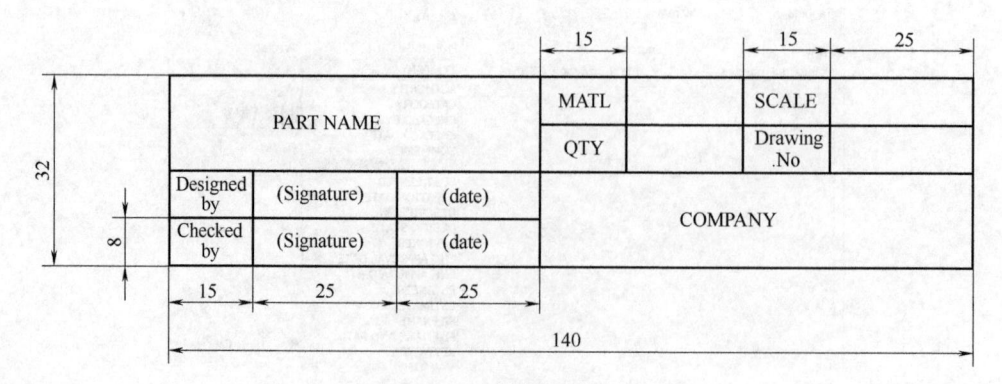

图 7.11 简化标题栏

单击"New"新建工程图，选择公制模板进入工程图环境。在特征浏览器中展开"Drawing Resources"，选中"Title Blocks"并单击鼠标右键弹出菜单，单击"Define New Title Blocks"进入草图编辑界面，绘制如图7.12所示草图。

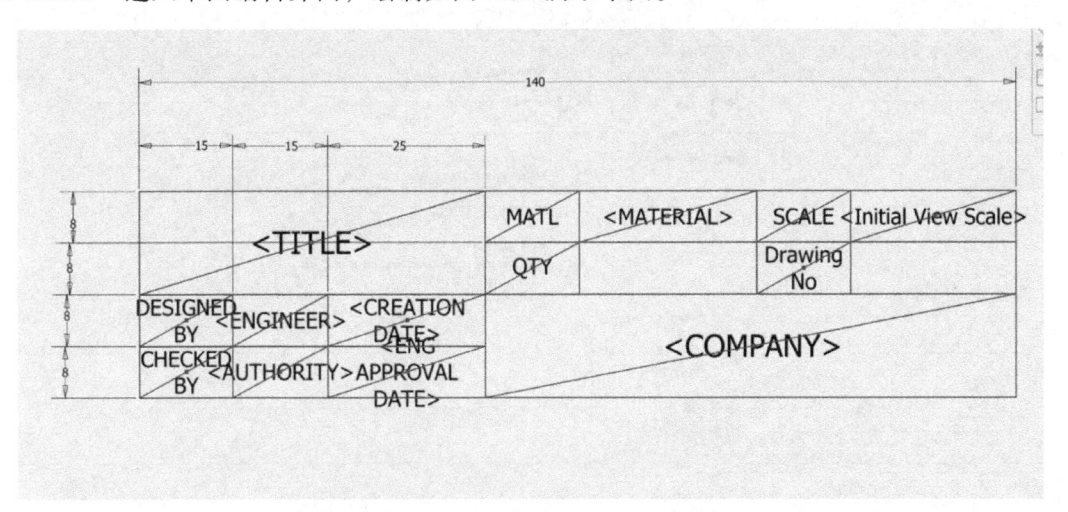

图7.12 自定义简化标题栏的草图

草图中需要精确定位的文本框与仅草图可见的对角线中点重合约束定位，静态文本直接输入，引用的属性根据需求定义引用来源和相关属性。完成草图，命名标题栏为"simplified"并保存。

双击"simplified"标题栏，在弹出的替换对话框中，确定激活为当前标题栏，定制标题栏被插入图纸使用，此时有些引用属性选项暂不可用所以不显示，仅显示可用的当前日期作为绘图日期（图7.13）。

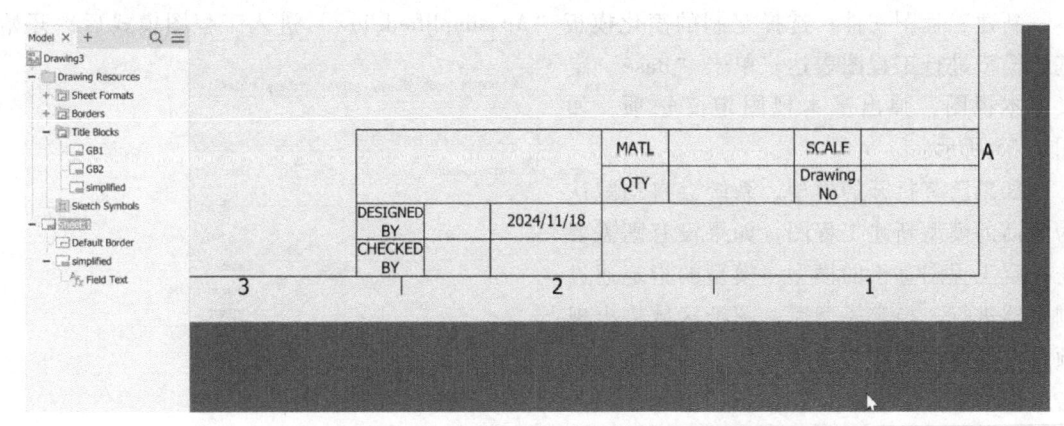

图7.13 激活定制的标题栏自动填充可用的属性

定制的标题栏可以保存为工程图模板供以后使用，在"File"菜单下选择"Save As"，展开保存选项菜单，如图7.14所示。

单击"Save Copy as Template"，注意缺省的目录是模板根目录，因为定制模板是公制模板，建议切换到"Metric"目录下，命名为"A3 simplified"保存。

保存后的模板在新建工程图文件时可以直接使用。单击新建命令，可以在公制模板的工程图分类下看到自定义的"A3 simplified.idw"模板，双击使用作为新建工程图的模板。

图 7.14　另存为定制的图纸标题栏模板

7.3　基本视图、全剖视图和半剖视图

1. 基本视图

新建工程图文件，选择定制的简化模板 "A3 simplified. idw" 进入工程图模式后，开始基于模型进行工程图表达。单击"Base"定义基本视图，弹出基本视图定义选项，如图 7.15 所示。

如果已有打开的模型，系统会自动默认为激活的模型新建工程图，如果没有则需要先指定工程图基于的模型，模型的指定通过浏览器进行。指定模型后，图纸区域将出现预览，注意在所有选项确定之前不要随意单击鼠标确定。

If there is an open model, the system will create a new drawing for the active model by default, if not, the model on which the drawing is based should be assigned through the browser. Once the model is specified, the base view will be previewed. Be careful not to click the mouse until all the options are confirmed.

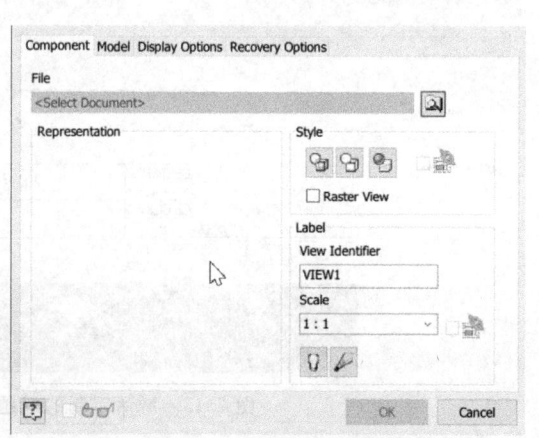

图 7.15　定义基本视图

基本视图有三个选项卡，在"Component"选项中选择零件模型，"Style"定义是否显示虚线和使用渲染模式，绘图比例"Scale"使用"1∶1"不需要调整。

第7章 一般典型零件的表达方法——基础视图、全剖视图和半剖视图

基本视图缺省的投影方向为垂直于 XOY 方向,可以通过调整观察方向的立方体调整,如果需要精确调整或定义,在立方体上单击鼠标右键弹出菜单,选择"Custom View Orientation..."(图 7.16)。

选择显示虚线并关闭渲染模式,确定生成基本视图,注意到此时零件的"Title"和材质属性、工程图的绘图比例都已被标题栏引用(图 7.17)。

如图 7.17 所示基本视图的方向是对的,但是圆筒上的小孔在后边,模型的方位不符合表达需求,需要重新调整。选中基本视图,双击进入编辑定义状态,在图纸平面内 180°旋转表示投影方向的立方体,然后单击"OK"确定。

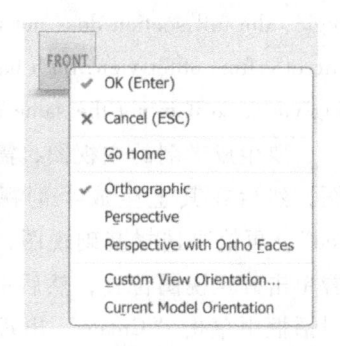

图 7.16 使用"Custom View Orientation..."精确调整观察方向

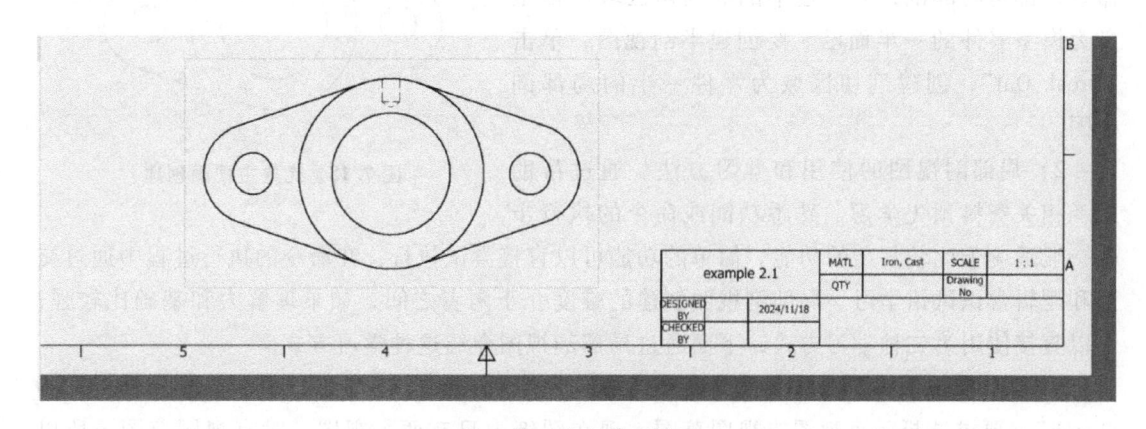

图 7.17 确定基本视图

2. 半剖视图

根据零件的特点,确定表达方法采用三个视图:俯视图、半剖视的主视图和全剖的左视图。虽然主视图可以全剖,但是全剖的主视图圆筒上的小孔不见了,半剖视图比全剖视图更好。

全剖的左视图不是必需,但是因为圆筒上的小孔是盲孔,俯视图上该孔不可见,如果没有左视图只能在半剖的主视图上标记说明,加一个全剖的左视图更合理。

同一个零件的表达方法没有标准答案,不同方案之间没有正确与错误之分,原则是希望使表达更清楚、更合理。本例采用三个视图的方案,既表达清楚了细节又没有太多的重复,图面也比较简单。

1)半剖视图和局部剖视图在软件中的逻辑关系。

在工程制图的表达方法中,全剖、半剖、局部剖都是剖视,只是剖切区域的大小不同。但是在软件逻辑中,全剖不需要定义剖切区域,直接从已有视图上定义剖切位置即可;而半剖和局部剖都需要在已有的视图上先定义剖切区域,再在其他视图上定义剖切位置,所以它们和全剖不是一个命令。

In the representation method of engineering drawing, the full section, half section, and break out section are all sections, but the size of the section area is different. However, in terms of software

115

logic, the full section does not need to define the section area, and the cut position can be defined directly from other view. Both half and break out sections need to define the section area on the existing view, so it is not the same command as the full section.

要生成半剖的主视图，需要先生成完整的主视图，然后在其上生成半剖视图。先单击"Projected"，再拾取选择基础视图，向上拖动到合适的位置单击确定视图位置，然后单击鼠标右键在弹出的对话框中单击"Create"出现预览，再单击"OK"完成主视图创建（图 7.18）。

如前所述，半剖和局部剖在软件逻辑上是一个命令，都是局部剖，只不过半剖的剖切区域严格定义为模型零件的一半而已。要创建半剖视图，单击"Break Out"，创建剖切区域为零件一半的局部剖视图。

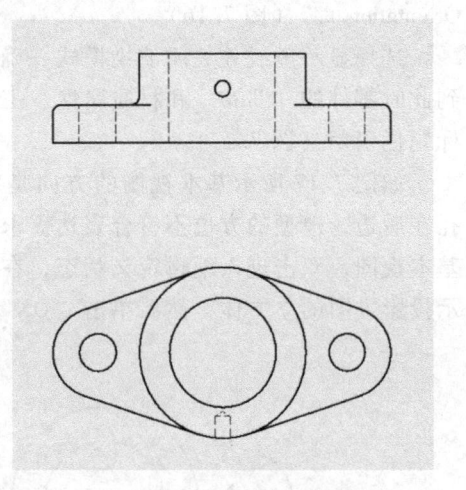

图 7.18 完成主视图创建

2）局部剖视图的使用和学习方法。通过帮助或者相关资料预先学习、熟悉功能或命令的执行步骤一般适应于比较复杂的功能，简单的功能可以直接尝试执行，在命令的执行过程中通过交互和逻辑常识试错学习。局部剖视图创建的难度介于两者之间，如果理解力和基础比较强，可以直接使用第二种学习方式，下面通过局部剖视图介绍这种学习方式。

单击"Break Out"局部剖视图命令，屏幕左下角出现交互信息"Select a View or View Sketch"，要求选择一个视图或视图草图。现在图纸中只有两个视图，没有视图草图，所以先随便选一个视图，比如主视图。

选择主视图之后，系统自动进入草图模式，而且是视图草图模式。后面将介绍图纸草图和视图草图的区别。

如果没有视图草图，选择一个视图之后会自动进入草图绘制环境，就是要先绘制视图草图。在进入草图环境之前我们选择的是主视图，说明要绘制的是主视图的视图草图。在主视图上随机画一个矩形，暂不需要约束或标注尺寸，然后完成草图退出。

左下角的交互信息提示"Specify Depth value and select point to break out from"，同时绘图窗口出现"Break Out"命令的选项对话框，如图 7.19 所示。

交互信息提示通过选项界面定义局部的剖剖切平面的位置，更具体的定义方式是通过定义剖切平面距离所定义点的深度值定义其位置。

在主视图中定义剖切区域以生成局部剖视图，那么剖切平面的位置只能在俯视图内定义。交互信息提示通过定义点来定义剖切平面位置，是因为选项对话框的"Depth"的选项为"From Point"。如果改变定义方式为"Hole"，交互信息相应地改变为"Select a Circular Arc"，定义剖切平面位置的方式就改为通过在俯视图内选择圆弧定义过圆柱轴线的方式了。

使用通过点定义的方式，在俯视图捕捉圆弧在水平中心线上的中点，确定接受后，完成半剖视图如图 7.20 所示。

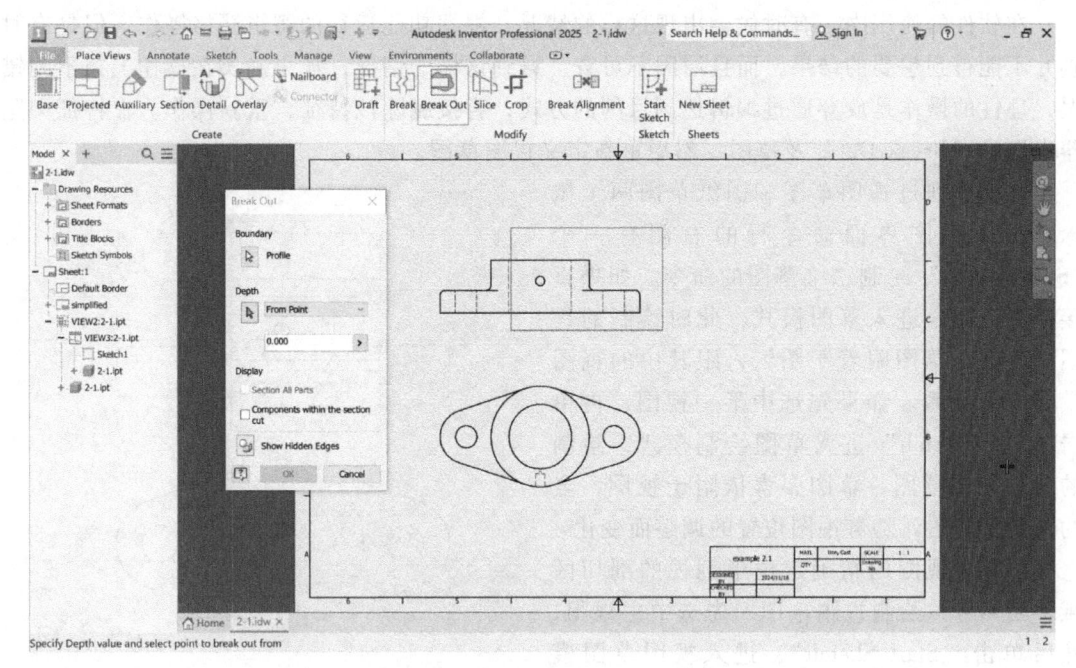

第7章 一般典型零件的表达方法——基础视图、全剖视图和半剖视图

图 7.19 "Break Out" 命令的选项

这个"半剖"视图只是为了尝试学习局部剖视图功能，所以生成的不是严格意义上的半剖视。

3）工程图环节也要精确反映表达意图。之所以说如图 7.20 所示半剖视图不是严格意义上的半剖视，是因为图 7.19 中主视图上的视图草图没有按照表达意图施加全约束。在目前的模型尺寸下，矩形定义的剖切区域能表现出半剖视的表达结果，但如果模型尺寸变大且超过矩形区域，因为草图中的矩形没有施加全约束，从而反映设计意图，并不会随之改变，主视图将不再是半剖视的表达结果。

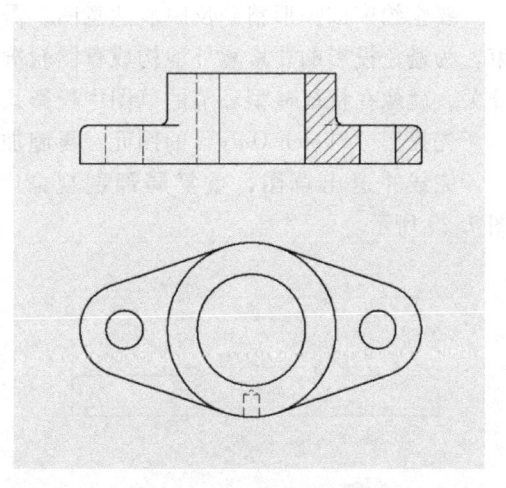

图 7.20 完成半剖视图

精确反映表达意图，要在表达方法使用过程的相应环节中体现。本例要体现主视图为严格的半剖视，需要完成全约束矩形草图。

Representation idea should be accurately reflected in the process of using the representation method. In this case, to show that the main view is strictly half-sectional, a fully constrained rectangular sketch is required.

要编辑该草图，可以在特征浏览器中展开"View"，找到"Break Out"下面的"Sketch"，双击打开进入草图编辑模式。要使局部剖视的矩形区域正好是模型的一半，可以将矩形对角线的两个点分别重合约束到主视图一半的两个角点上。

采用投影几何图元，施加约束等方式，可以得到全约束的视图草图，但是实践证明完成该草图并不能得到想要的结果。

117

在软件的使用中，有时候会出现这样的情况，根据功能运行的逻辑严格操作，但是有时候并不能得到想要的结果，而且原因不可查。遇到这样的情况，如果确实在操作上找不到错误，理性的操作是放弃通过编辑达到目的的方式，直接删除该特征，重新操作。在特征浏览器中删除"Break Out"及草图，然后重新定义视图草图。

之前提到过视图草图和图纸草图两个概念。在工程图界面命令行的右侧有一个"Start Sketch"绘制二维草图的命令。如果直接单击该命令进入草图模式，此时绘制的是图纸草图，草图附着于图纸，跟其中的视图没有依附关系。如果先选中某一视图，再单击"Start Sketch"进入草图绘制模式，绘制的就是视图草图，草图要素依附于视图，全约束定位的图元随着视图位置的调整而变化。

要在主视图内精确定位半剖视的剖切区域，当然应该绘制视图草图，先选中主视图，然后单击"Start Sketch"，进入视图草图模式，绘制矩形定义剖切区域（图7.21）。

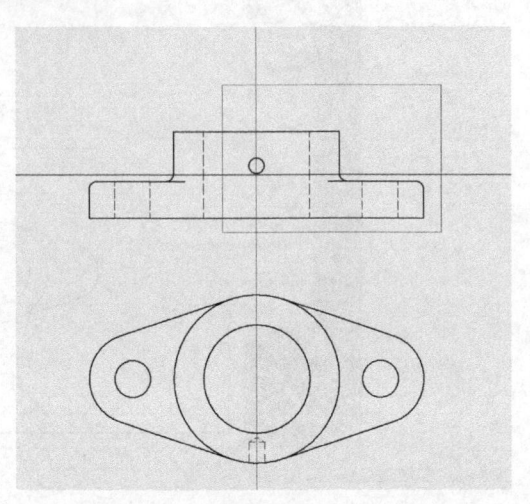

图 7.21 欠约束的矩形定义的剖切区域

要全约束该矩形精确反映表达意图，需要投影主视图的图元到草图，才能施加相应的约束。为避免投影的要素意外地构成草图轮廓的一部分，建议投影之前先打开"Sketch Only"开关，就像在特征造型环节的草图中投影几何图元之前打开构造线开关一样。

先投影"Sketch Only"的图元，再施加几何约束，最后得到全约束的草图（图7.22）。

完成并退出草图，重复局部剖视命令，得到精确定义剖切区域的半剖视结果，如图 7.23 所示。

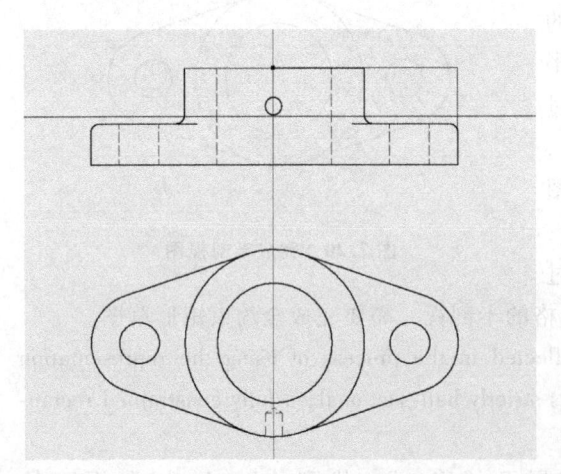

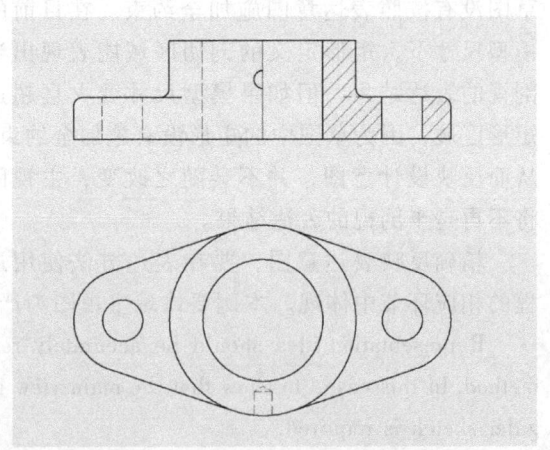

图 7.22 全约束的草图　　　　图 7.23 完成反映表达意图的半剖视图

全约束定义的剖切区域草图精确反映表达意图，即便更改模型的尺寸，剖切区域的草图矩形也会随之改变，半剖视的表达结果不会变化，这就是在表达环节要精确反映表达意图。

Even if the size of the model is changed, the sketch rectangle of the cut area will change, and the representation result of the half-section will not change, which means that the representation idea is accurately reflected in this view.

3. 全剖的左视图

如果没有圆筒上的小孔，两个视图就可以完整清晰地表达该零件了，要清晰表达圆筒上的盲孔并标注尺寸，最好有一个全剖的左视图。

单击"Section"，使用捕捉精确定义剖切平面的起点和终点，在右键弹出菜单中选择"Continue"，向右移动鼠标，出现全剖左视图的预览（图7.24）。

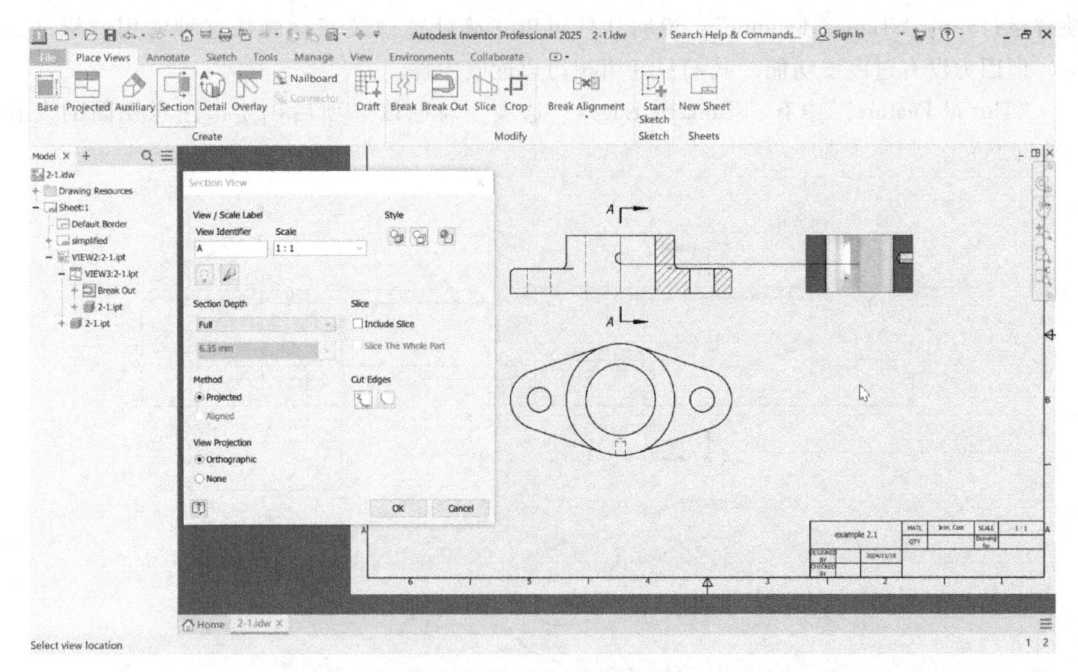

图 7.24 全剖视图的预览

单击"OK"确定生成全剖的左视图，生成的视图默认自动填写视图名称和比例，在本例中这些标记应该省略，具体操作将在下节介绍。

7.4 视图显示选项、视图标记和尺寸标注

本例的模型是一个带铸造圆角的铸造零件，因为铸造圆角相交处是光滑曲面，按照投影原理是没有线的，但是按照工程制图的相关规定，在容易引起误解的地方要画过渡线。像过渡线这类特殊情况下的规定画法在软件中没有相应的功能，需要在对国家标准和软件功能透彻理解的前提下变通处理。

The model in this example is a cast part with fillet, because the intersection of the fillet is a smooth surface, and there is no line for it in the view according to the projection principle, but according to the rules of engineering drawing, a transition line should be drawn in the place where is easy to cause misunderstanding. In special cases such as transition lines, there is no corresponding function in the software, we must deal with the needs flexibly based on a thorough understanding of the national standard and the functions of the software.

工程制图中相关技术标准的规定，有的是清晰、简洁表达的需求，有的是为了尺规作图的省时省力，但是有些规定因为和投影原理或软件逻辑的冲突，在功能上实现的成本较大，需要在国家标准和软件功能之间平衡处理。

1. 视图显示选项

视图缺省选项是不显示圆角的相切边，本来圆角的相切边也不应该显示，但按国标规定应画出过渡线。又因为软件的功能限制，在工程图中只能使用相切边近似地替代过渡线。

双击基础视图（俯视图），弹出视图定义选项界面，在"Display Option"选项卡中找到缺省是打开的"Thread Feature"，说明软件可以正确处理螺纹简化画法这种常用的标准结构，但因为没有过渡线功能，我们只好用相切边近似代替。

"Thread Feature"中有"Tangent Edges"选项，勾选该选项后确定，注意视图的变化（图 7.25）。

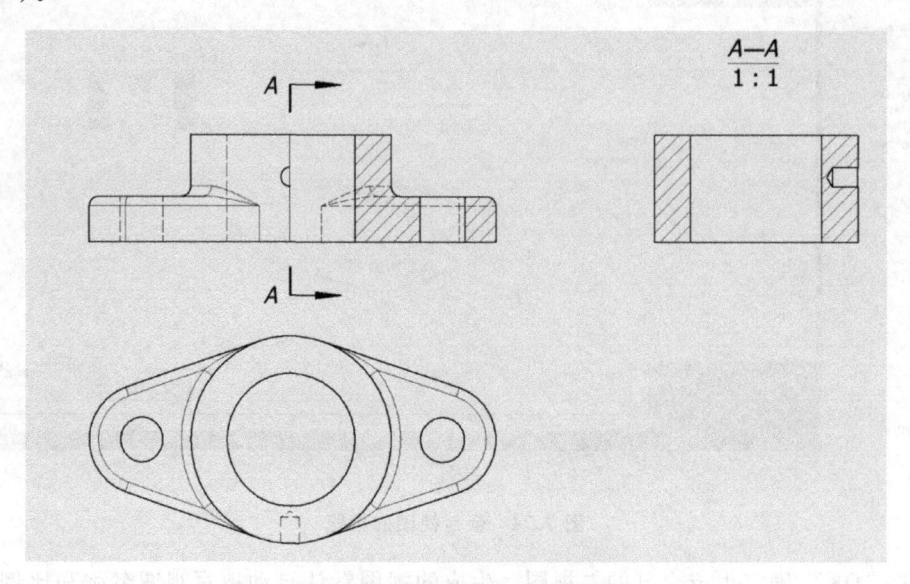

图 7.25 显示相切边后的视图

根据制图国家标准的规定，三个视图只需要在主视图内显示相切边，但是关闭俯视图的相切边显示，主视图也会随之关闭，这是因为主视图从俯视图投影而来，显示选项默认继承基础视图（俯视图）的选项。

关闭俯视图（基础视图）的相切边显示，双击主视图打开视图选项卡，关闭"Style from Base"选项，切断和基础视图选项的继承性（图 7.26）。

然后再勾选"Display Options"中的"Tangent Edges"开关，不同的视图可以使用各自不同的显示选项（图 7.27）。

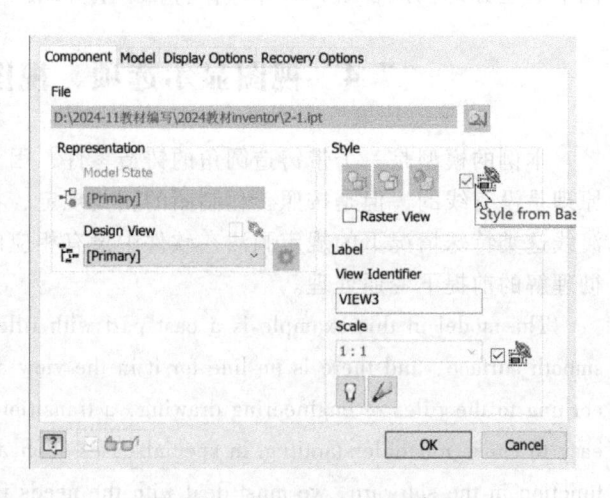

图 7.26 Style from Base 选项

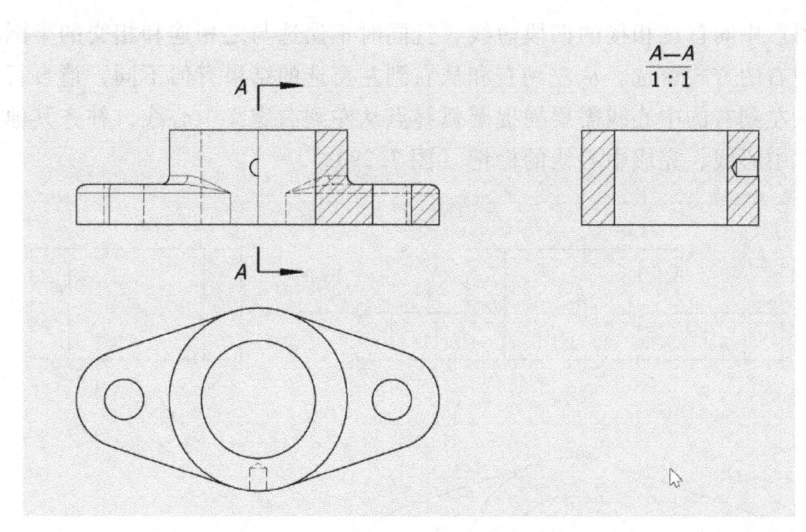

图 7.27　不同视图使用不用的显示选项

制图国家标准规定,表达清楚的结构,在视图中的虚线可以省略不画。要不显示虚线,可以选中该虚线然后在右键弹出菜单中设置隐藏其可见性,也可以使用视图选项中的"Style"不显示所有虚线。因为绘图过程中还要使用相关虚线,所以应把虚线的处理放在最后。

2. 视图的标记

视图的标记包括非标准配置视图的名称、剖视图的标注等,还包括视图中必不可少的中心线等要素。在本例的表达方法中,因为全剖的左视图按基本视图位置配置,并不需要软件生成视图时候的缺省标记。要隐藏该标记,双击左视图,弹出视图显示选项(图 7.26),关闭下方的灯泡按钮("Toggle Label Visibility"),关闭左视图名称和比例的显示。注意此举并不能关闭主视图关于剖切平面位置的定义显示,要关闭显示剖切平面位置的定义,需要在"Display Option"选项下关闭"Definition in Base Biew"选项。

对于中心线的标注有手动和自动两种方式,自动中心线需要选中视图,在右键弹出菜单中选择"Automated Centerlines",系统可以为圆柱面、孔心、圆角等要素自动标注中心线(图 7.28)。

手动中心线需要手动捕捉拾取起止点,或者拾取相关要素手动标注十字中心线、对称中心线、阵列中心线等。自动中心线标注的结果有时候需要手动调整,本例使用手动标注对称中心线和十字中心线。

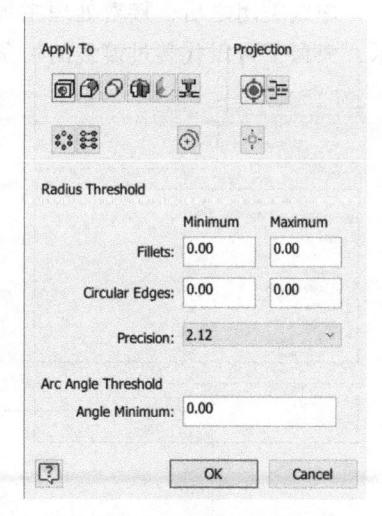

图 7.28　自动中心线选项

使用对称中心线标记主视图和左视图的对称中心线,注意在标记中心线之前,先选中主视图对称中心处因为半剖而生成的细实线,在右键弹出菜单中弃选"Visibility"隐藏细实线。

选择的时候发现,该线由四段构成,可以按住<Ctrl>键多次选择,也可以使用窗选的方式提高效率。

要选中图形中间首尾相接的四段短线,且同时不误选与之相连和相交的半圆和直线,可以采用从左到右的方式窗选。从左到右和从右到左窗选的结果有何不同,请自行尝试分析。

俯视图从左到右的中心线需要捕捉圆弧终点从左到右定义中心线,补齐其他十字中心线和小孔的对称中心线,完成中心线的标记(图 7.29)。

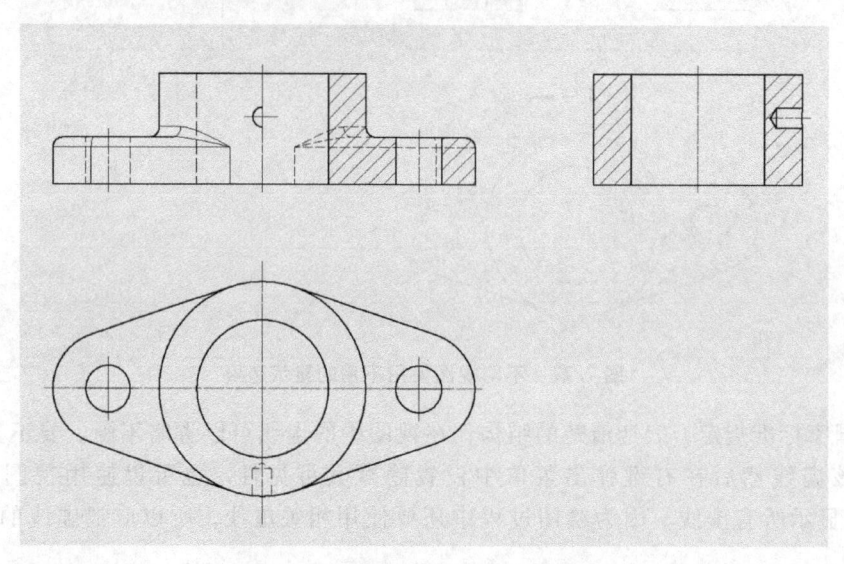

图 7.29 完成中心线标记的三视图

在完成中心线标记之后,可以关闭视图的虚线显示,因为已经切断了各视图之间显示选项的继承性,所以需要分别关闭。

虚线关闭之后,接着处理主视图显示的相切边,使用右键弹出菜单隐藏多余的相切边显示,只留下可以代替过渡线的一条(图 7.30)。

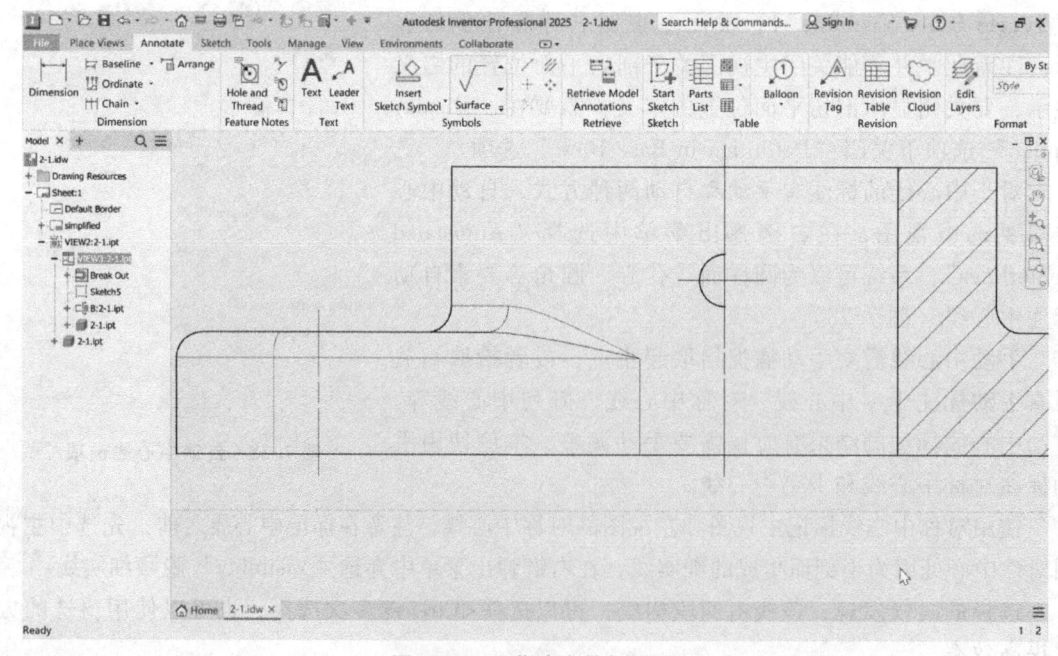

图 7.30 隐藏选中的相切边

完成标记和调整之后发现图纸还是太大，编辑图纸更改尺寸为 A4，拖动视图到合理的位置，得到整理后的工程图，如图 7.31 所示。

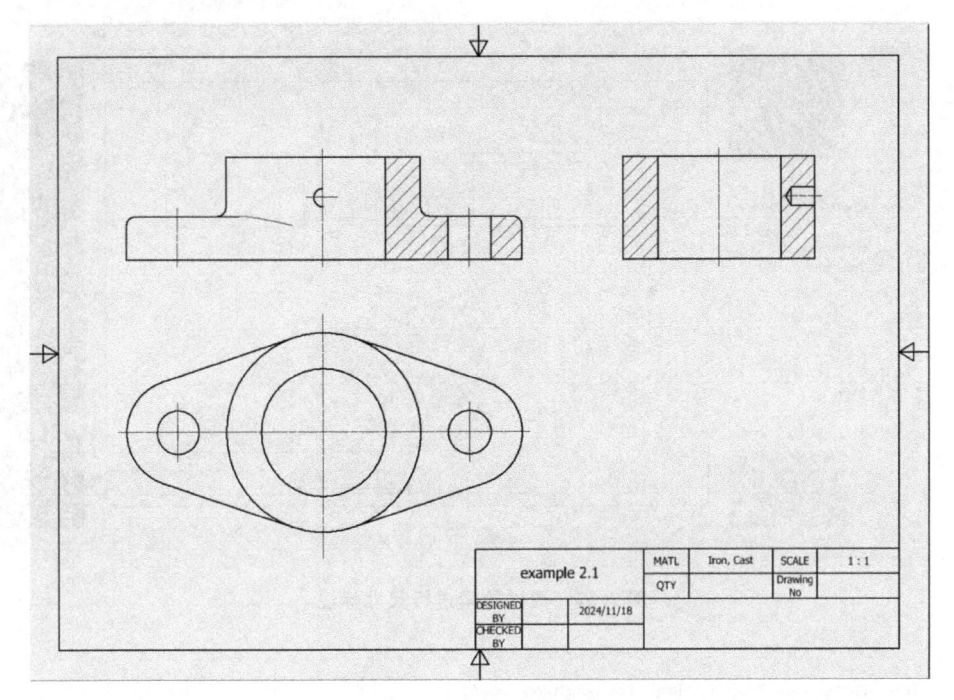

图 7.31　完成的三视图

3. 尺寸标注

视图表达机件的形状，尺寸标注定义机件的大小。尺寸标注同样要反映设计思想，关键尺寸要用直接尺寸，正确标注尺寸的有效方法是用尺寸标注的过程反映几何体大小定义的过程。

The view represents the shape of the part, and the dimension defines the size of it, so the dimension also should reflect the design idea and key size should be dimensioned directly. The effective way of dimensioning correctly is the process of dimensioning reflect the process of geometry size definition which can be simplified as dimension in the way the part is designed.

1) 检索尺寸。参数化设计软件工程图中的尺寸大小可以从几何体直接进行参数检索。要检索尺寸，需要先选中视图，在右键弹出菜单中选择"Retrieve Model Annotations"，视图会显示能在该视图上检索到的尺寸，选中要标注的尺寸，单击"OK"确定接受（图 7.32）。

需要说明的是，可检索的尺寸在哪个视图内出现是由造型过程决定的，检索的结果很多不能满足尺寸合理布置的要求，手动标注尺寸自由度更大，更方便一些。

2) 尺寸编辑。通过检索标注的尺寸需要调整位置，并可以进行必要的编辑。比如底板固定孔的直径为 14mm，因为左右两个孔的设计意图是大小一致，需要编辑尺寸为 2×ϕ14。双击尺寸 ϕ14，出现尺寸编辑对话框，如图 7.33 所示。

对话框中标识的"≪≫"是引用参数值，不可修改编辑，要在其前面添加"2×"字样，将光标移到其后，使用方向键或"home"键调到最前边（鼠标直接选择有困难），输入 2 和"×"号，然后单击"OK"确定。

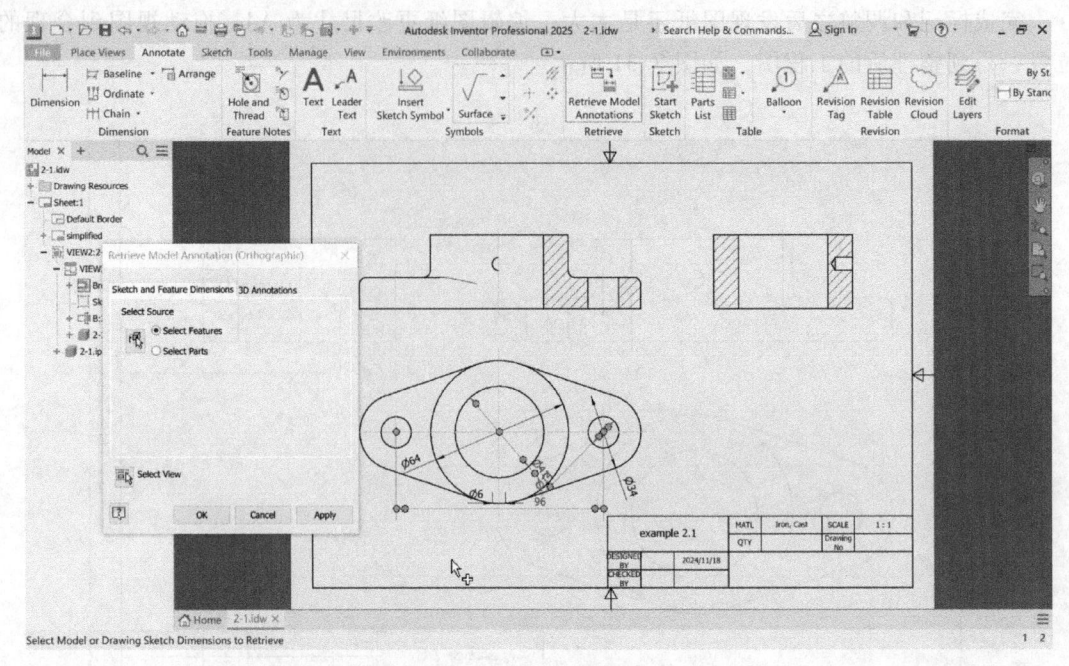

图 7.32 通过检索进行尺寸标注

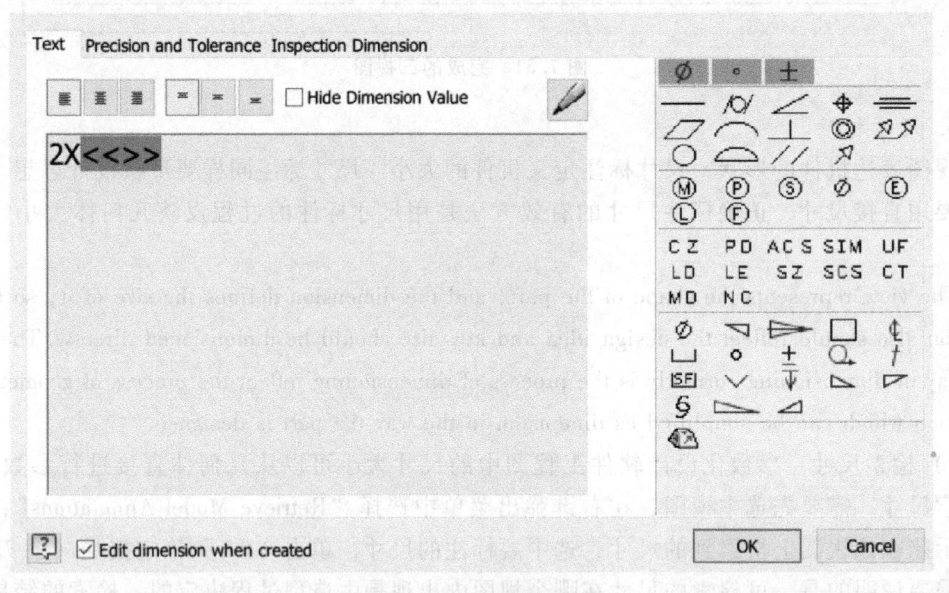

图 7.33 尺寸编辑对话框

如果不愿意接受引用参数值，可以勾选"Hide Dimension Value"，然后输入尺寸数字。不过既然是参数化设计，所有的参数都要使用引用参数，不建议手动输入，除非是按照国家标准规定需要手动输入的特殊情况，如尺寸变动范围等。

3）手动标注。手动标注灵活方便，可以根据定义的几何体大小和图面布置的需求在适当的视图和位置上标注相应尺寸。对孔等特殊特征，尽量使用孔标注等直接引用其规格参数的标注方式。

需要说明的是，本例中的小孔的标注，在主视图中可以使用孔标注直接选中圆心标记孔径和孔深。但在左视图中却无法选中中心线和轮廓线的交点。所以尽管该孔标注在左视图上更合理，也只好选择标注在主视图上了（图7.34）。

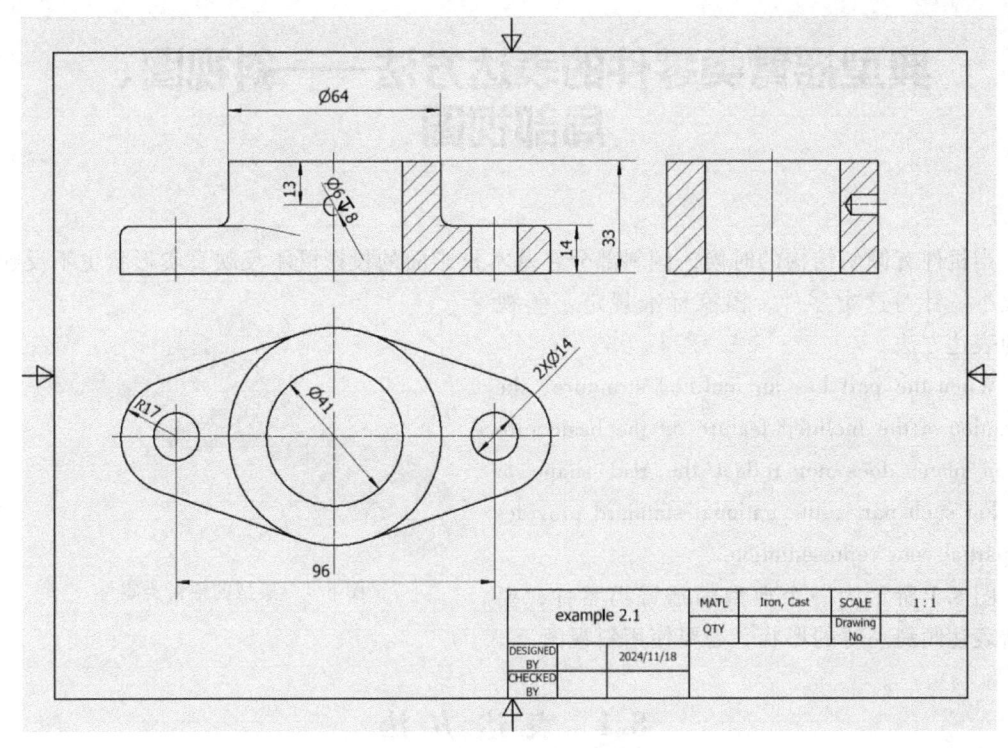

图 7.34　完成尺寸标注

该工程图的标题栏没有完整填写，这是因为零件和工程图的一些 Iproperty 没有定义，引用所得的参数是零，完成引用参数的定义后才可以得到完善的标题栏。

思考题：

7.1　参数化设计的软件在工程图表达环节为什么不实现工程制图所有的国家标准规定？是不能、不愿还是不值？

7.2　草图环境中从左到右和从右到左窗选的结果有何不同？

7.3　为什么在完成中心线标记之前不宜关闭视图中的虚线显示？

作业：

7.1　根据图 7.11 所示图样完成简化标题栏的定义并保存为工程图模板备用。

7.2　完成本章工程图实例的视图表达、尺寸标注和标题栏参数引用的填写。

第8章

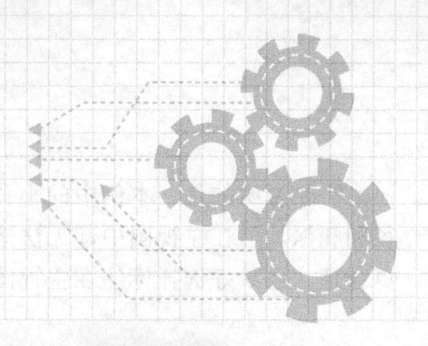

典型摇臂类零件的表达方法——斜视图、局部视图

当机件有倾斜结构的时候,倾斜部分在基本投影面的投影既不反映真实形状也不反映真实大小。针对这类零件,国家标准规定了斜视图的表达方法。

When the part has an inclined structure, the projection of the inclined feature on the basic projection plane does not reflect the real shape or size. For such parts, the national standard provides the partial view representation.

图 8.1 所示为一个典型的摇臂类零件,要清晰表达倾斜左臂的形状,需要使用斜视图。

图 8.1 典型的摇臂类零件

8.1 表达方法

根据要表达的零件的特点,确定用三个视图表达该零件。沿圆筒轴线方向从前往后的主视图,可以清晰反映该零件各组成部分的位置关系,且倾斜特征在主视图上有积聚性,所以相关定位尺寸能反映真实大小。

According to the characteristics of the part to be represented, three views are necessary for the representation. The main view from front along the axis of the cylinder can clearly reflect the position relationship of each component, and the inclined feature has accumulation in the main view with some real size.

用斜视图表达倾斜的左臂,因倾斜部分不形成封闭轮廓,需要使用波浪线为边界的局部视图。又因为倾斜特征在斜视图中已经表达清楚,俯视图没有必要重复表达这个特征,所以俯视图也用局部视图,表达除倾斜特征以外的部分。

使用参数化设计软件生成视图或剖视图比尺规作图简单快捷。再复杂的视图对软件来说也只是鼠标的几次单击。但是不能因为视图生成的容易便捷而无视国家标准的规定重复表达,依然要遵循在表达清楚基础上的最简洁原则,使用视图越少越好,视图表达尽量不要重复。

Using parametric design software to generate views or sectional views is simple and easier than with rulers and pencils. No matter how complex the view is, it is just a few clicks of the mouse for the software. However, the rules of the most concise principle based on clear expression shouldn't be ignored because of the ease and convenience of view generation using software.

因为软件生成的都是完整视图，要根据零件特点和最简洁的表达方法生成局部视图等，在使用软件的时候反而需要更多的操作，这是软件和尺规作图不同的地方。

在生产实践的实际操作中，有些企业和工程师已经在软件功能和国家标准规定之间做了相应选择，比如齿轮表达在端视图中直接投影齿形，不再严格按照国家标准的简化画法手工修改，这是技术标准和生产实践发展不同步条件下的现实情况，不按照国家标准绘图是不正确的，但在有些企业的生产实践中会跟据自身的特点制订企业标准。

8.2 斜视图与视图对齐

主视图的生成相对简单，单击"New"新建工程图文件，选择自定义的A3图纸简化标题栏工程图模板，单击"Base"创建基础视图，浏览打开造型设计实例创建的模型文件"4.2.ipt"，发现主视图方向正好是所需的方向（如果不是，确认之前调整视图方向），单击"OK"确认接受（图8.2）。

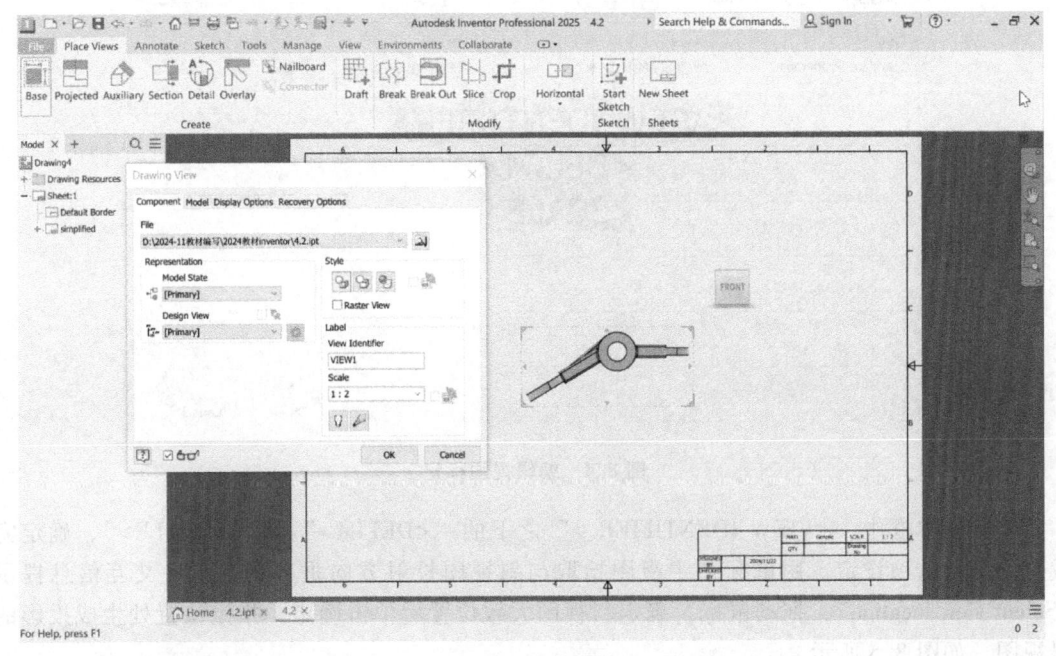

图 8.2 基本视图

注意到基本视图的绘图比例自动选择1:2，这是系统根据模型大小和图纸空间自动推算的比例，因为建议使用1:1绘图，可以在选项处强制改回1:1，也可以更改图纸大小，还可以先接受，待视图表达完成后再更改。因为系统只是粗略地推算，合适的比例和图纸空间在完成视图表达和尺寸标注后才能最终确定。

1. 斜视图的生成

单击"Auxiliary"创建斜视图，此时交互窗口提示"Select a view"，选择斜视图所基于的视图，单击主视图后，弹出交互信息"Select a liner model edge to define view orientation"，选择模型的一条线性边定义斜视图的投射方向。

主视图上的一条线性边在空间上是一个平面，交互信息提示选择线性边定义和它垂直的方向作为斜视图的投影方向。同时绘图区域弹出斜视图的定义对话框，如图 8.3 所示。

该对话框显示的是斜视图的标记选项，包括视图名称、比例，是否在基础视图中定义投射方向，是否显示虚线，是否渲染等。根据国家标准要求，斜视图要标注视图名称，与主视图一致的绘图比例可以省略。

图 8.3 斜视图的定义对话框

要省略绘图比例并保留视图名称，不能使用标记开关选项，需要编辑标记。单击灯泡图标右侧的笔形图标，编辑视图标记，弹出如图 8.4 所示对话框。

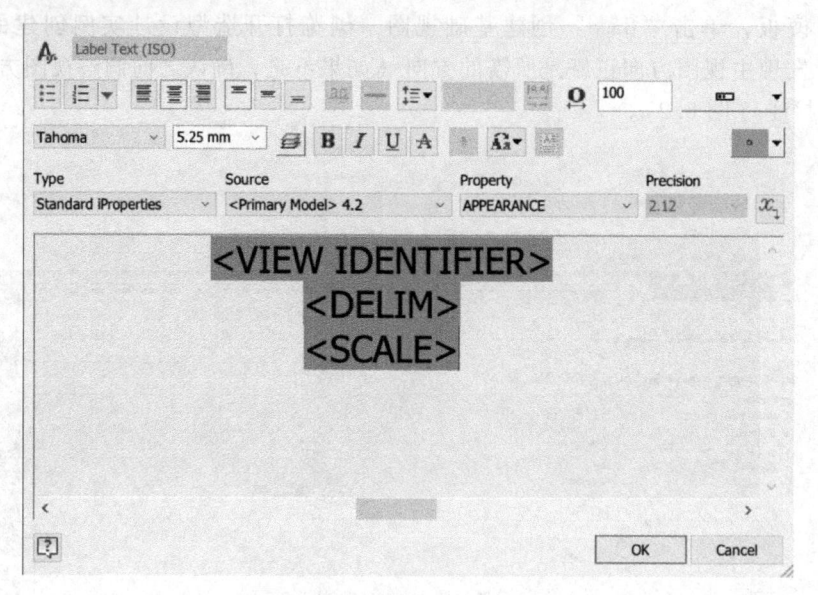

图 8.4 编辑视图标记

删除文本框中"<VIEW IDENTIFIER >"之下的"<DELIM>"和"<SCALE>"，确定完成视图标记选项设定。用鼠标在主视图拾取与斜视图投射方向垂直的直线，交互信息提示"Select view location"，拖动鼠标，确定斜视图大致位置后单击确定，指定位置处生成投影的斜视图，如图 8.5 所示。

初步生成的斜视图需要对位置、标记等一系列的要素进行调整，同时还需要对完整视图进行倾斜局部表达，因为水平的右臂在俯视图上可以清晰表达，不需要在斜视图上重复投影。

2. 斜视图的调整

1）标记的调整。相对于三视图，本例中斜视图的标记字体太大，要调整标记字体大小，可以双击字母 A，弹出如图 8.4 所示的编辑对话框，选中"<VIEW IDENTIFIER>"，调整字高 5mm 为 3.5mm。还应按照国家标准规定调整字体为斜体。

要调整表示投射方向的箭头标记，可以选中箭头，在右键弹出菜单中选择"Edit View Annotation Style"，弹出标注样式定义对话框，如图 8.6 所示。

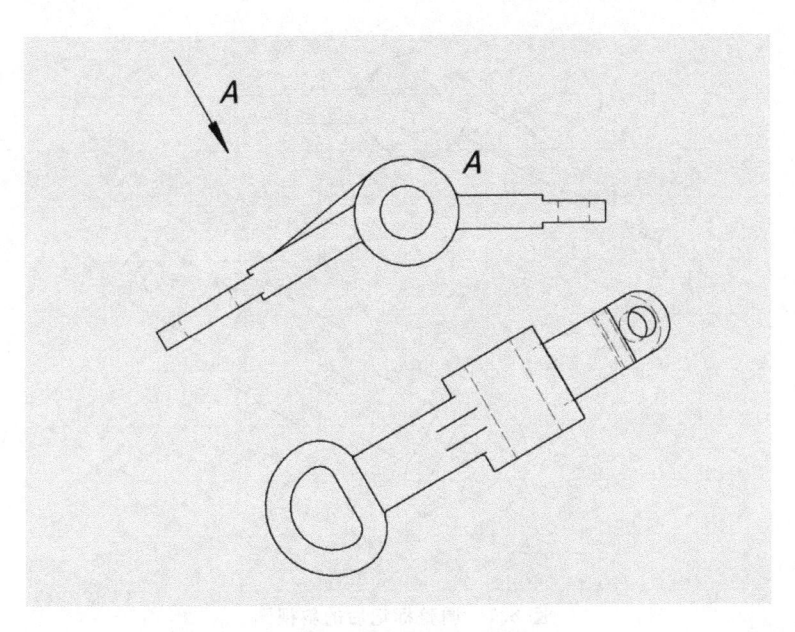

图 8.5　初步生成的斜视图

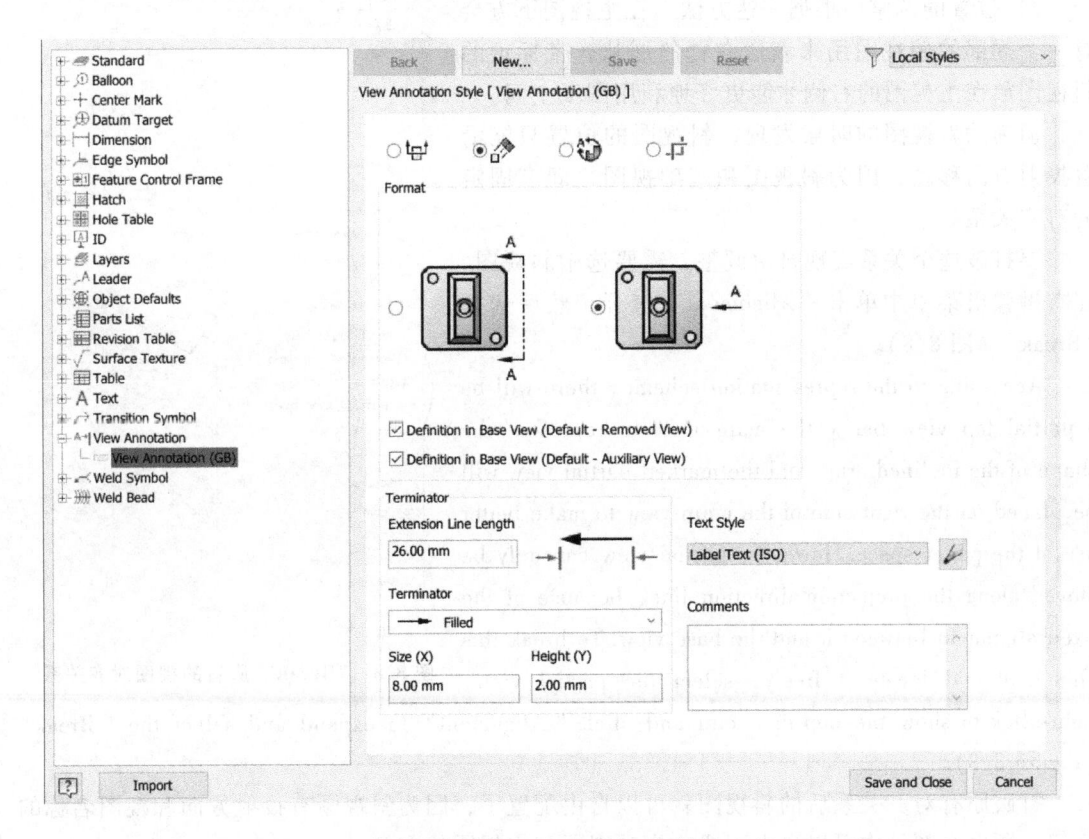

图 8.6　标注样式定义对话框

根据选项中的样式图例调整相应的参数，保存并关闭。拾取并拖动箭头和字母到合适的位置，得到初步调整的斜视图，如图 8.7 所示。

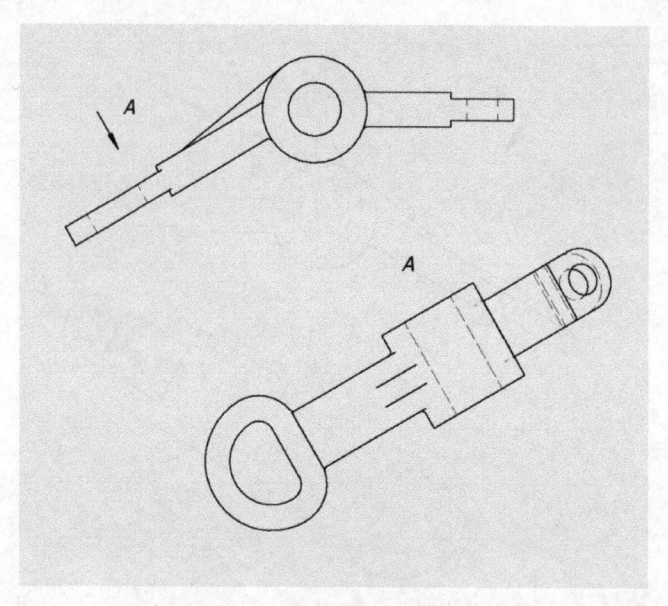

图 8.7　调整标记后的斜视图

2）位置的调整。根据表达方法，在主视图下方会有一个局部的俯视图用来表达右臂的形状，带标记的斜视图放在主视图的右侧才能更好地利用图纸空间。

但拖动斜视图的时候发现，斜视图的位置只能沿着投射方向移动，因为斜视图和基础视图之间有固定的对齐关系。

要打破这个关系实现自由调整，需要选中斜视图，在右键弹出菜单中单击"Alignment"展开，然后选择"Break"（图 8.8）。

According to the representation scheme, there will be a partial top view below the main view to represent the shape of the inclined arm, and the marked partial view will be placed on the right side of the main view to make better use of the paper space. However, partial view can only be moved along the projection direction line, because of the fixed alignment between it and the base view. To break this alignment and locate it freely, select the partial view,

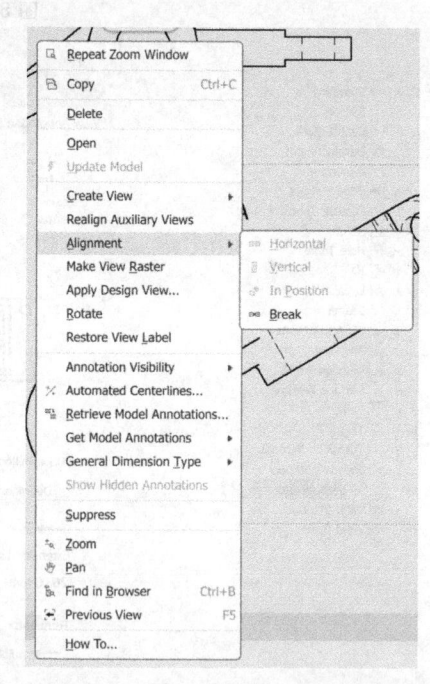

图 8.8　"Break"原有的视图对齐关系

right-click to show the pop-up menu and click "Alignment" to expand and select the "Break" (Figure 8.8).

打破原有对齐关系后的斜视图就可以自由配置了，因为斜视图有投射方向和视图名称的标记，所以在图纸中可以自由配置，拖动视图到主视图的右侧。

3）生成局部视图。只有局部倾斜的结构才使用斜视图，所以斜视图通常都是倾斜部分的局部视图。在本例中，斜视图只应该保留倾斜左臂的局部，绘制整个零件的斜视图不仅没有意义，而且使图面冗余不简洁。

局部视图的生成使用"Crop"命令，单击"Crop"，交互信息提示"Select a view or view sketch"。单击斜视图，交互信息提示"Select first rectangle corner"，选择矩形的第一个角点，这是要用矩形的两个角点定义一个窗口的意思，大致点选一个，交互信息提示"Select second rectangle corner"，拖动鼠标确定矩形另一角点，绘图窗口预览窗选界面。

"Crop"命令的执行方式是用矩形两个角点定义窗选视图的保留区域来定义局部视图，因为在尝试的过程中矩形第一角点的选择没有严格定义，尝试通过调整第二角点使斜视图要保留的区域落在矩形框内，然后单击拾取确定，得到如图8.9所示的结果。

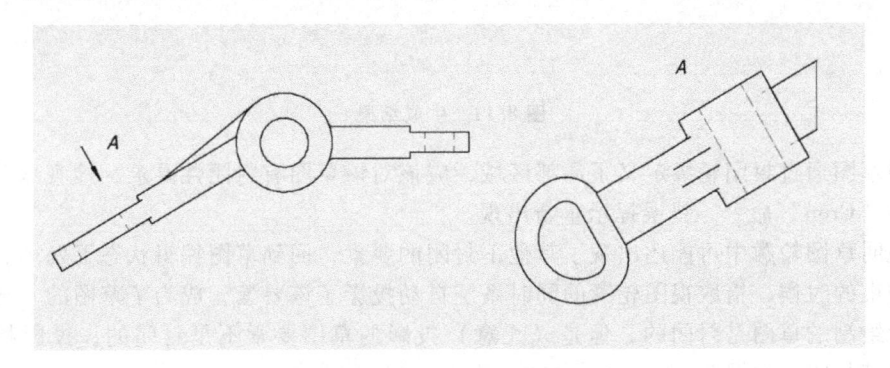

图8.9 窗选定义斜视图的区域

对于本例的斜视图，因为矩形框的边界总是水平和竖直的，窗选定义区域不是最好的局部视图定义方式。鉴于"Crop"命令的第一个交互信息是"Select a view or view sketch"，结合局部剖视图使用视图草图定义剖切区域的方式，很自然想到在斜视图中可以使用视图草图定义"Crop"区域。

撤消刚才的"Crop"结果，回到局部视图之前的状态。先选中斜视图，然后单击"Start Sketch"，进入视图草图模式，绘制如图8.10所示草图，然后单击"Finish"完成。

在绘制该草图的时候，尽量地通过约束反映表达意图，使用平行和相切约束使定义的局部随着模型和视图的变化相应变化，局部和整体分割的地方使用"Spline"，但是在"Spline"的定义环节，当臂长方向上的尺寸改变超出一定范围的时候，草图不能完全精确地反映表达意图。

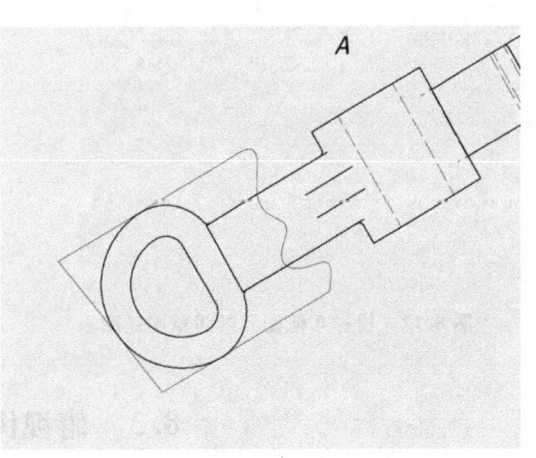

图8.10 定义局部视图的视图草图

视图草图完成后，单击"Crop"，当出现"Select a view or view sketch"提示时，选择如图8.10所示定义的视图草图，结果如图8.11所示。

4）通过提示信息解决问题。

如图8.11所示出现的提示为：轮廓出现不封闭，可以通过投影几何图元，增加几何图元，拖动端点等方式封闭轮廓。此时单击红色提示的部分，预览的局部视图轮廓会变红，指示不封闭的部分。

图 8.11 生成结果

视图草图通过封闭轮廓定义了局部区域，应该对该草图有封闭性要求，检查该草图已封闭，重复"Crop"命令，错误提示重新出现。

这说明草图轮廓中可能还出现了其他不封闭的要素，回到草图编辑状态下发现，在草图中施加约束的时候，拾取视图轮廓的同时系统自动投影了该要素，成为了草图的一部分。尽管我们所绘制的草图是封闭的，但是（无意）投影的草图要素不是封闭的，投影相应的几何图元使其封闭，如图 8.12 所示。

单击"Finish"完成草图，单击"Crop"重复之前的操作，先选择视图草图，再完成局部视图，如图 8.13 所示

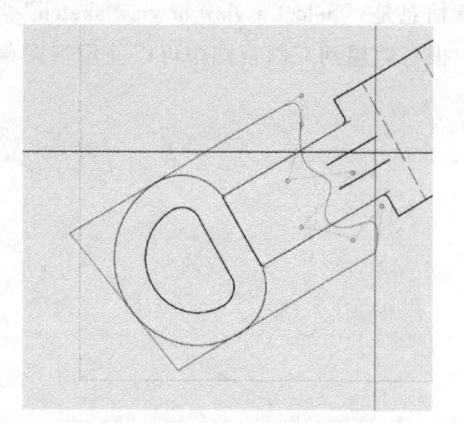

图 8.12 投影几何图元封闭草图轮廓　　　　图 8.13 正确的局部视图

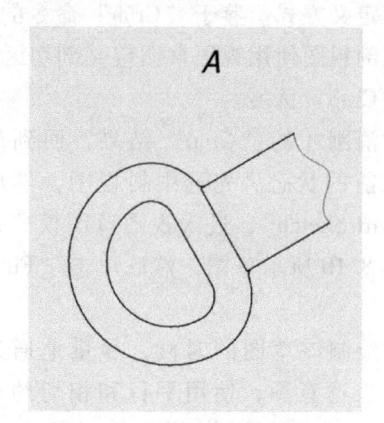

8.3 俯视图与过渡线

1. 俯视图

投影生成俯视图不需要重复表达倾斜的左臂，需要使用"Crop"命令生成局部视图。因为在俯视图上视图轮廓不是倾斜状态，可以使用窗选定义"Crop"区域的方式。

因为斜视图没有表现圆筒的投影，俯视图"Crop"的区域最好大于圆筒。当三个视图全部完成后发现，系统根据模型和图纸大小自行采用的 1∶2 比例没有充分利用图纸空间且又不是 1∶1 绘图，双击主视图改回比例 1∶1，单击"OK"确定后调整各视图的位置，发现采用 1∶1 的比例在 A3 图纸上表达该零件是恰当的，如图 8.14 所示。

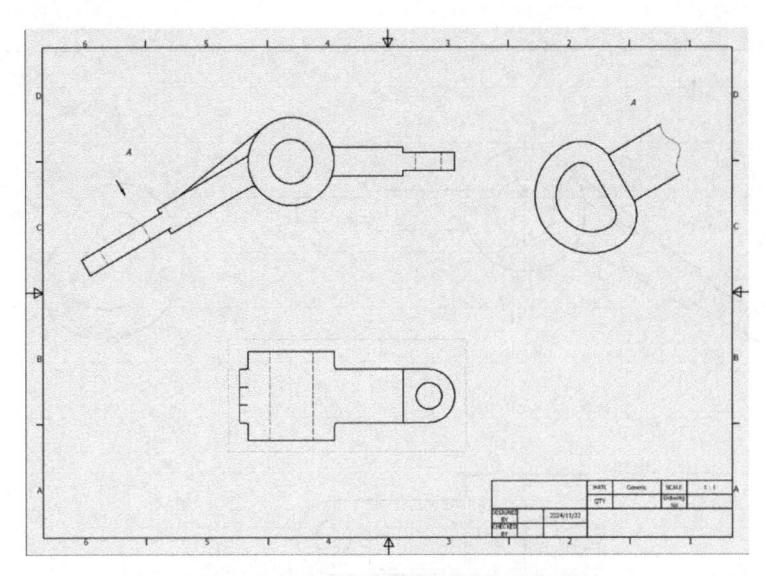

图8.14 改变比例和位置的视图配置

2. 标记和过渡线

1) 中心线。添加中心线标记, 先使用自动中心线功能为各视图自动添加中心线。选中视图, 单击鼠标右键弹出菜单, 选择 "Automated Centerlines", 选中要施加中心线的要素, 单击 "OK" 确定, 如图 8.15 所示。

自动中心线完成之后, 还要手动补齐遗漏的中心线。需要说明的是, 根据部分要素生成的对称中心线长度不足以贯通零件, 只能由多条对称中心线组合而成, 或者拖动拉长成完整的中心线。

2) 过渡线。该摇臂零件是典型的铸造零件, 在工程图中应该表达出圆角和过渡线。双击主视图, 在 "Display Options" 中选中 "Tangent Edges" 后确定, 因为其他视图的显示样式都是继承主视图的, 所以在三个视图中都显示了相切边, 如图 8.16 所示。

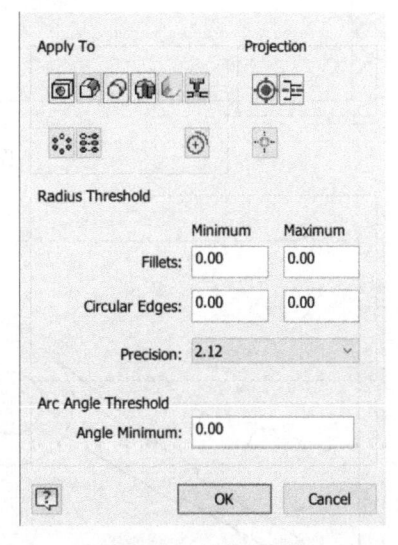

图 8.15 自动中心线

过渡线本来就是国家标准的一种人为规定, 是铸造零件因为铸造圆角的存在, 尽管在圆角处的真实投影不产生交线, 但是为了在有些场合下不引起误解, 需要在视图中当作圆角不存在那样画出交线。这个功能在软件上实现涉及复杂的主观判断, 相当复杂, 成本非常高。

而圆角又是一个工艺特征, 对零件的功能和性能并没有重要的影响, 所以在使用软件进行工程图表达的时候, 可以采用相切边代替过渡线的变通处理。处理相切边的时候, 主要使用全部显示然后隐藏不必要的相切边的方式。

选择隐藏相切边的过程需要细致、耐心, 结合缩放显示、左右窗选等方式才能做到精确高效。因为本来使用相切边代替过渡线就是变通的方式, 使用哪条相切边也很主观, 圆角和加强筋等工艺结构相交的地方处理的结果更是因人而异, 所以这些结构的处理结果没有标准答案 (图 8.17)。

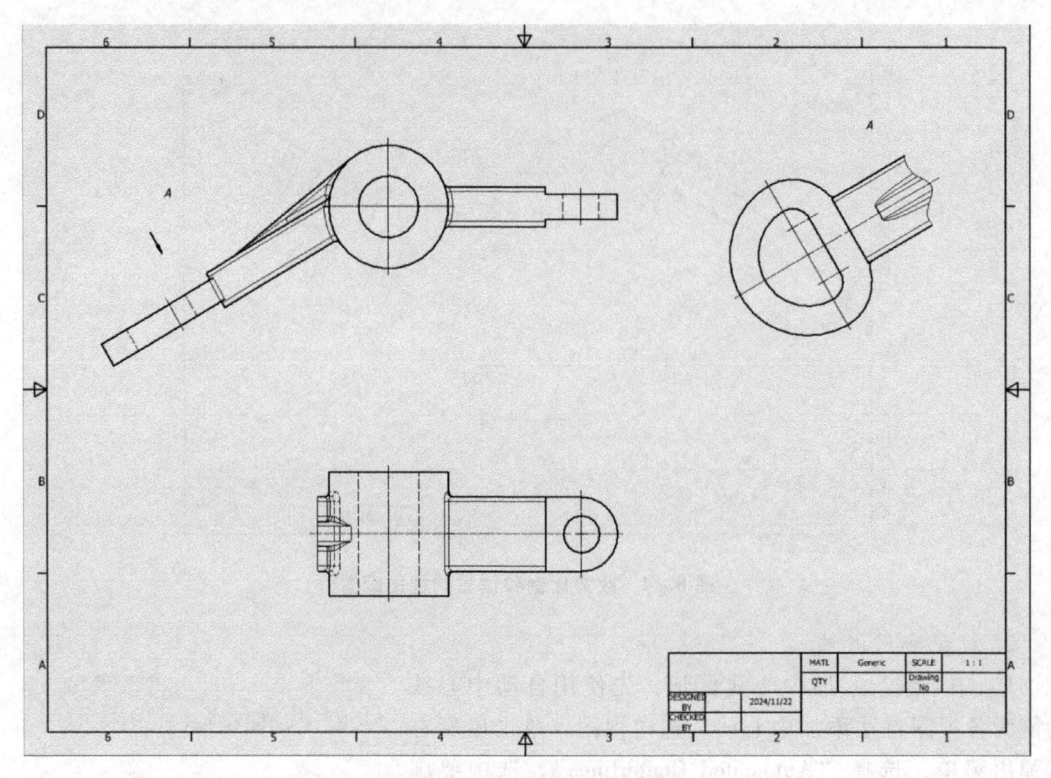

图 8.16　显示相切边的视图

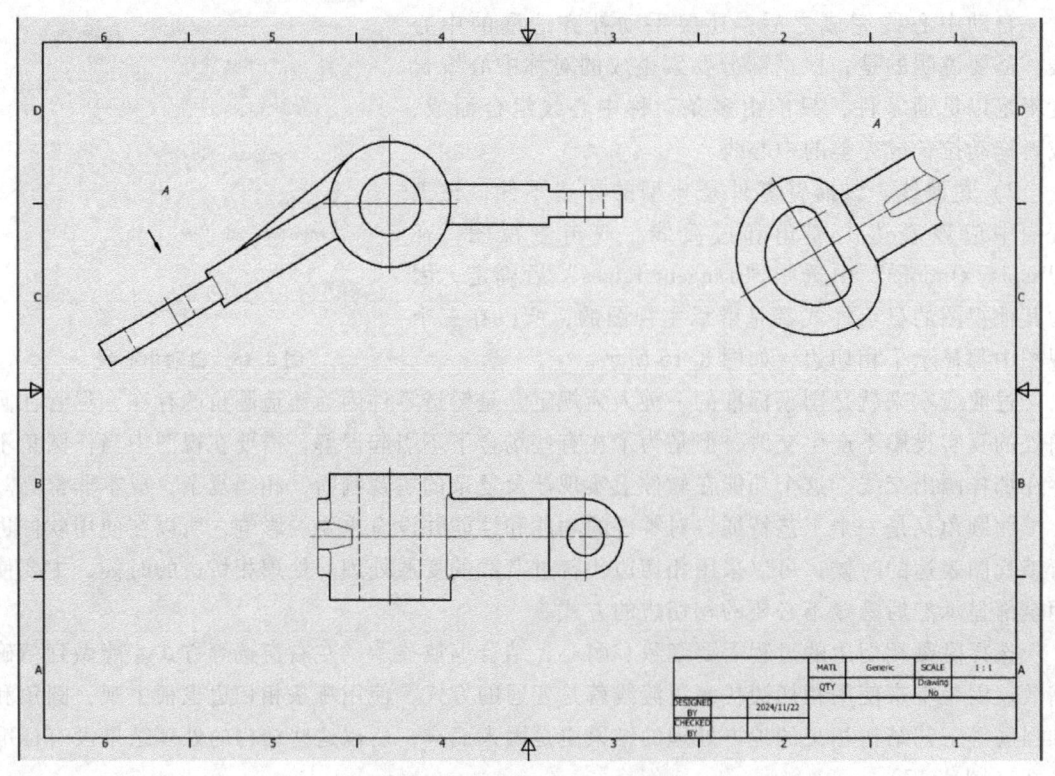

图 8.17　过渡线处理的参考结果

8.4　尺寸标注和标题栏填写

1. 尺寸标注

尺寸标注采用先检索模型尺寸，再手动补齐的方式标注，在尺寸标注的时候要反映设计思想，并在恰当的视图内标注，保证视图清晰易读。

所有尺寸要接受图元要素的测量尺寸，不要手动输入。在尺寸标注的环节，如果发现造型设计的一些问题或错误，要返回模型纠正。如图 4.45 所示的草图约束中，左臂草图右边线中点的水平约束是不恰当的，这个问题在模型环节很难发现，只有在工程图环节尺寸标注的时候才能发现。如图 8.17 所示是重新约束后的工程图。

尺寸标注要不重复不遗漏，反映零件的设计思想，本例尺寸标注后的工程表达如图 8.18 所示。

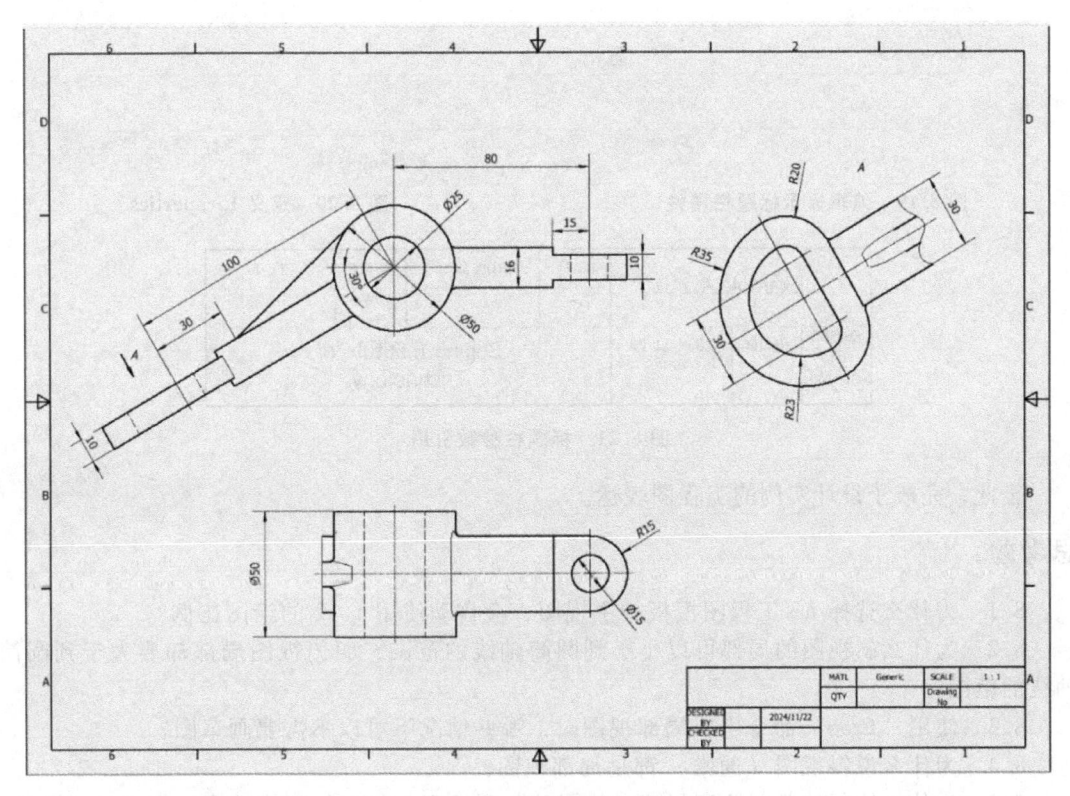

图 8.18　完成尺寸标注

2. 标题栏填写

标题栏填写的属性参数需要在模型或工程图的属性内预先定义，也可以直接编辑自定义标题栏激活相关属性填写。在浏览器中选中定制的标题栏，双击打开属性字段，可以查看它们现有的参数值，如图 8.19 所示。

对于缺失的属性参数，单击右上角的"Iproperties"，进入属性编辑选项，输入相关参数值（图 8.20）。

单击"OK"应用特性，标题栏自动更新相关参数，如图 8.21 所示。

图 8.19　编辑显示标题栏属性

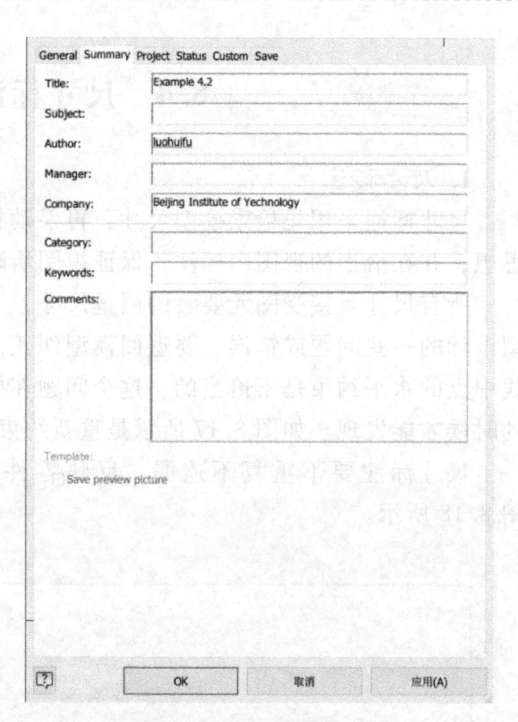

图 8.20　定义 Iproperties

图 8.21　标题栏参数引用

至此，完成了设计实例的工程图表达。

思考题：

8.1　为什么选择 A3 工程图模板的主视图，会自动使用 1∶2 的绘图比例？

8.2　为什么斜视图的局部可以小于到圆筒轴线的范围，而俯视图局部却要大于到圆筒轴线的范围？

8.3　使用"Crop"命令生成局部视图时，哪些情况下可以不需要画草图？

8.4　为什么说斜视图（通常）都是局部视图？

8.5　为什么绘制的草图轮廓封闭，投影的草图轮廓不封闭却不能正确地生成局部视图？如何才能避免无意投影带来的影响？

8.6　当如图 8.11 所示出现轮廓不封闭的错误提示的时候，如果不按照教材所采用的方法封闭轮廓，而是在草图中删除无意投影的几何要素可以解决问题吗？为什么？试着做一下再回答。

作业：

完成本实例的工程图表达，要求根据零件的特点选择合理的表达方法，正确标记视图、标注尺寸，使用参数引用填写标题栏相关内容。

第9章

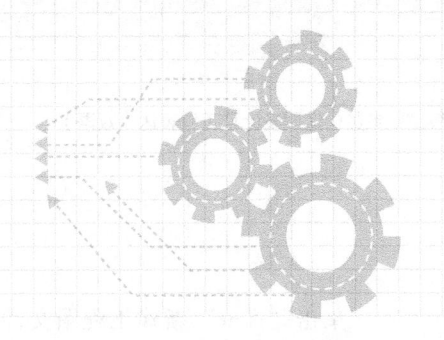

零 件 图

工程图是工程表达最有效的手段，大部分的三维参数化造型设计最终目的也是提供可供加工使用的工程图，参数化造型设计技术的发展对工程制图课程产生了很大的冲击，但是并不能取代工程制图课程。工程制图课程也要适应计算机技术的发展，调整教学内容和方式，使学生通过课程的学习，既具有规范扎实的表达基础，又具有同步于现代技术发展的设计理念和技术手段。

在使用参数化设计软件生成工程图的过程中，遇到软件功能和国家标准规定矛盾的地方，有时候可以变通处理。但是有些国家标准的规定，即便使用视图草图功能手动画图也必须遵守，比如 Inventor 软件没有剖视图中加强筋横剖剖面线的隐藏功能，就必须使用视图草图手动绘图，并且要在绘图过程中反映设计思想。

In the process of using parametric design software to generate engineering drawings, sometimes it can compromise if there is a contradiction between the software function and the national standard. However, in some cases manually edition of view sketch must be taken to meet some important national standards in the engineering drawing representation. For example, the Inventor software does not have the function to deal with the section line of rib in the view, and manually operation of view editing must be taken in the view sketch to meet the drawing standard and reflect the design the design and representation idea.

图 9.1 要表达的零件

本章的工程图实例是对第 4 章造型设计实例（图 9.1）的工程图表达，介绍这类零件的表达方法、尺寸公差标注和表面粗糙度标注等内容。

9.1 零件分析及表达方法确定

零件的主体部分是圆柱，圆柱内部结构需要剖视表达，主体部分用一个全剖的主视图可以把除上下法兰盘的部分全部表达清楚。两个以上的视图表达主体部分属于重复表达，不推荐使用。

上下法兰盘的形状不同，但是下面的法兰形状比较简单，可以使用工程制图的相关方法借助标注，在全剖的主视图上表达清楚。俯视图上可以表达上法兰的形状和大小。

侧边两个连接圆筒的端部需要分别使用局部视图表达。因为侧面两个圆筒的轴线不在同一个平面上，全剖的主视图应为旋转剖切的主视图，用两个相交的、过圆筒的轴线的剖切平面，以反映两个圆筒和主体的内部连接情况。

9.2　视图和表达

单击"New"新建工程图文件，选择定制的 A3 简化标题栏工程图模板，进入工程图环境，然后单击"Base"基础视图，弹出文件浏览对话框，在激活的项目内浏览，选择工程图所基于的零件模型，如图 9.2 所示。

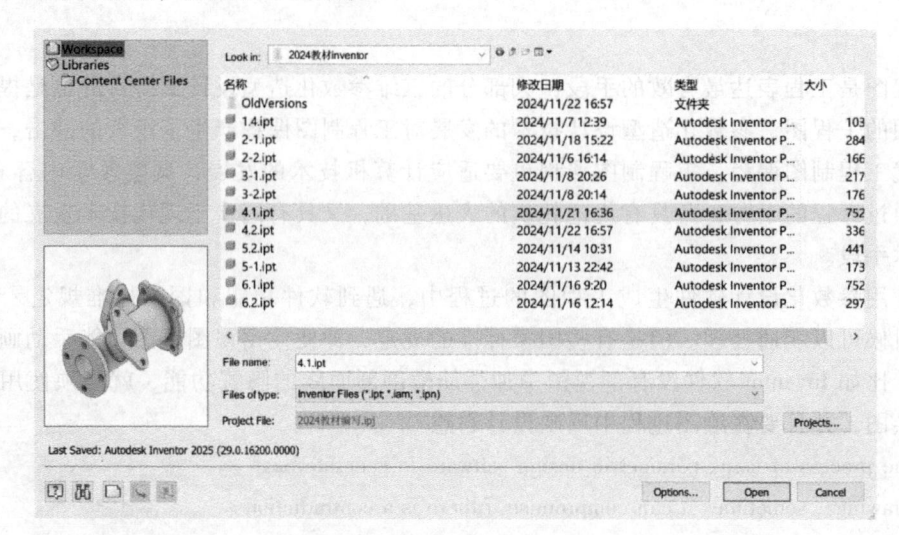

图 9.2　选择零件以创建基础视图

1. 基础视图

选定零件确定后，进入基础视图的方向选择，并弹出基础视图选项菜单（图 9.3）。注意本例中默认的基础视图是从模型的底部往上投影，基础视图上模型上部的法兰被底部形状比较简单的法兰遮挡，需要调整基础视图的投射方向。

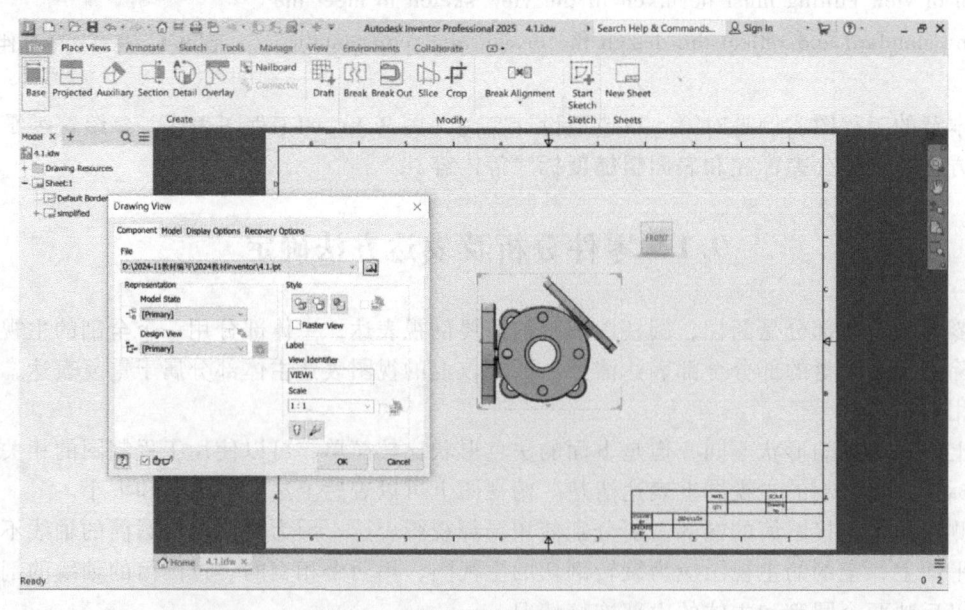

图 9.3　基础视图投影方向的选择

第9章 零件图

另外，基础视图是工程图中第一个生成的视图，不一定是主视图，本例的主视图是一个旋转剖视图，需要从基础视图生成，所以基础视图是俯视图。

The base view is the first view generated during the projection, not necessarily the front view, the front view in this case is a revolved section view, which needs to be generated from the base view, so the base view is a top view in this example.

要调整基础视图的投射方向，可单击视图右上角表示投射方向的立方体调整到后视图方向。

调整投射方向后发现，视图在图纸平面内的角度方向依然不理想，继续调整立方体图标右上角的平面旋转箭头，每次旋转90°，直至调整到需要的方位。如果需要对基础视图投射方向和视图角度精确地调整，可在立方体上的右键弹出菜单中，单击"Custom View Orientation"，进入精确调整基础视图方位界面。

一般来说，如果建立的模型相对于原始坐标平面正确地定位，通过立方体图标就可以调整到位，但为了演示精确调整基础视图方位的功能，对本例的基础视图使用"Custom View Orientation"，如图9.4所示。

In general, if the model is correctly positioned relative to the original coordinate plane, it can be adjusted into required orientation by click the cube icon, but to demonstrate the ability to precisely adjust the orientation of the base view,"Custom View Orientation" is used for the base view in this example, as shown in the figure 9.4.

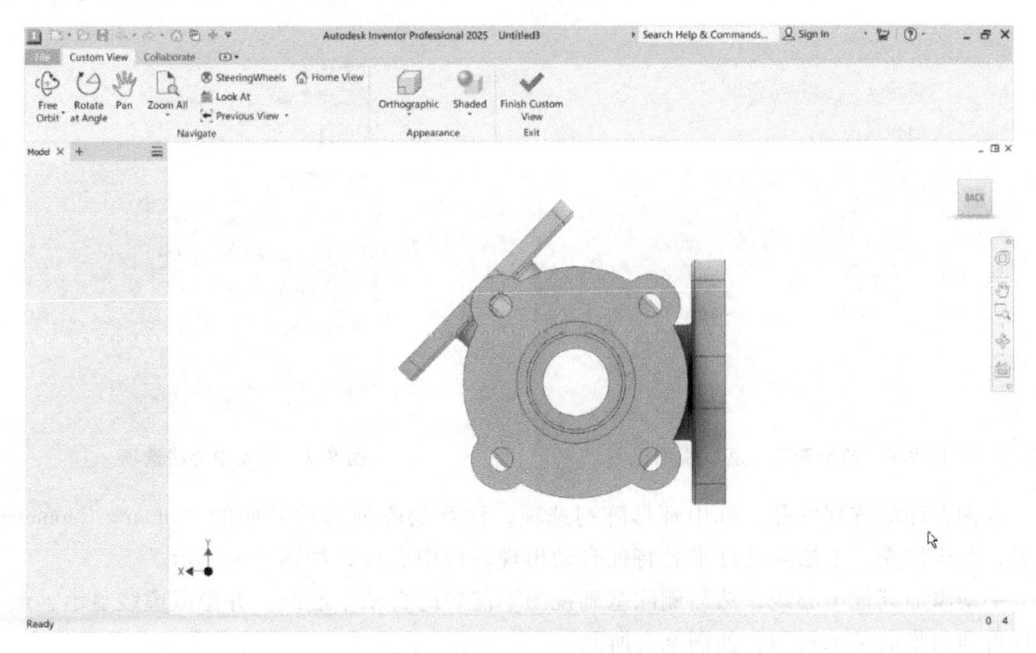

图9.4 "Custom View Orientation"功能

在精确定位基础视图的时候最常用的选项是"Free Orbit""Rotate at Angle"和"Look At"。使用"Free Orbit"可以自由旋转模型到大致的方位，然后使用"Look At"对正选中的平面沿其法向投影，最后需要在该平面内精确旋转的时候，使用"Rotate at Angle"精确定义。

本例中投射方向已经符合要求，可以使用"Rotate at Angle"精确定义平面内的视图旋转，使基础视图的角度方向符合表达需求。单击"Rotate at Angle"弹出命令选项，如图9.5所示。

在"Rotate at Angle"选项中可以在三个方向上旋转视图，本例因为已经在投射

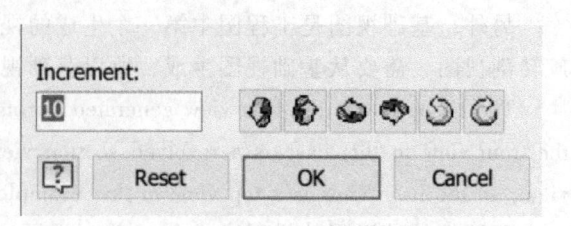

图9.5 "Rotate at Angle"命令选项

方向上使用立方体选择了所要的结果，所以只使用最后两个在视图平面内旋转的按钮。

与使用立方体旋转增量只能为90°不同，"Rotate at Angle"可以精确输入旋转的增量，旋转到所需位置后，单击"Finish Custom View"，回到基础视图的定义界面。

调整其他选项以更改显示比例等，显示方式可以选择在线框、线框虚线消隐和渲染模式下显示视图，确定各选项后单击"OK"接受基础视图，如图9.6所示。

因为旋转剖切要首先定义剖切线的位置，所以需要先在俯视图上添加中心线，以便精确定义剖切线的位置，再基于基础视图旋转剖切生成主视图。

缺省的基础视图选项使用了显示虚线的显示类型，在添加了不可见孔的中心线之后，可以关闭虚线显示，使图面简洁。

选中视图，在右键弹出菜单中选择自动中心线，弹出自动中心线选项，根据需要设置后确定，自动添加大部分的中心线（图9.7）。

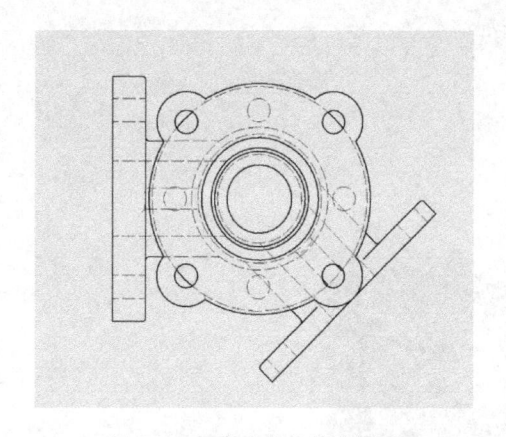

图9.6 初步确定的基础视图　　　　图9.7 自动中心线选项

本例有环形阵列的孔，选中环形阵列选项，注意到阵列选项后面的"Sketch Geometry"开关，复选接受，上法兰的环形孔特征自动出现环形中心线，如图9.8所示。

手动添加其他中心线，然后删除基础视图不需要的自动中心线，并隐藏虚线显示，最后整理得到初步的基础视图，如图9.9所示。

有些情况下环形中心线无法自动加载，也可以使用手动的方式。下面删除本例自动加载的中心线，演示手动施加环形中心线。

在"Annotate"下单击"Centered Pattern"启动环形中心线命令，交互信息提示"Select center of circular pattern"选择环形阵列的中心，此时可以选择圆心也可以选择圆，然后交互信息提示"Click on a location"，依次选择阵列的小圆。

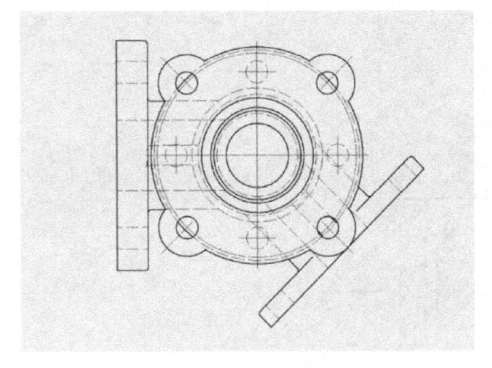

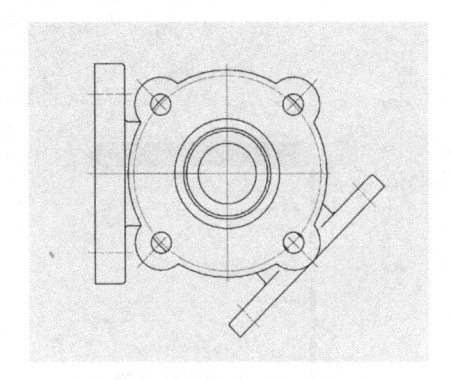

图 9.8　自动中心线　　　　　　　　　图 9.9　整理后的基础视图

选择第一个圆的时候出现的是水平十字中心线，在"Click on a location"的提示下继续选择第二个小圆，当选择第二个小圆的时候，小圆上水平十字中心线就变成了环形中心线，依次选择小圆或圆心，最后复选第一个小圆封闭，完成手动添加环形中心线。

2. 全剖的主视图

切换回"Place Views"菜单，往下拖动基础视图为剖视图准备图纸空间。单击"Section"，交互信息提示"Select a view or view sketch"，再单击选择基础视图，交互信息提示"Enter the endpoints of the section"。

移动鼠标捕捉基础视图左侧法兰投影边的中点，剖切平面应该过该点，但是不要拾取，如果拾取就意味着剖切平面的起点捕捉在这个中点上，自动施加了重合约束，剖切符号会与基础视图干扰，且因为重合约束后续无法拖动调整。

捕捉到该中点后向左平移鼠标，会发现从捕捉的中点到鼠标之间出现一条水平的虚线，这是追踪线。追踪线的出现意味着即便鼠标稍微偏离这条虚线，单击接受，系统也会拾取离鼠标点最近的追踪线上的点，保证定义剖切平面的起始点在所追踪点的水平延长线上。

拾取追踪线上的一点，再拾取圆筒的中心点，然后追踪右侧法兰投影线的中点，在其延长线上拾取一点，完成相交剖切平面的定义。交互信息提示"Enter additional points or choose continue from the right-click menu"，单击鼠标右键弹出菜单，并拾取"Continue"（图 9.10）。

向不同的方向拖动鼠标可以生成垂直于不同剖切平面的剖视图，本例的表达方法是生成剖切主视图，所以向上拖动生成旋转剖切的主视图。

要添加剖视图需要确定剖切位置，但有些剖视图的剖切位置只能在另一个视图中定义，所以需要按照同样的方式生成两个视图，然后把不需要的基础视图抑制掉。要抑制视图，先选择视图，然后在右键弹出菜单中选择"Suppress"，基础视图就在图纸上不可见。但是不能选择"Delete"删除，那样会同时删除基于该基础视图的剖视图。

本例因为使用相交的剖切平面，主视图需要标注视图名称，但因为使用相同的绘图比例，需要隐藏绘图比例标记。

按之前的介绍，双击主视图弹出视图选项界面，删除视图名称中的绘图比例。完成确认后选中视图，先通过右键弹出菜单添加自动中心线，再手动补齐中心线，得到初步的全剖主视图。

手动拖动基础视图中定义剖切面位置的标注到合适位置，注意到此标注相对于图纸太大，参照之前调整样式的方法调整箭头的大小，得到调整后的两个视图，如图 9.11 所示。

注意到主视图加强筋的剖切表达不符合国家标准的规定，需要手工修改；上法兰盘上四个均匀分布的凸圆应该按对称绘制，也需要手工修改。

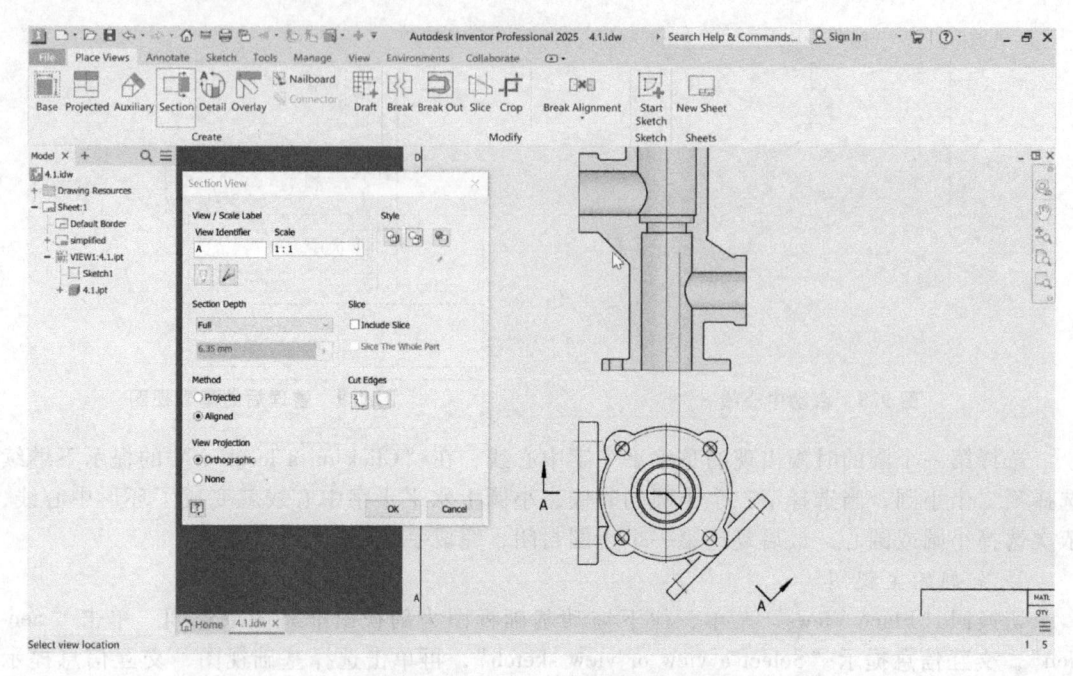

图 9.10　相交剖切平面的定义

需要说明的是，不是所有的参数化软件在工程图中对加强筋剖切都不能正确地按国家标准处理，只是目前阶段 Inventor 软件不能正确处理。SolidWorks 软件就可以在零件的剖视图中选择参与剖切的特征，通过使加强筋特征不参与剖切解决这个问题。Inventor 在装配图中也有选择零件是否参与剖切的功能，但在零件的剖视图中加强筋特征的不参与剖切只能手动处理。

手工修改就是使用 Inventor 的草图工具按国家标准绘制视图草图。绘图前先选中要编辑的视图，再选中视图中要擦除的投影线等，单击鼠标右键在弹出的对话框中取消其可见性。选中剖面线，然后在右键弹出的对话框中选择"Hide"完成编辑（图 9.12）。

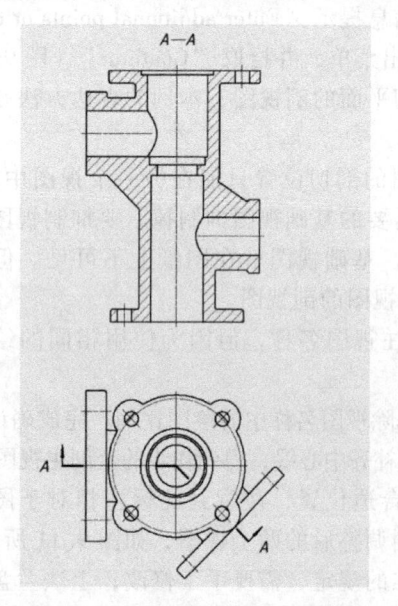

图 9.11　调整标注后的两个视图　　　　　　图 9.12　完成主视图编辑

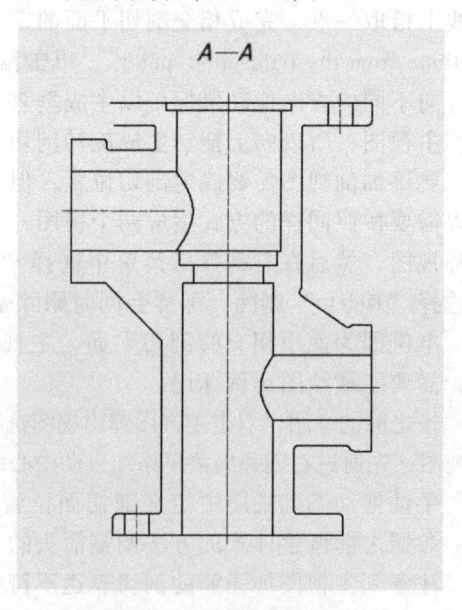

视图编辑的本质是使用视图草图功能按照国家标准的规定修正系统生成的工程图。因为生成的工程图不是新建的草图平面内的要素，要在编辑环节正确反映设计和表达思想，实现精确定位，需要向草图平面投影几何图元。

The essence of view editing is to use the view sketch function to correct the drawing generated by the system according to the rules of the national standard. Because the generated drawing is not elements in the newly created sketch, the elements need to be projected to the sketch plane in order to correctly reflect the design and express ideas in the editing process and achieve precise positioning.

使用草图编辑工具，修补所需要的轮廓，添加需要的图线，重新添加剖面线，完成草图编辑，如图9.13所示。

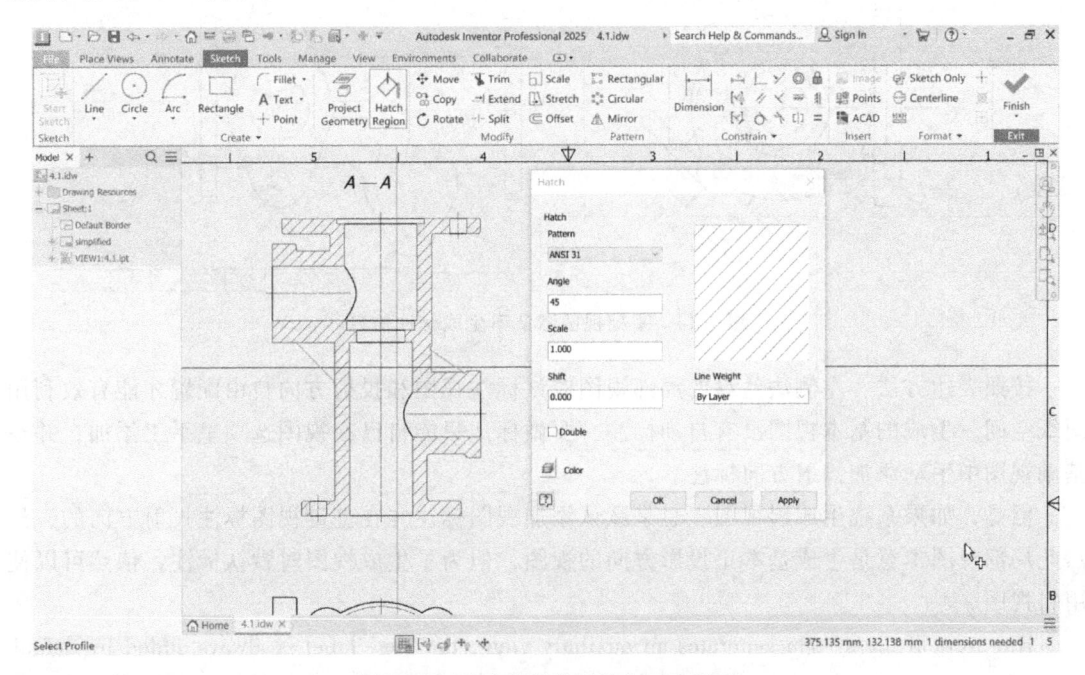

图9.13　手动编辑草图符合国家标准

需要强调的是，在手动修改左上角的轮廓线、手动添加上下法兰未剖的半边的孔中心线的时候，需要严格遵守对称约束。施加对称约束的时候需要使用投影几何图元、画辅助线（仅草图）、镜像、在镜像出来的线上做中心线、修改镜像出来的线的属性为仅草图等，整个步骤十分繁杂。变通的方法是使用尺寸约束代替对称约束，通过定义新添加的尺寸和已有尺寸的关联关系间接定义对称性，尺寸标注在退出草图后不显示，不会影响视图表达。

在重新添加剖面线的过程中，如果填充区域的定义不封闭，会出现部分区域无法添加剖面线的情况，这时候可以通过增加辅助线将该区域分成两个区域，采用逐步逼近的方法找出不封闭的区域，重新编辑草图，最终完善剖面区域的绘制，然后填充剖面线。

完成草图后发现，后补的轮廓线线宽太细，中心线样式不对，这些都可以在样式中修改，请读者自行解决，训练根据问题属性寻求解决办法的能力。

3. 局部视图

Inventor的局部视图使用"Crop"功能定义要保留的区域，操作上是先生成完整的视图，然后再裁剪显示部分内容。对于本例零件的表达方法，因为零件的主要特征已经在俯视图和主视图中基本表达清晰，只需要再使用局部视图表达左右两个法兰的形状即可。

因为两个法兰的轮廓自成封闭，局部视图只需要在生成的完整视图上选择不需要的图线，在右键弹出菜单中选择隐藏即可。

Because the contours of the two flanges are closed, the partial view only needs to select the unwanted lines on the generated complete view and right-click to hide them.

单击投影视图，选择基础视图（不能从剖视图上投影），向右拖动投影生成左视图，在这个视图中左侧法兰反映真实形状和大小，因为视图的配置符合基本视图位置，所以系统默认不生成标注信息，如图 9.14 所示。

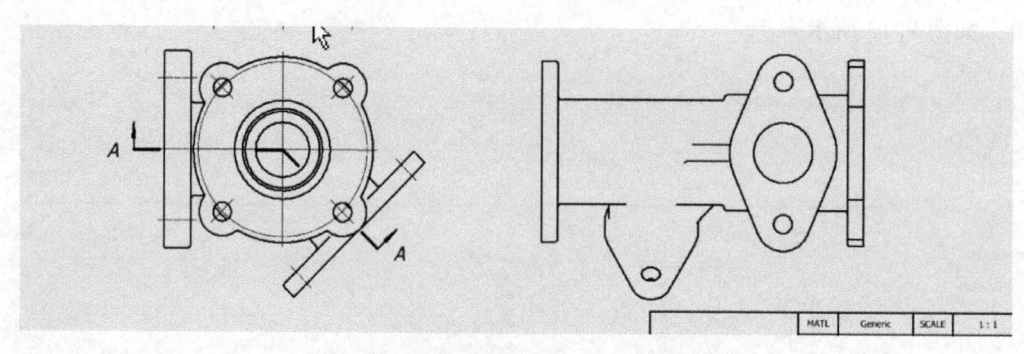

图 9.14 基础视图默认不生成标注信息

按照表达方法，左侧法兰盘的局部视图应该标注视图和投射方向自由配置才能有效利用图纸空间。生成的基本视图没有自动标注，要做标注只能自己在视图选项里手工添加，并在基础视图中手动添加投射方向标注。

但是，如果系统生成斜视图，总是默认添加视图标注并在基础视图标注投射方向的，虽然此局部视图本意是生成基本正投影方向的视图，但为了生成视图时默认标注，依然可以使用斜视图。

However, if the system generates an auxiliary view, the view label is always added by default and the projection direction is marked in the base view. So although this partial view is intended to produce a view in the base orthographic direction, an auxiliary view still can be used in order to generate view labels by default.

这涉及对表达方法的深入理解和灵活运用。斜视图和基本视图唯一的区别就是投射方向不同，甚至可以说基本视图就是特殊的斜视图。在本例中既然需要对局部视图进行标记，不妨直接使用斜视图代替基本视图。

This is an in-depth understanding and flexible use of representation. The only difference between an auxiliary view and a basic view is the direction of projection, and the basic view can even be taken as a special auxiliary view. In this case, since the label of local view is necessary, the auxiliary view can be taken instead of the basic view.

删除已生成的左视图，单击 "Auxiliary" 生成斜视图，默认斜视图和基础视图都带有标注，如图 9.15 所示。

隐藏如图 9.15 所示视图 B 中不需要显示的图线，再添加中心线，然后编辑视图名称去

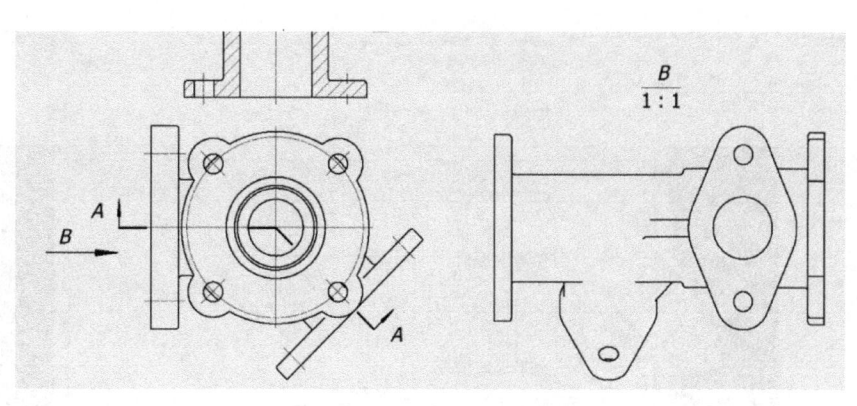

图 9.15 默认带标记的斜视图

除绘图比例，并删除视图和基础视图之间的对齐关系，拖动局部视图到合适的位置，最后得到布置合理带标注的左侧法兰盘的局部视图如图 9.16 所示。

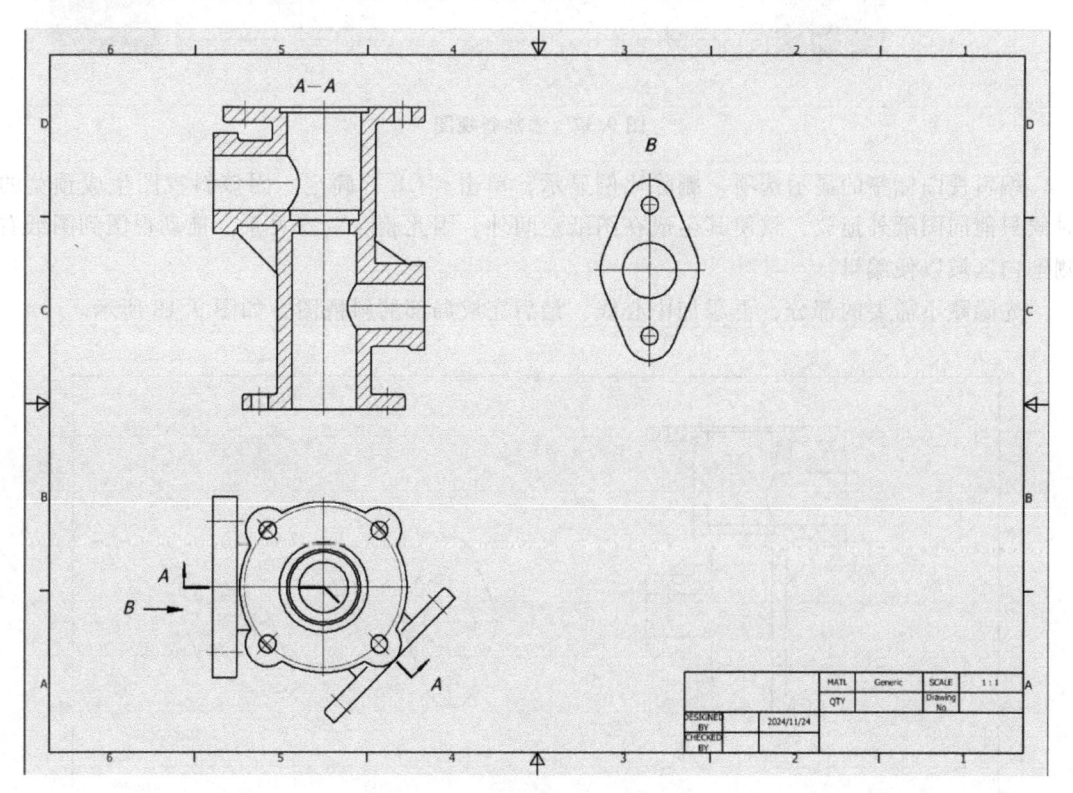

图 9.16 局部视图及其标注

4. 局部斜视图

本例右下连接圆筒的法兰端面形状要精确表达，需要采取局部斜视图的表达方法。因为局部视图是完整视图修改所得，所以先生成斜视图。

单击斜视图工具"Auxiliary"，根据提示选择斜视图所基于的视图，先选择俯视图，再选择定义投射方向的投影边并拖动鼠标，系统根据鼠标相对基础视图的方位显示预览，如图 9.17 所示。

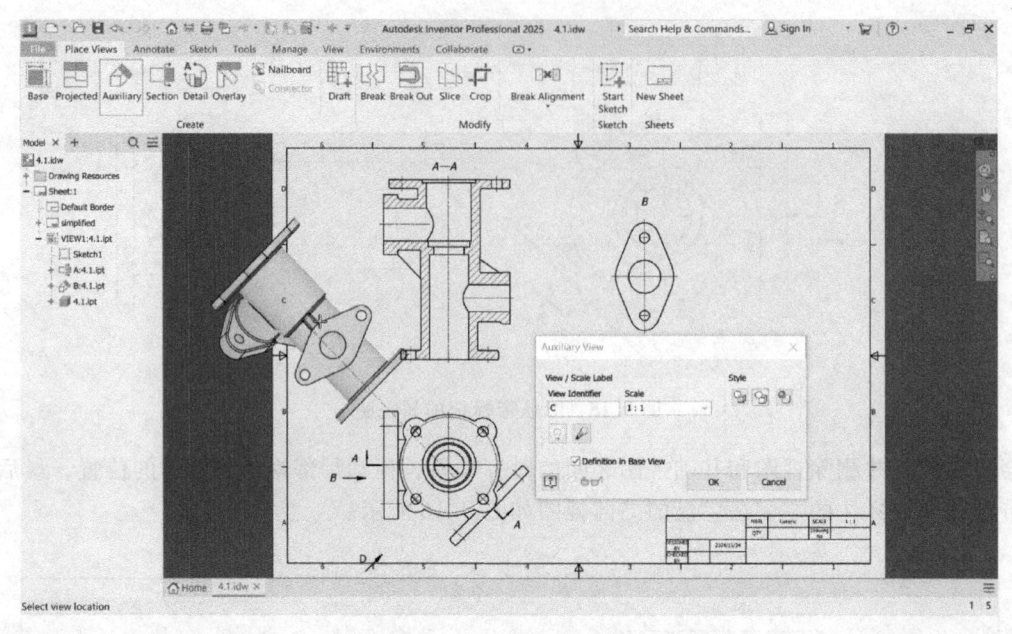

图 9.17 添加斜视图

编辑视图标签的显示选项，删除比例显示，单击"OK"确定。因该斜视图生成预览的时候只能向图纸外拖放，致使其生成在图纸空间外，因此删除对齐关系，拖动视图到图纸右侧空白区域以便编辑。

先隐藏不需要的部分，再添加中心线，最后完成局部的斜视图，如图 9.18 所示。

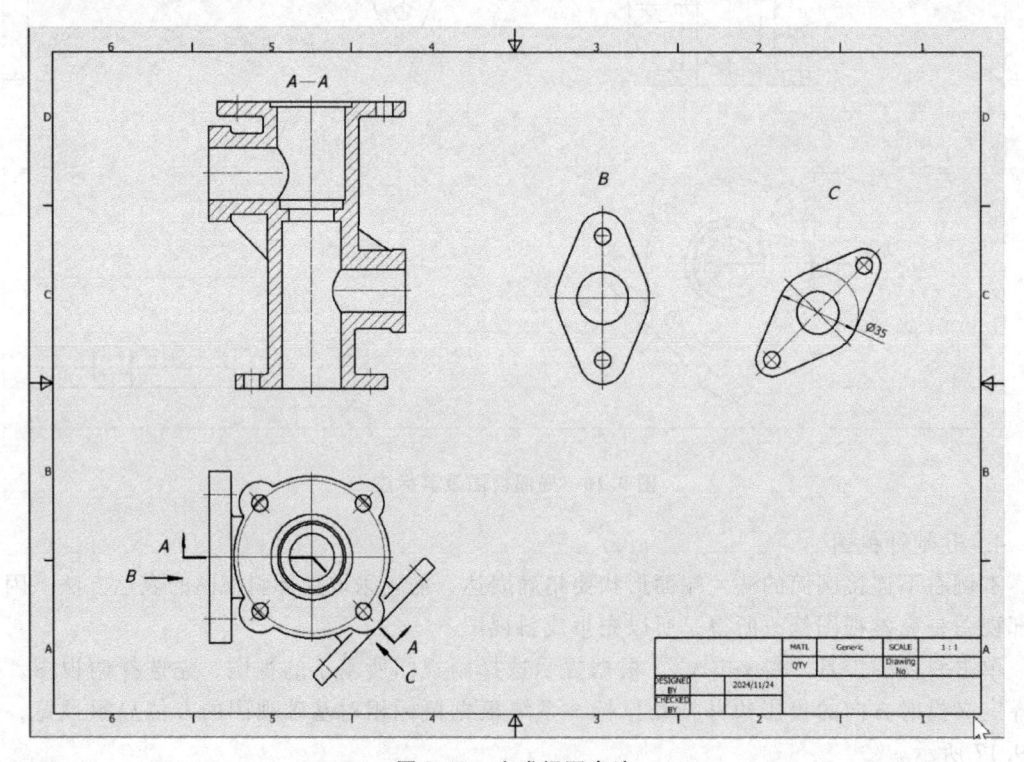

图 9.18 完成视图表达

9.3 尺 寸 标 注

Inventor 提供了检索尺寸的功能，尺寸标注既可以检索也可以手动标注。在标注菜单下单击检索，再选择视图和检索来源，视图上会显示检索到的尺寸，拾取需要在本视图标注的尺寸，确定接受就可以了。但是检索出来的尺寸并不一定适合在检索到的视图内标注，要根据国家标准相关规定谨慎选择（图9.19）。

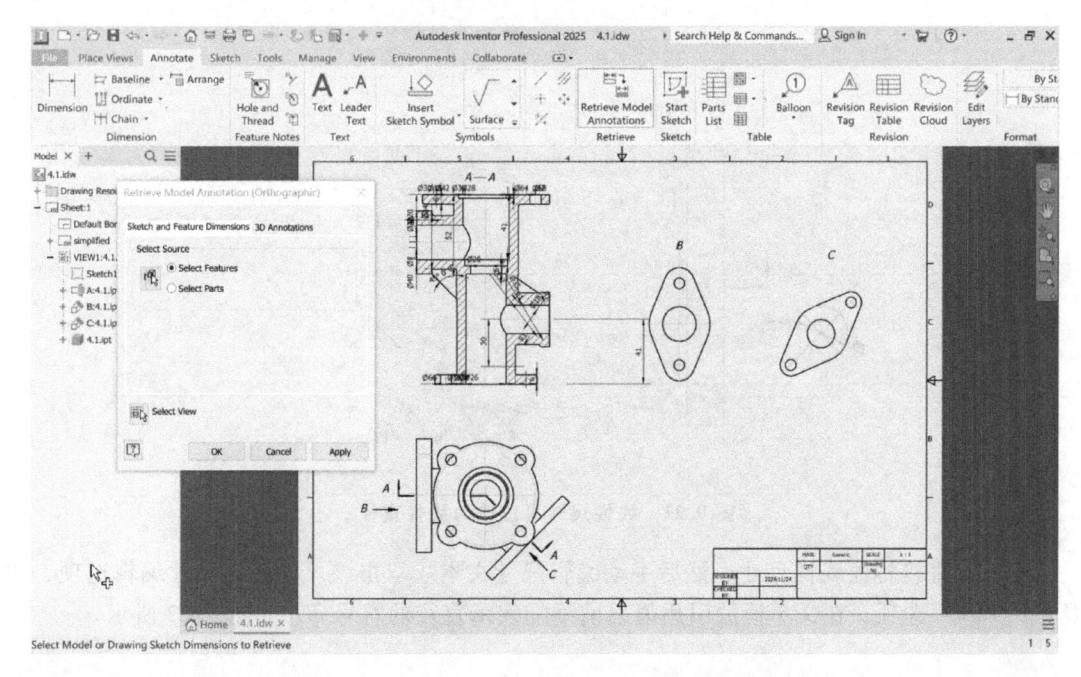

图 9.19 检索到的尺寸要根据标注需要谨慎使用

手动标注其实也很简单，比 AutoCAD 环境下的尺寸标注要方便的多，除了偶尔需要手动调整尺寸类型。如图 9.19 所示为圆弧尺寸自动标注半径，但是根据国家标准要求分布范围大于半圆的圆弧应该标注直径。标注的时候，在右键弹出菜单中单击"Dimension Type"，选择"Diameter"即可，如图 9.20 所示。

还可以在需要的时候手动编辑尺寸显示的文本，如非圆视图内的圆柱直径手动标注显示线性尺寸，尽管在标注过程中可以在右键弹出菜单中选择"Dimension Type"为"Linear Diameter"（图9.21），但确定后标注的数值却翻倍了，变成 $\phi52mm$，显然这

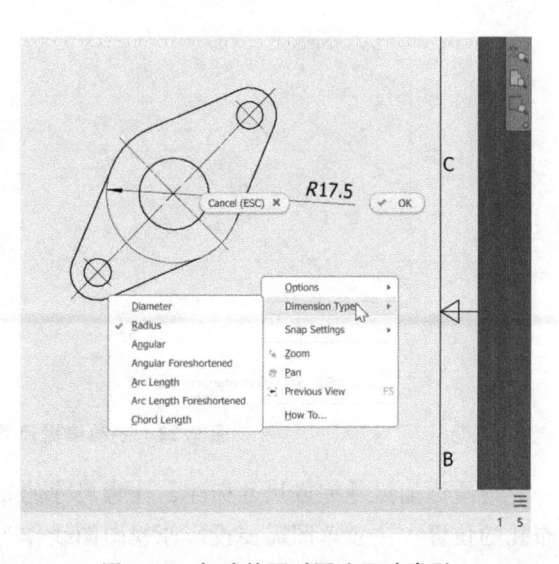

图 9.20 标注的同时更改尺寸类型

是系统的逻辑问题，可以通过标注中心线到轮廓线的距离，并使用"Linear Diameter"尺寸类型解决。

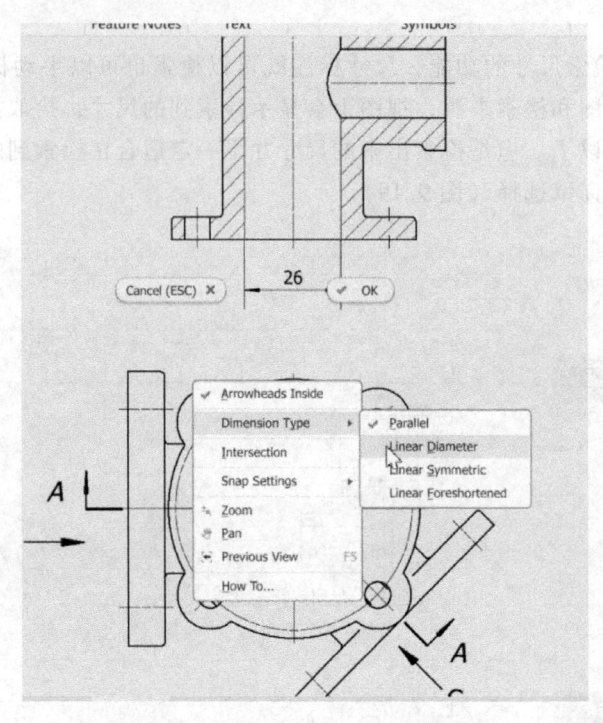

图 9.21 线性尺寸可以改为线性直径

也可以直接标注线性尺寸，然后手动编辑尺寸文本。双击该尺寸弹出尺寸编辑选项，再展开"Text"选项，在文本框的引用值之前添加表示直径的符号 ϕ，如图 9.22 所示。

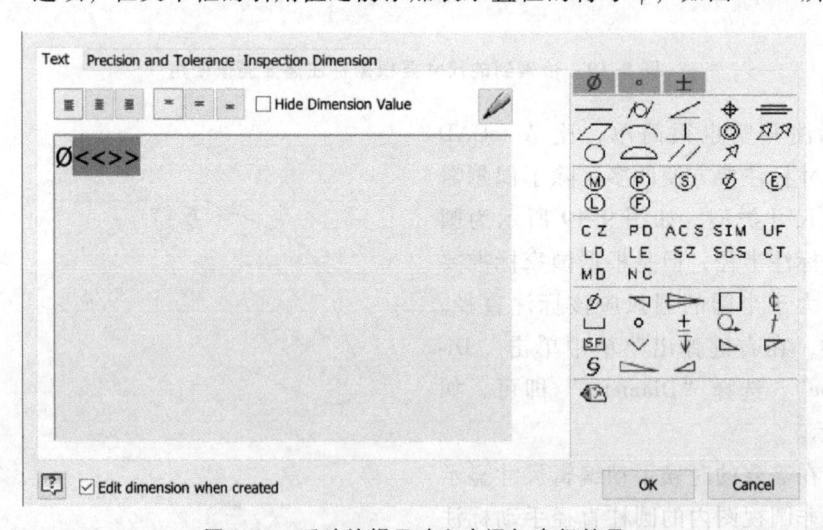

图 9.22 手动编辑尺寸文本添加直径符号

继续添加尺寸完成尺寸标注，注意尺寸的布置。然后在主视图添加草图，表达下法兰均布孔的位置，注意草图需要投影原视图图线作为参照（仅草图），手动修改相关线型使其符合国家标准，最后完成工程图如图 9.23 所示。

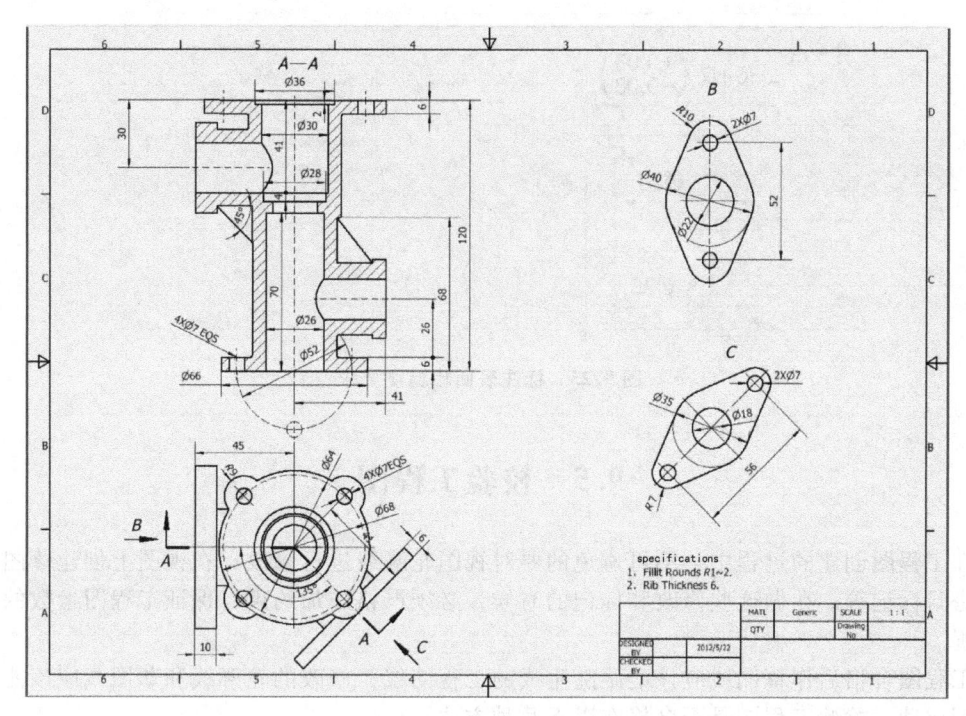

图 9.23 完成尺寸标注

9.4 填写技术要求和标题栏

使用文本工具填写技术要求，本例中圆角尺寸未标注，加强筋厚度视图中不方便标注，这些都可以在技术要求中说明。

对有公差要求的尺寸，双击该尺寸进入编辑选项，展开"Precision and Tolerance"，选择公差标注的方式，如本例选择标注公差代号和偏差值（图 9.24）。

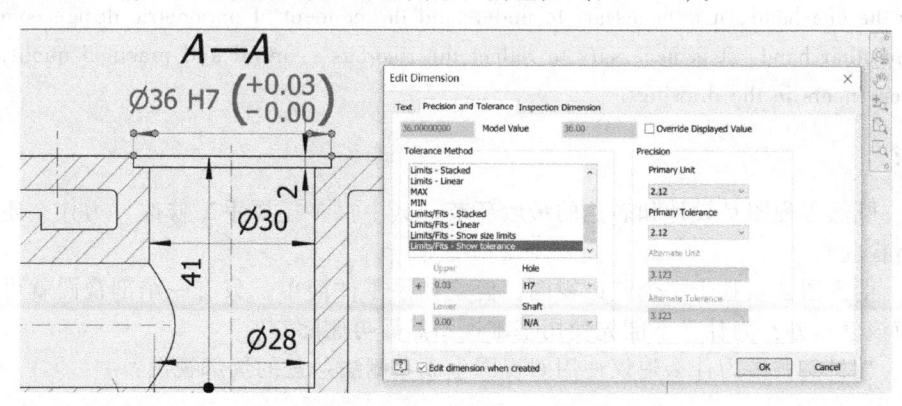

图 9.24 标注尺寸公差

对加工表面要标注表面粗糙度，单击"Surface"弹出表面粗糙度标注选项，选择相应的类型，输入相应的粗糙度要求值（图 9.25）。

根据之前章节完成标题栏相关引用属性值的定义，完成零件图的全部内容。

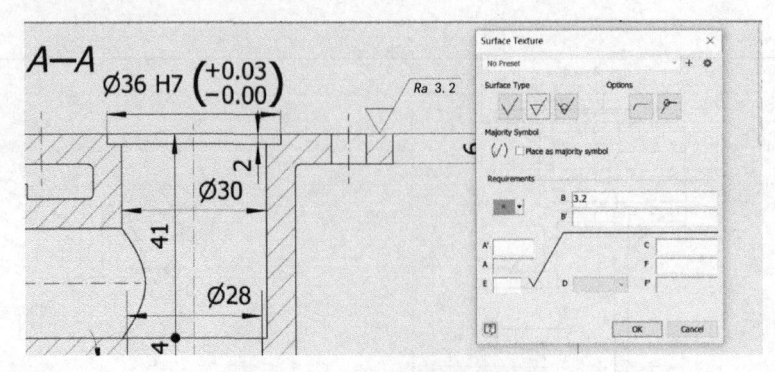

图 9.25　标注表面粗糙度要求

9.5　校验工程图

在工程图创建的过程中，不可避免的要对视图轮廓线进行修改，在视图上创建草图，对视图进行标记等。在做这些修改和标记的时候，必须严格施加约束，保证工程图参数的严谨和正确。

工程图合格后作草图线应该能跟随生成的工程图线，修改的轮廓线和草图线应该能被参数模型驱动，检验工程图是否合格有以下几种方法。

1）在图纸上拖动视图，改变视图位置，所有视图要素应该跟随移动。

2）改变视图比例，工程图不出现错乱。

3）改变模型部分尺寸，在不改变特征之间几何约束关系的前提下，工程图随之改变，不发生错乱。

参数化造型设计和表达技术为设计提供了便利和快捷，同时也对使用者提出了更高的要求。一方面要领会参数化设计的理念，另一方面要将机械工程师严谨、细心、踏实的作风和素质体现到工程图中。

Parametric design provides convenience but also puts forward higher requirements for engineers. On the one hand, it is necessary to understand the concept of parametric design completely, and on the other hand, it is necessary to reflect the rigorous, careful and practical quality of mechanical engineers in the drawings.

思考题：

9.1　既然工程图是设计和表达的最后环节，其中很多还要手工修改，为什么还要对工程图进行检验？

9.2　剖视图必须基于一个基础视图，但是如果零件简单，只有一个剖视图就可以表达清楚，应该怎么办？为什么不能先使用基础视图然后再删除它？

9.3　教材实例中为什么建议使用斜视图生成左侧法兰盘的局部视图？

作业：

9.1　创建本章的工程图实例，要求完成尺寸标注、技术要求和标题栏填写。

9.2　创建第 5 章二维路径扫掠的弯管零件的工程图，要求完成尺寸标注、技术要求和标题栏填写。

第10章

锥阀部件的设计——零件造型设计和装配

部件或设备是能完成特定功能的零件装配体。本章通过锥阀部件学习部件的设计思路、造型设计过程、装配、工程表达和产品展示。

A device is an assembly of parts that can accomplish a specific function. In this chapter the design ideas, modeling process, assembly, product publish, and engineering presentation of given taper valve will be introduced.

10.1 锥阀的工作原理和设计思路

锥阀的装配图和零件图如图10.1~图10.4所示。从装配图可以看出锥阀的工作原理:带锥度孔的阀体和阀杆相互配合,依靠锥面贴合定位,手柄带动阀杆在阀体锥孔内转动。当阀杆上的孔和阀体上的孔相通时,阀体处于通路状态。当阀杆上的孔和阀体上的孔轴线垂直的时候,阀体处于闭路状态。通路状态时,调整两孔对正的幅度可以调节锥阀的流量。

在阀体中使用锥度和斜度是一种有效的密封方式。因为阀杆要在阀体内转动,配合表面之间必须有一定的间隙。如果阀体阀杆使用圆柱面配合,无法有效地解决两表面之间的密封问题。如果使用锥面配合,因为阀杆沿轴线的下移可以有效地消除两零件表面之间的间隙达到密封效果,同时又能保证它们之间的灵活转动。

The use of taper and slop in the valve is an effective way to seal. Because the shaft needs to rotate in the valve body, there must be a certain gap between the mating surfaces. If a cylindrical face fit is used between the shaft and housing, there will not be an effective way to solve the sealing problem between them. Because of the downward movement of the shaft along the axis, The use of taper fit can effectively eliminate the gap between the surface of the two parts to achieve the sealing effect, while can ensure the free rotation between them.

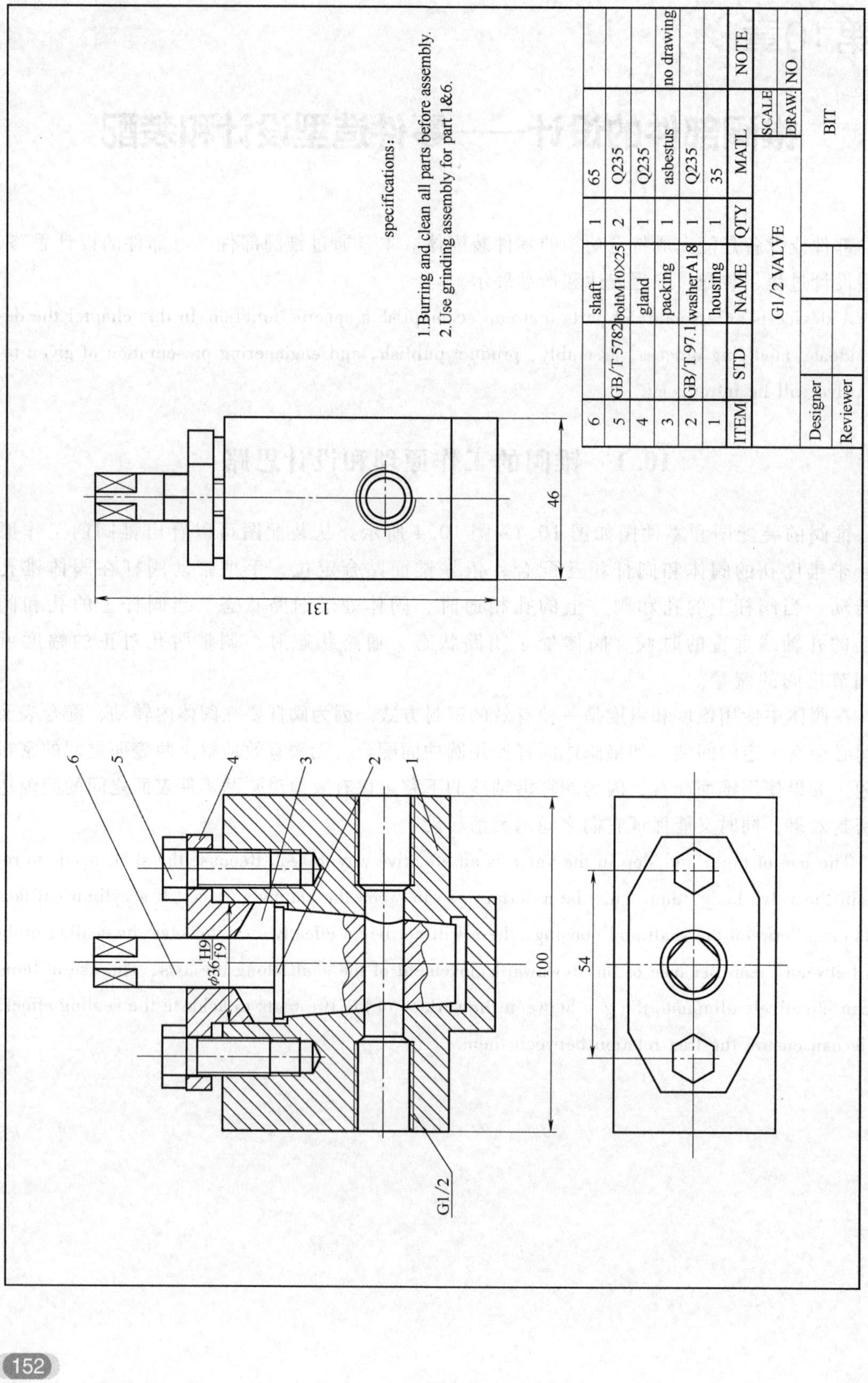
specifications：
1.Burring and clean all parts before assembly.
2.Use grinding assembly for part 1&6.
6 | | shaft | 1 | 65 |
5 | GB/T 5782 | boltM10×25 | 2 | Q235 |
4 | | gland | 1 | Q235 |
3 | | packing | 1 | asbestus | no drawing
2 | GB/T 97.1 | washerA18 | 1 | Q235 |
1 | | housing | 1 | 35 |
ITEM | STD | NAME | QTY | MATL | NOTE
G1/2 VALVE
SCALE
DRAW. NO
Designer
Reviewer
BIT
46
131
100
54
ϕ36 H9/f9
G1/2
1
2
3
4
5
6

图 10.1 锥阀装配图

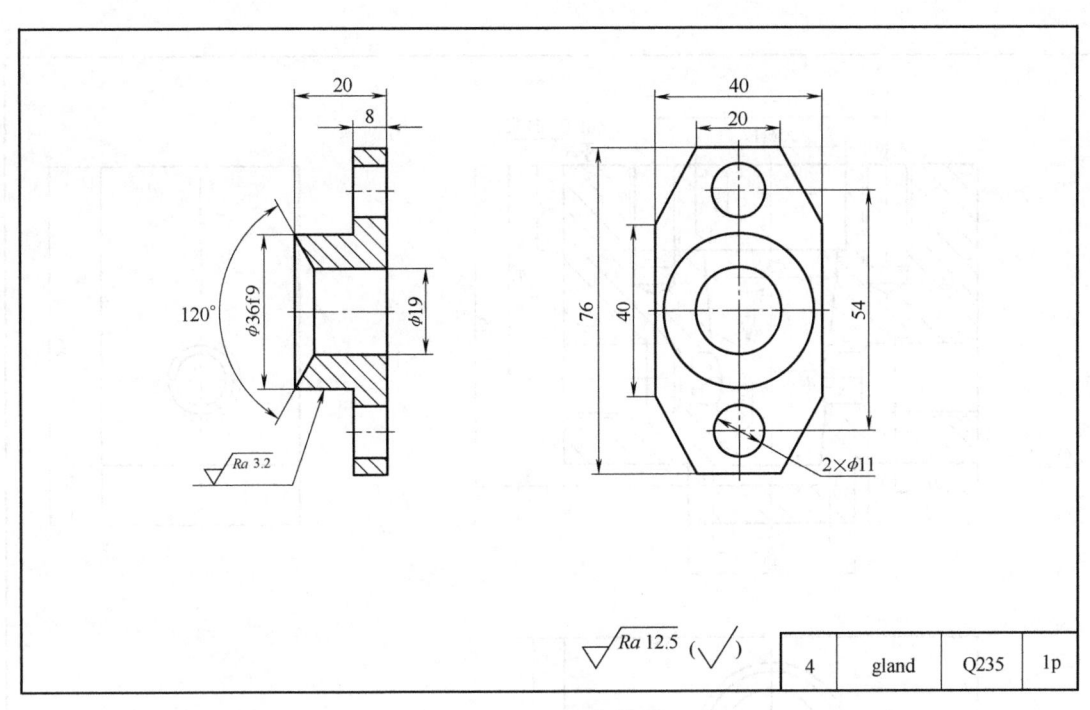

图 10.2 压盖零件图

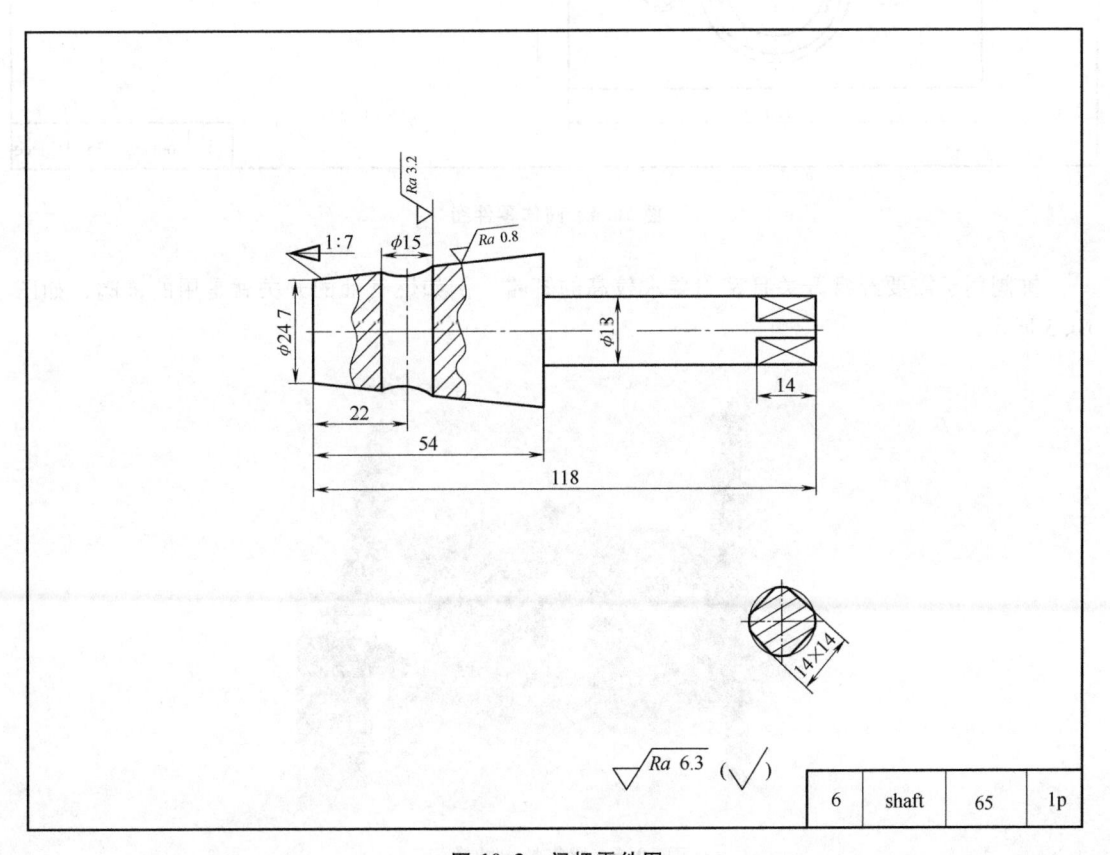

图 10.3 阀杆零件图

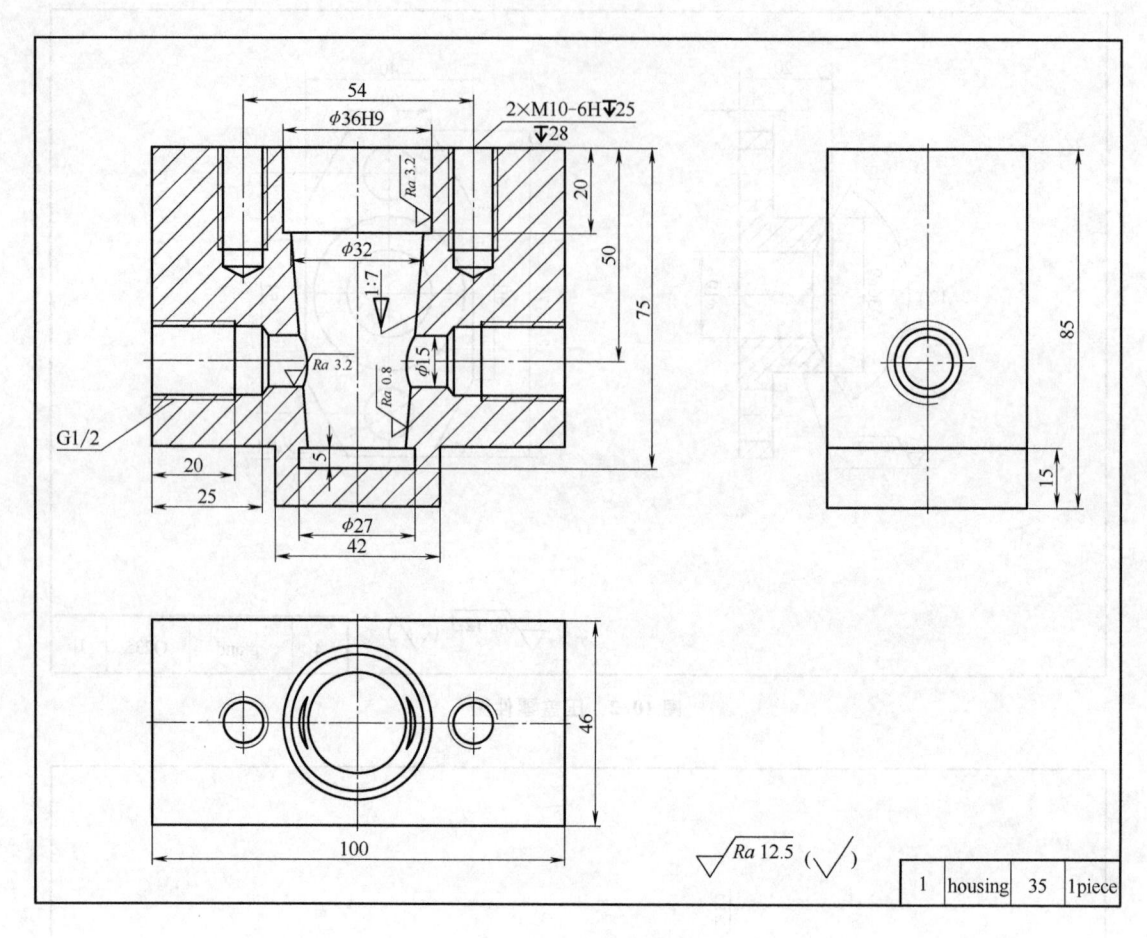

图 10.4　阀体零件图

锥阀用于需要经常开关且密封要求较高的管路，例如燃气灶的开关就是用的锥阀，如图 10.5 所示。

图 10.5　燃气灶上的锥阀

10.2 阀体的造型设计

1. 部件的性能规格尺寸及其他参数的确定

设计是根据部件的工作原理和性能规格参数要求，确定零部件结构形状和尺寸大小的过程。在设计的过程中，零件形状和尺寸需要反复调整，在满足性能规格参数要求和工作强度的前提下，部件产品的结构越紧凑越好。

Design is the process of determining the structural shape and size of parts according to the working principle and performance specifications of the device. In the process of design, the shape and size of the parts need to be adjusted repeatedly, and under the premise of meeting the requirements of performance specifications, the more compact the structure of the product is the better.

如图 10.1 所示，本例锥阀的尺寸规格参数是 G1/2，本部件安装在 1/2 英寸的管路中使用，查相关表格该尺寸的管内径是 15mm，这是设计锥阀的关键性能尺寸。

在满足管路内径 15mm 的前提下，部件的尺寸越小越好。在后续的零部件设计过程中，不必拘泥于所给的尺寸，可以适当调整。

2. 项目管理和阀体设计

1) 新建项目和阀体基础特征。Inventor 以项目的方式管理部件设计的文件，在开始设计之前，单击界面最上方的"Projects"，新建项目命名并保存到指定的目录下，完成项目定义，如图 10.6 所示。

单击"New"新建零件，先选择公制模板进入特征造型环境，再选择 XOY 为草图平面，单击"Start 2D Sketch"新建二维草图，绘制如图 10.7 所示草图。

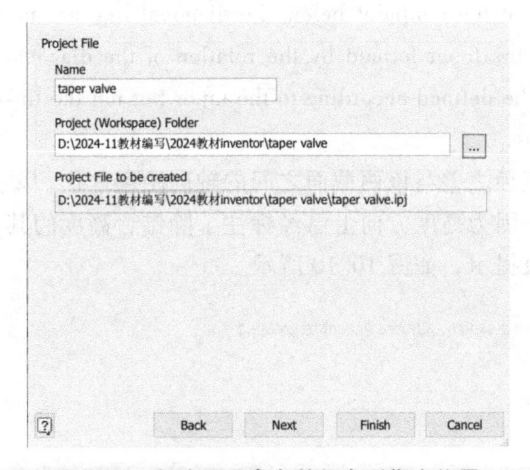

图 10.6 新建项目命名并保存到指定位置

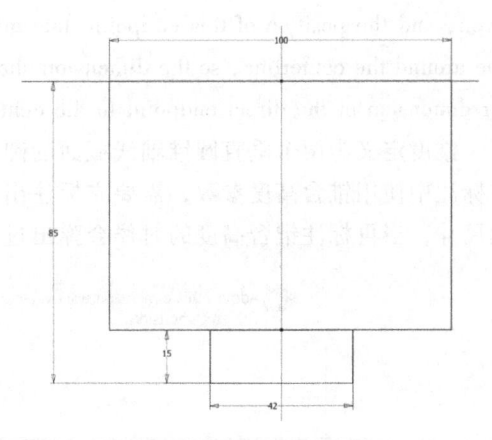

图 10.7 阀体拉伸草图

为方便定位后续特征，该草图顶边中点与坐标原点重合约束。草图不必与特征轮廓一致，不必修剪矩形的底边，但对称尺寸和总体尺寸的标注要反映设计思想。

单击"Finish"完成草图，然后单击"Extrude"双向对称拉伸形成阀体的基础特征，如图 10.8 所示。

2) 阀体锥孔特征。锥孔特征采用旋转去除的方式生成，在旋转特征之前要准备草图，先单击"Start 2D Sketch"新建草图,在XOY平面内根据阀体零件图的设计思想和结构尺寸绘制如图10.9所示草图。

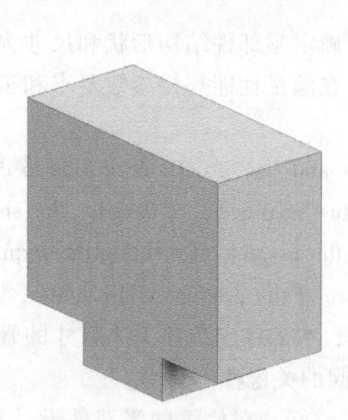

图10.8 阀体的基础特征

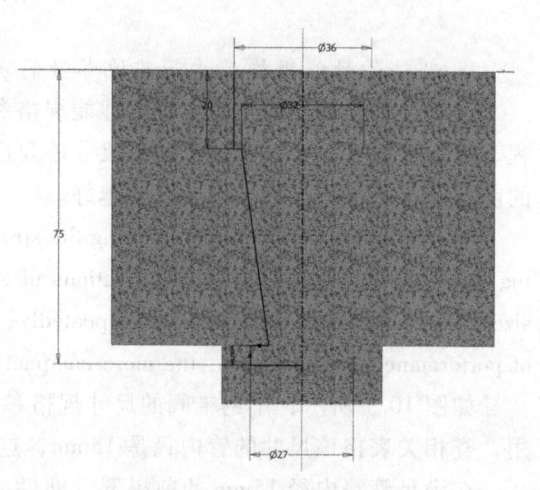

图10.9 旋转特征的初步草图

旋转特征的定义是截面轮廓的一半绕中心线旋转一周形成的特征。在绘制旋转特征草图标注尺寸到中心线距离的时候,系统默认标注直径尺寸。

要标注锥孔的锥度,需要对锥度定义有深入的理解。如图10.9所示,只剩下斜线下方端点的尺寸没有标注,这个端点的位置决定了斜线绕中心线旋转所形成的锥度,所以尺寸标注应该按照锥度定义而不能直接标注端点到中心线的线性尺寸。

To annotate the taper of a taper hole, you need to have a deep understanding of taper definition. As shown in figure 10.9, only the dimensions of the endpoint below the diagonal line are not given, and the position of this endpoint determines the taper formed by the rotation of the diagonal line around the centerline, so the dimension should be defined according to the taper but not the linear dimension of the direct endpoint to the centerline.

锥度定义为两个垂直圆锥轴线截面的圆锥直径之差与该两截面之间的轴向距离之比,要在标注中使用锥台高度参数,需要先标注出来。因为高度方向上已经标注了除锥台高度的其他尺寸,当再标注锥台高度的时候会弹出过约束提示,如图10.10所示。

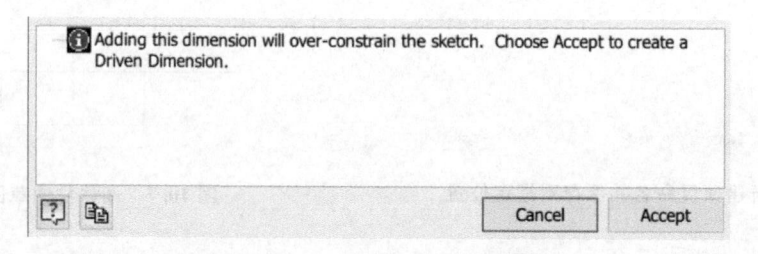

图10.10 尺寸标注的过约束提示

因为要引用这个尺寸,单击"Accept"接受这个过约束,标注的尺寸就是变成参考尺寸或驱动尺寸"Driven Dimension",该尺寸数字带括号,表示本尺寸由其他尺寸驱动。

根据锥度定义计算斜线下方端点到中心线的直径距离,在标注过程中需要引用$\phi 32mm$和锥台高度(50mm)的时候,直接在界面单击拾取相应尺寸,尺寸编辑界面会出现其尺寸参数代号（图 10.11）。

单击拾取相关尺寸参数后，显示在公式编辑框中的等式为"d10-d13/7"，因为尺寸标注的顺序不同，实操的时候各人拾取的参数编号不尽相同。确认接受尺寸公式后完成草图全约束，单击"Finish"完成草图。

单击"Revolve"弹出旋转特征选项，系统自动选择封闭轮廓作为旋转特征的"Profiles"，单击"Axis"，选择中心线，在"Boolean"选项中选择"Cut"，绘图区间出现锥孔预览（图 10.12）。

3）阀体的其他孔特征。新建草图在侧面定位阀体的管路轴心，先施加和顶边投影线的中点竖直对齐的居中约束，再以顶边为基准标注定位尺寸以精确反映设计意图，单击"Finish"完成草图之后单击"Hole"生成直径为 15mm 的通孔。

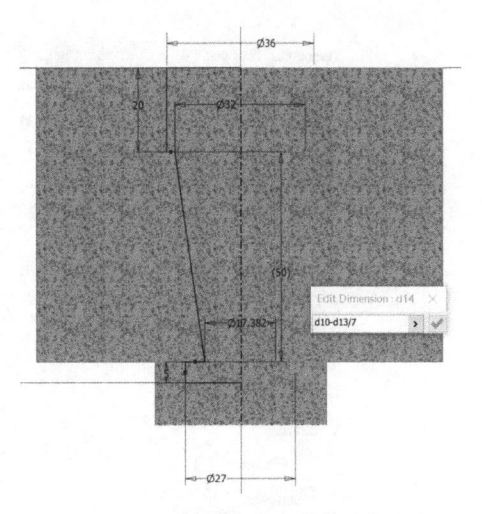

图 10.11 通过锥度定义计算直径距离

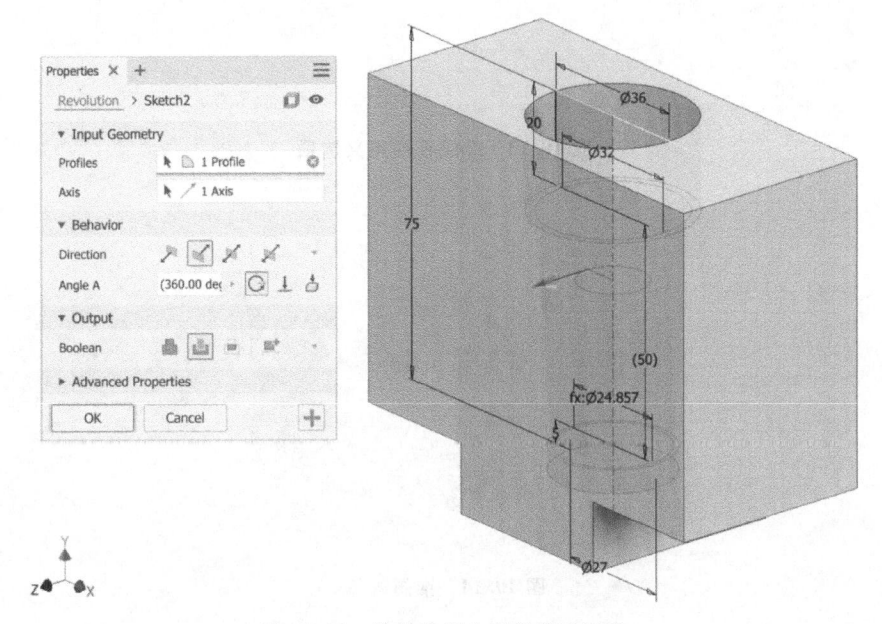

图 10.12 旋转特征生成的锥孔预览

阀体两侧对称的安装固定特征是尺寸为 G1/2 的螺纹孔，需要先完成一边然后镜像特征。单击"Hole"新建孔特征，选择侧面为草图平面并与已有的管路同心定位，注意选择螺纹孔并在选项卡中选择或输入正确的参数（图 10.13）。

在定义螺纹孔的选项中，"Type"选"ISO Pipe Threads"，"Size"和"Designation"是公制和英制的联动尺寸，需要选择公制然后在英制中检验尺寸是否是需要的设计规格。在"Behavior"中，选择"Distance"定义光孔和螺纹孔的深度并在图例中分别输入。

然后单击"OK"确定完成，再镜像该螺纹孔特征，并按设计要求定义顶面的压盖螺纹孔，完成锥阀阀体的造型设计，如图 10.14 所示。

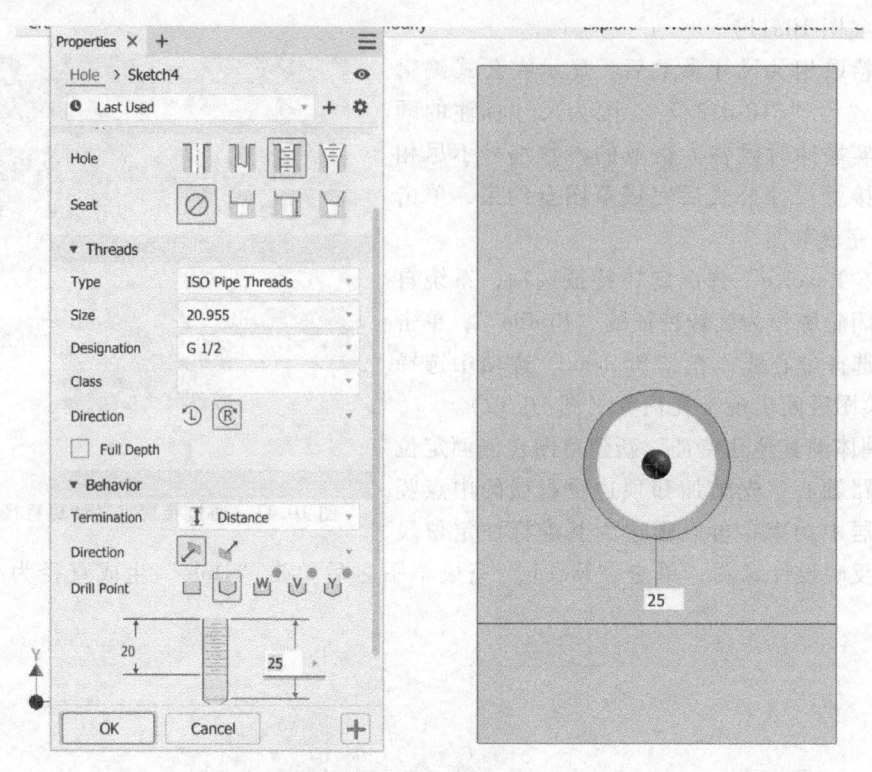

图 10.13　螺纹孔的定义选项

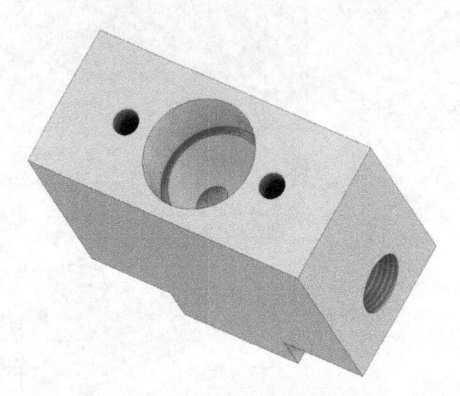

图 10.14　锥阀阀体

10.3　阀杆的造型设计

1）阀杆锥体的参数传递。阀杆和阀体的锥面是配合关系，虽然给出了阀杆的零件图，但实际设计的时候因为两个零件形状和尺寸之间的关联关系，在参数化设计中应该使用零件之间的参数传递功能。

It is a fitting relationship between the shaft and housing, although the detail drawing of the shaft is given, but in the actual design, because of the correlation between the shape and size of the two parts, the parameter transfer function should be used in the parametric design.

第10章　锥阀部件的设计——零件造型设计和装配

要传递阀体的参数到阀杆，需要将阀杆和阀体在一个零件图中设计，所以保存创建的阀体零件为"housing+shaft"，在阀体的基础上做一个阀体+阀杆两个实体组成的零件。

要创建阀杆的特征，先在XOY平面上创建草图，按<F7>键使用切片观察模式，绘制如图10.15所示草图。

忽略阀杆的零件图，根据设计意图绘制阀杆锥体特征草图，阀杆锥体顶端高出阀体相应平面1mm，低端低于阀体相应平面1mm，阀杆草图轮廓和投影的阀体锥孔轮廓图元共线。

单击"Finish"结束草图，再单击"Revolve"旋转特征，单击选择相应的轮廓和轴线，注意在"Boolean"运算选项中选择"New Solid"，最后单击"OK"确定（图10.16）。

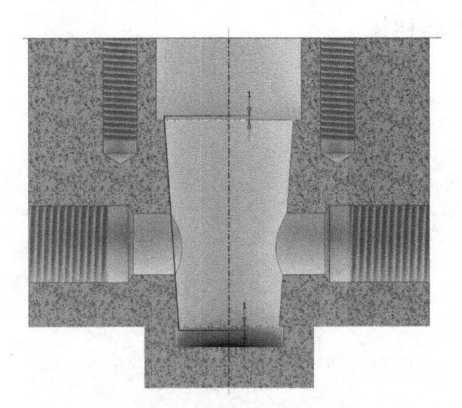

图10.15　阀杆锥体特征草图

图10.16　旋转特征为"New Solid"

注意此时的特征浏览器，"Solid Bodies"中有两个特征，"Solid1"就是之前的阀体特征，"Solid2"就是新建的阀杆旋转特征。要继续完成阀杆的造型设计，可在特征浏览器中选择"Solid2"，在右键弹出菜单中单击"Make Part"，弹出零件定义菜单如图10.17所示。

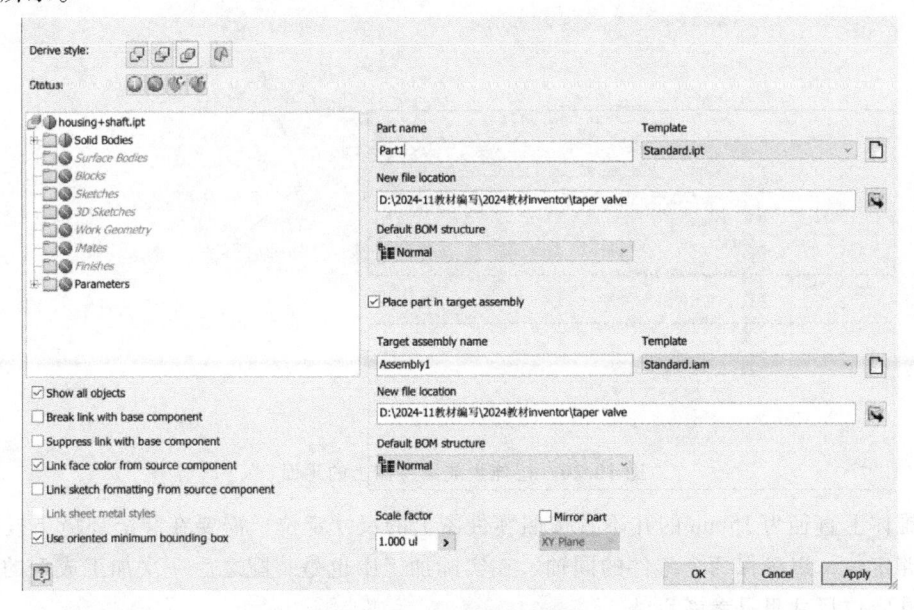

图10.17　从实体生成零件

选择模板的时候注意切换到公制模板，输入文件名"shaft"，取消"Place part in target assembly"选项，单击"Apply"之后会直接打开零件"shaft"造型设计窗口，然后根据零件图继续其他特征的造型设计。

同样保存"Solid1"为零件"housing"备用。

2）阀杆圆柱体和圆柱上平面的造型设计。按照设计意图，阀杆总长为118mm，从阀杆圆锥底面往上偏移118mm新建工作平面，然后在此平面上画直径为18mm的草图圆。

单击"Finish"完成草图，拉伸草图圆到圆锥顶面，实现阀杆总长为118mm的设计思想，如图10.18所示。

圆柱上平面的造型是配合手柄旋转零件的常用结构，需要使用拉伸特征创建。选择圆柱端面为草图平面画正方形草图（图10.19），并投影圆柱体。

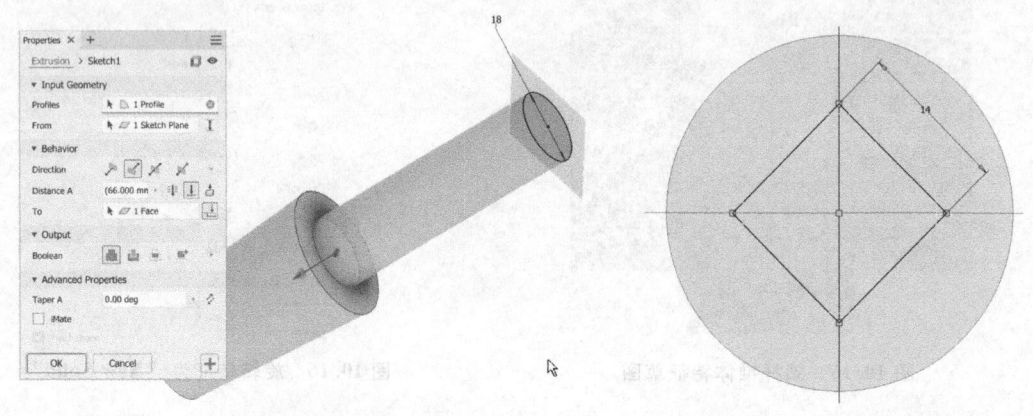

图10.18　反映总长为118mm的拉伸特征　　　　图10.19　正方形草图

单击"Finish"完成草图，之后单击"Extrude"启动拉伸特征，去除材料拉伸生成圆柱体上平面的造型，注意拉伸轮廓的选择，如图10.20所示。

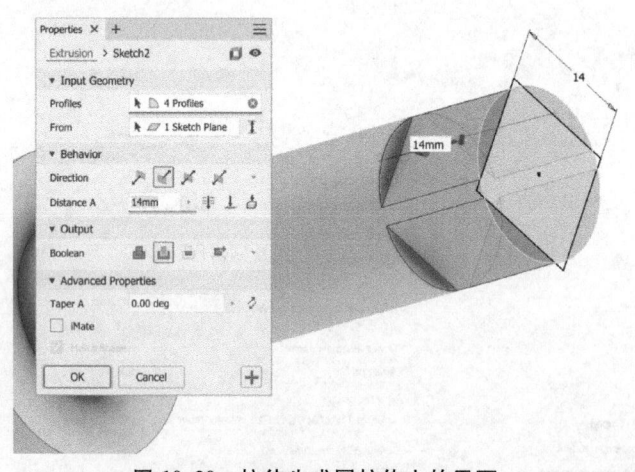

图10.20　拉伸生成圆柱体上的平面

圆锥体上直径为15mm的孔不宜按照零件图上的尺寸定位，需要在装配环境下投影阀体上的通路定位，以确保两个零件的同轴。在实际加工中也是装配之后一次加工成型的，零件图上的孔定位尺寸只是参考尺寸。

10.4 锥阀的装配

1. 装配约束

虽然没有完成所有零件的造型设计，但是因为可以在装配环境下在位创建零件，引用装配环境下其他零件的参数，所以可以先进行装配，并在装配环境下编辑和创建零件，最后完成所有零件的造型设计。

单击"New"新建装配，选择公制模板进入装配环境，单击"Place"弹出零件选择窗口如图10.21所示。

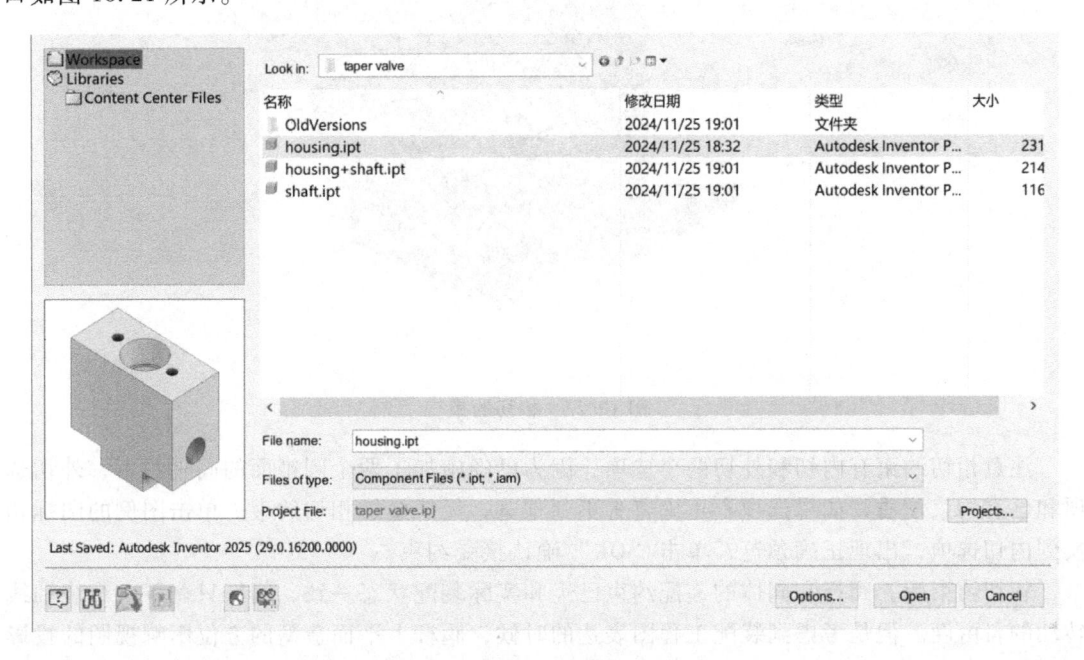

图10.21 选择装配零件

可以使用<Ctrl>键实现多选，引入"housing.ipt"和"shaft.ipt"，然后保存装配文件为"taper valve.iam"。

在特征浏览器中找到"housing.ipt"，单击右键弹出菜单，选择"Grounded"，相对于装配坐标系固定该零件。一般来说，在装配环境中固定机架类、箱体类的零件，既符合现场安装实际，也有利于装配的操作。在本例中为观察阀杆在阀体内的装配情况，可以将阀体改为透明外观。

模型装配就是模拟实际装配施加效果相同的约束。在实际装配的时候，阀体和阀杆的圆锥面贴合，单击"Constraint"弹出约束选项，如图10.22所示。

装配约束的种类从左到右分别是"Mate"、"Angle"、"Tangent"、"Insert"、"Symmetry"，其中配合（Mate）选项的意义比较宽泛，不仅可以是平面贴合，也可以是曲面的同轴等。

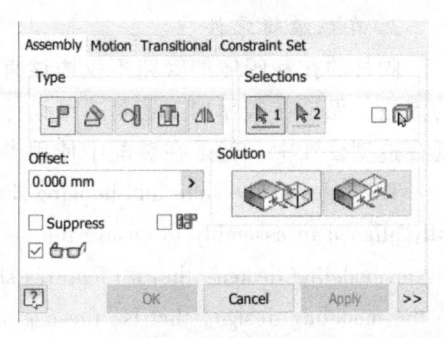

图10.22 装配约束

阀体阀杆装配首先要保证两零件的锥面同轴,单击"Mate"添加约束,选择两个曲面或轴线,施加配合约束。

施加配合约束后,阀杆可以转动,可以沿轴线移动,但其他自由度被限制。模拟实际装配约束,两个零件的锥面应该贴合,但"Mate"约束对两个圆锥面只能施加同轴约束,为使两锥面贴合可以施加相切约束,如图10.23所示。

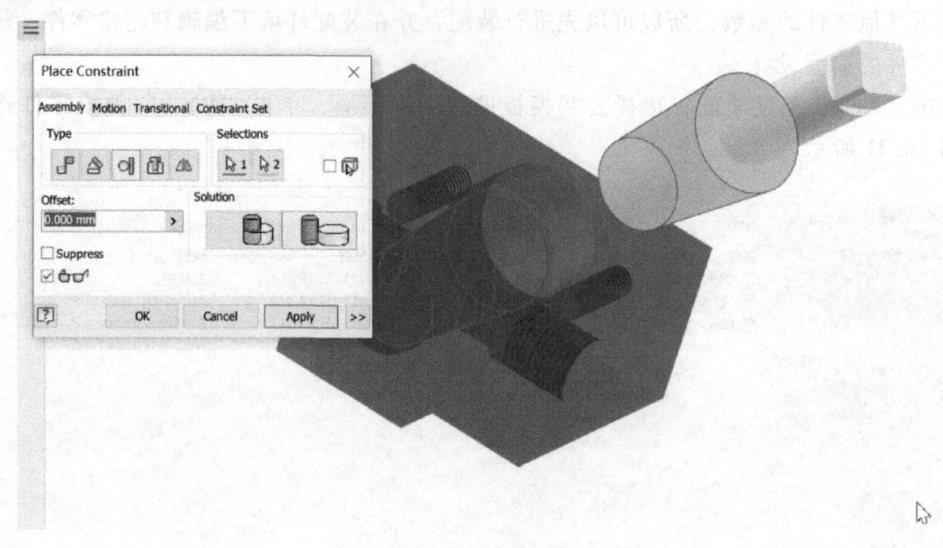

图 10.23 相切约束

注意相切约束有内切和外切两个选项,因为已经施加了两个圆锥面的同轴约束,外切选项和已有约束矛盾,如果选项不正确将看不到预览,无法施加相切约束。单击图例的图标切换到内切选项,出现正确预览,单击"OK"确认接受约束。

相切约束后,阀杆和阀体的装配约束已经和实际装配状态一致,阀杆只剩下一个绕轴线转动的自由度。但是考虑到装配工程图表达的时候,阀杆上平面造型的方位影响视图的投影结果,阀杆上孔的方位也和阀体管路的方位有关,所以需要将阀杆和阀体在旋转角度上也精确定位。

精确定位依然采用装配约束。施加约束的时候,不仅可以选择零件的特征表面,也可以选择各自零件的原始坐标系。

施加装配约束,选择角度约束阀体前表面和阀杆圆柱上平面造型成45°,注意在输入角度后,需要选择"Directed Angle"模式才能看到预览,如图10.24所示。

2. 在位编辑零件

阀杆的孔和阀体的管路不仅应该直径相同,而且安装后还应该同轴对正,才能保证管路的流量。无论在实际加工还是造型设计中,这两个结构特征都应该采用一次加工的方式,体现在造型设计中,就是在装配中使用参数传递编辑零件,保证设计思想。

The holes of the shaft and housing should not only be at the same size, but also should be coaxially aligned in assembly to ensure the maximum flow of the channel. Whether in actual manufacturing or modeling design, the two features should be processed at one time, which should be reflected in the modeling design, that is, the use of parameter transfer to edit the part in the assembly to ensure the design idea.

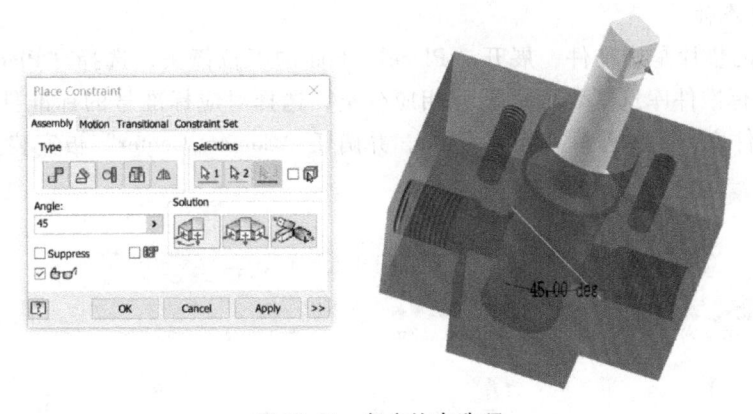

第10章 锥阀部件的设计——零件造型设计和装配

图 10.24 角度约束选项

在特征浏览器中选择"shaft",单击右键弹出菜单,选择"Edit",进入零件造型环境,展开零件"shaft"的原始坐标系,选择相应的坐标平面同时观察图形界面,发现 XY 平面是适合阀杆孔草图的平面。选中该平面,单击"Start 2D Sketch"新建草图,按<F7>键进入切片观察模式,发现阀杆被切片,同时阀体依然半透明可见。要投影阀体上的管路作为阀杆孔草图保证直径和位置,单击"Project Geometry",注意选择的时候不要误选,谨慎选择阀体管路圆柱面,拾取确认并完成草图,如图 10.25 所示。

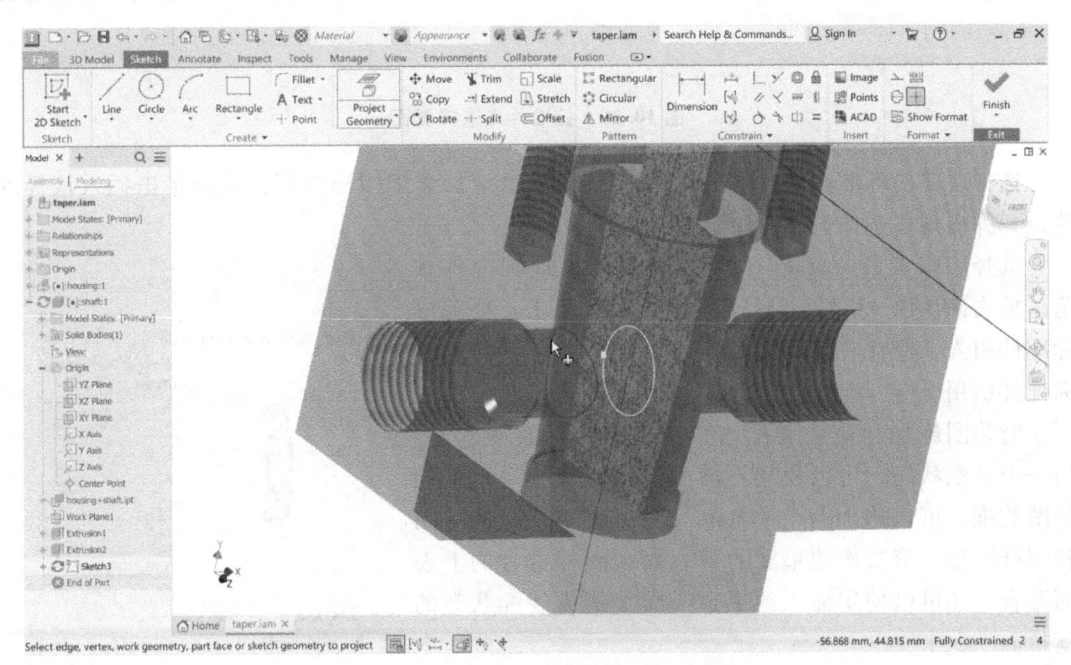

图 10.25 使用投影几何图元传递孔参数

单击"Extrude"启动拉伸特征,终止条件为贯通,双向对称拉伸去除材料形成阀杆孔。注意如图 10.25 所示特征浏览器中"Sketch3"前红蓝双色箭头的自适应标志,在其后形成的拉伸特征及零件"shaft"前也有同样的标志,表示该零件有自适应特征,会随着传递的参数而改变。

3. 使用标准件

阀杆上面的垫片是标准件，展开"Place"下面的下拉箭头，选择"Place from Content Center"，弹出标准件库选择界面，展开相应分类，选择对应标准号的标准件（图10.26），如果没有标准件库，需要重新安装 Inventor，并确任"Content Center"被安装。

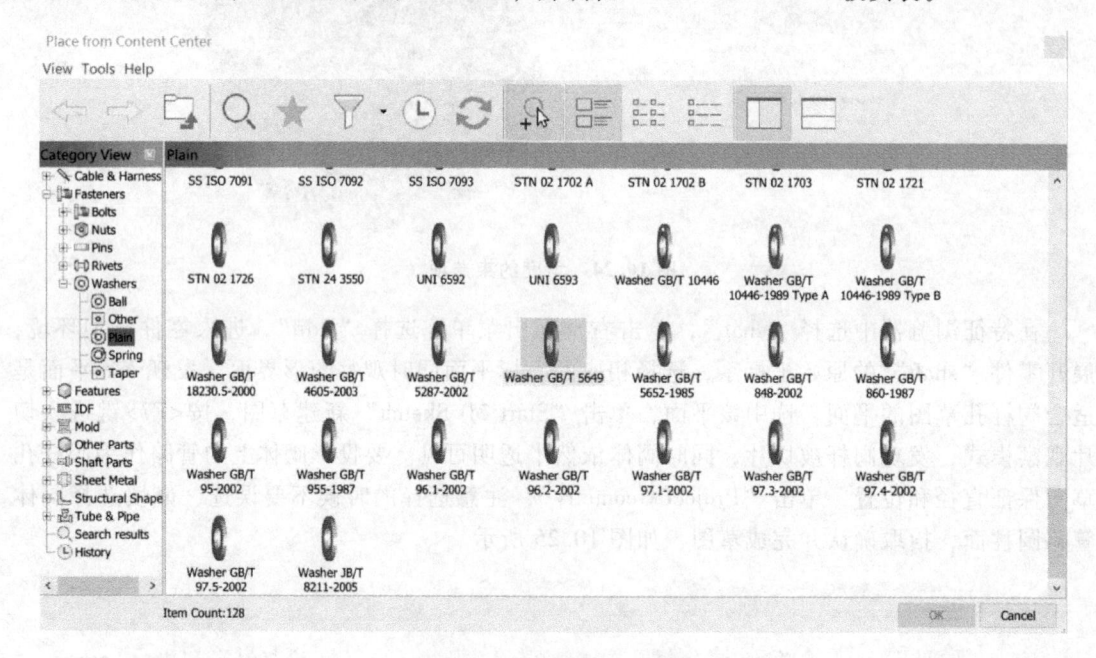

图 10.26　标准件库选择界面

选择所需的标准件后，单击"OK"确认接受返回装配图形界面，鼠标单击插入该标准件，并弹出规格选择窗口，如图10.27所示。

选择相应参数，单击"OK"确认后出现标准件预览，单击确认引入，多个标准件需要多次单击。要完成标准件引入，应在右键弹出菜单中单击"OK"确认结束标准件引用。

对垫圈施加相应的装配约束，模拟实际装配状态。同一个装配状态，可以使用不同的约束达成，对本例的垫圈装配，可以施加两个"Mate"约束，第一次使垫圈和阀杆同轴，第二次使垫圈的下表面和阀杆锥台的上表面贴合。还可以使用插入约束，一次性达成装配状态的模拟。

插入约束是同轴和面贴合同时约束，单击"Constrain"，选择"Insert"，在"Selection1"选择垫圈，注意预览中红色亮显选中的要素有带方向的轴线和贴合表面两个层次，谨慎移动鼠标选择正确的贴合面完成拾取。同样的方式拾取阀杆，注意贴合面的正确选择（图10.28）。

图 10.27　选择标准件的规格

在拾取第二个要素之后确认添加"Insert"约束之前，一定要检查轴线法向的方向和所

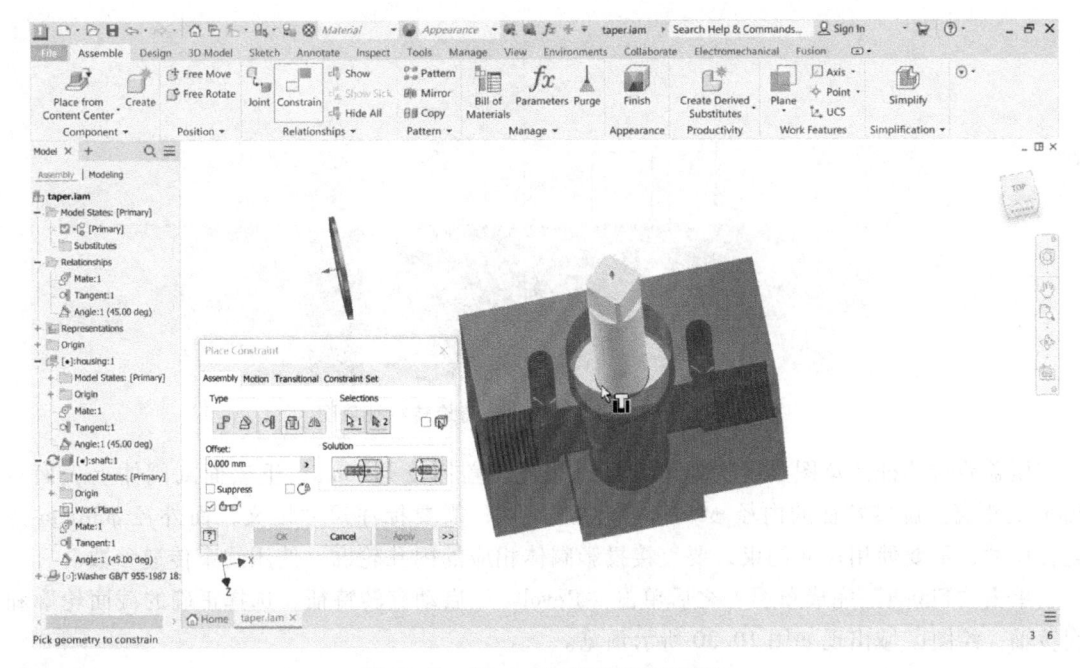

图 10.28 "Insert" 装配约束的添加

要结果是否一致,如果不一致,需要在"Solution"选项的法向"Opposed"和"Aligned"中进行正确选择。

4. 在位创建零件

参数化设计还可以在装配环境下在位创建零件,引用其他零件的位置和形状参数实现设计过程中的凑配,这比传统的尺规作图设计方便多了,而且参数的传递也减少了设计方法带来的失误。

本例中零件之间的密封除了使用锥面配合以外,在阀杆顶部还使用了填料和压盖,压盖用螺钉紧固在阀体上。装配的时候先填充填料,压盖下端面和阀体上端面之间要留有一定的空间作为填料损耗后的压紧空间。

本例中压盖的设计可以在位创建零件,创建的时候要预留压紧空间,然后再在位创建填料充满压盖和垫片之间的空隙。

1) 压盖的在位创建

单击"Create"弹出在位创建零件选项,选择公制模板命名零件为"gland",缺省的零件保存在当前激活的项目目录下,单击"OK"确认。

确认保存后交互信息提示"Select sketch plane for base feature",注意装配原始坐标系和零件原始坐标系的差别,在本例中选择阀体原始坐标系的 XY 平面作为新建零件基础特征的草图平面。

选择草图平面后进入零件造型设计界面,在特征浏览器选择新建的"gland"零件的原始坐标平面,展开发现它们和"housing"零件的原始坐标平面是重合的,这和上一步基础特征的草图平面选择有关。

选择"gland"零件的 XY 坐标平面,单击"Start 2D Sketch"在其上新建草图,参照该零件的零件图绘制旋转特征的草图,如图 10.29 所示。

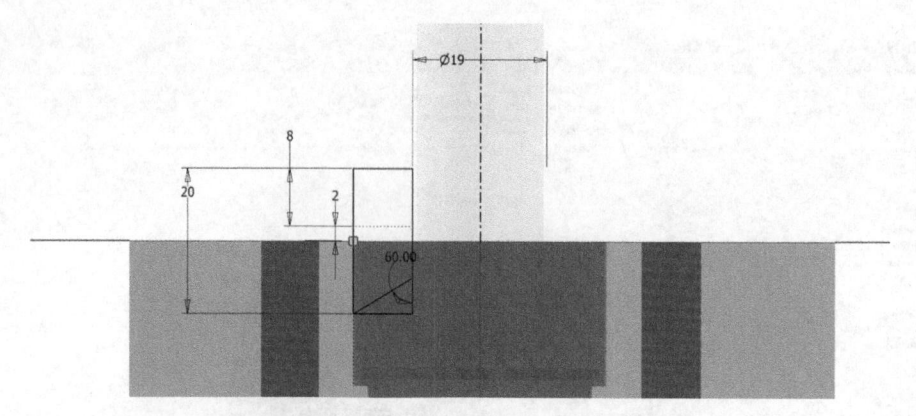

图 10.29 反映设计思想的压盖旋转特征草图

压盖旋转特征的草图要反映如下设计思想：压盖厚度是 8mm，下表面到阀体上表面有 2mm 的距离。旋转特征的内径 ϕ19mm 是设计尺寸，需要标注尺寸定义，而外径 ϕ36mm 是配合尺寸，不要使用尺寸约束，要直接投影阀体相应的内孔轮廓，使用约束传递参数。

单击"Finish"完成草图，之后单击"Revolve"启动旋转特征，选择正确的截面轮廓和旋转轴，绘图区域出现如图 10.30 所示预览。

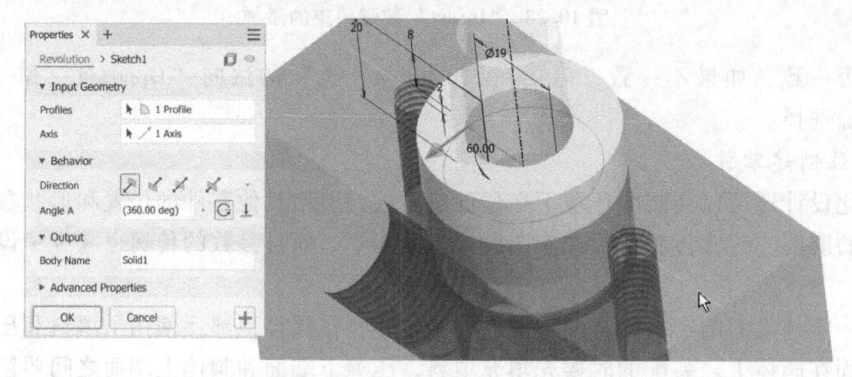

图 10.30 在位创建的旋转特征

单击"OK"确认接受。再选择该旋转特征的顶面为草图平面新建草图，以中心和角点的方式画矩形，矩形中心捕捉到坐标原点，先在矩形的一角画斜线，再切换到构造线，画过原点的水平和竖直构造线作为镜像线，双向镜像矩形一角的斜线，得到如图 10.31 所示草图。

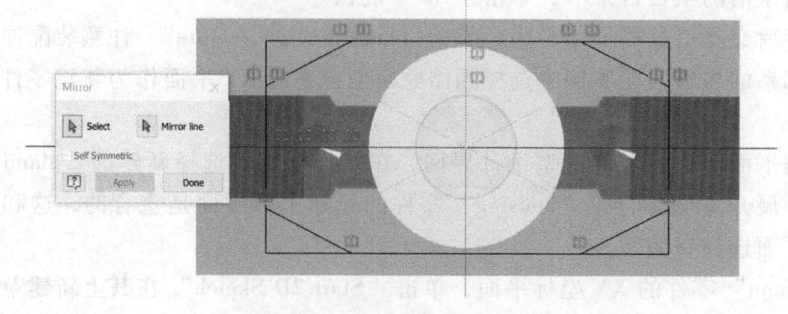

图 10.31 压盖端面的草图绘制

根据"gland"零件图标注尺寸，然后投影旋转特征的内孔，最后得到全约束的草图，如图 10.32 所示。

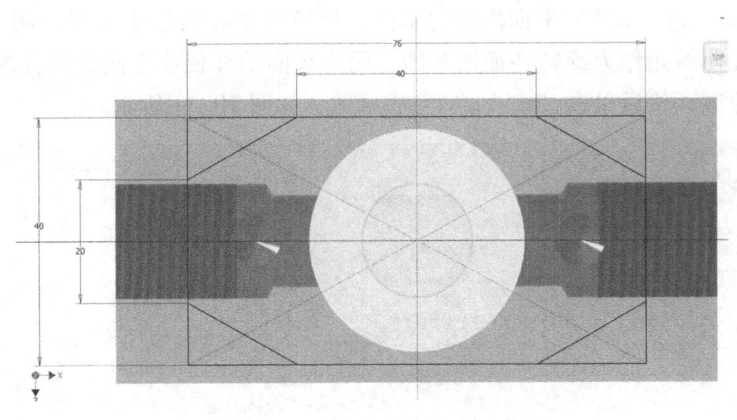

图 10.32　压盖端面全约束的草图

单击"Finish"完成草图，再单击"Extrude"启动拉伸特征，拉伸形成压盖零件的端面特征，如图 10.33 所示。

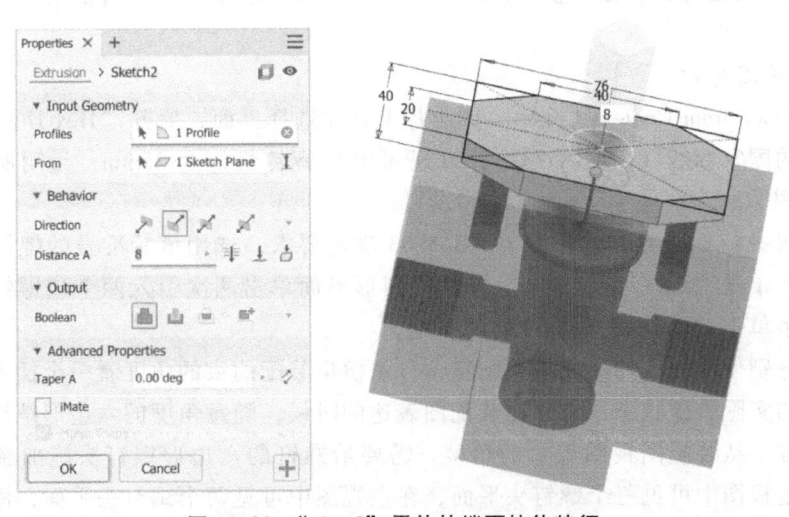

图 10.33　"gland"零件的端面拉伸特征

压盖的最后一个特征是紧固螺纹孔，选择压盖顶面为草图平面新建草图，切换到构造线并投影阀体螺纹孔定位，关闭构造线并捕捉定位点创建草图点，然后单击"Finish"完成草图。

单击"Hole"创建孔特征，选择贯通的终止方式，输入直径 $\phi 11$mm，完成压盖的造型设计。

2）在位创建填料。在实际装配中填料是没有固定形状的软材料，装配完毕后充满填充空间，所以填料的造型设计放在压盖后，待压盖在位设计完成，装配体形成填充空间后再行设计。

填料也采取在位创建的方式，重复压盖创建的步骤。单击"Create"弹出在位创建零件选项，选择公制模板命名零件为"packing"，默认零件保存在当前激活的项目目录下，单击

"OK"确认。此时交互信息提示"Select sketch plane for base feature",选择阀体的 XY 面,进入零件设计界面。

在零件"packing"的 XY 平面内新建草图,切换到中心线过坐标原点画竖直的旋转轴,然后谨慎投影几何图元作为旋转特征的草图,因为垫圈的外径小于阀体圆孔的内径,需要作直线补齐封闭轮廓,然后单击"Finish"完成草图,如图 10.34 所示。

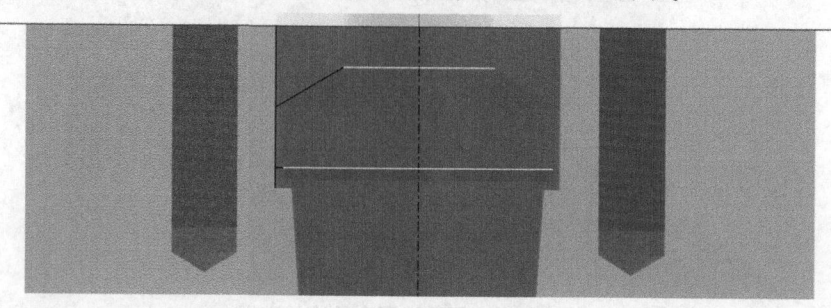

图 10.34 填料特征的草图

单击"Revolve"启动旋转特征,因为只有一个封闭轮廓和中心线,自动可见预览,单击"OK"确认接受特征,再调整填料的外观为深色以和相邻零件有所区别,完成填料的在位创建。

5. 引入紧固螺钉

单击"Place from Content Center"弹出标准件库选择界面,展开"Hex Head"根据装配图查找相应的国家标准(GB/T 5782),发现 M10 的螺钉最短为 35mm,说明所查国家标准选用不当(图 10.35)。

重新选择螺钉标准系列,发现 GB/T 5783 满足要求,选用该标准号的螺钉并选定公称直径和长度,单击"OK"确定引入,然后在图形界面单击两次引入两个该螺钉,最后在右键弹出菜单中单击"OK"完成标准件的引用。

对螺钉分别使用插入约束完成装配定位,从模拟装配约束的角度看一个插入约束就能完全模拟螺钉的实际装配状态,但是在装配图表达的时候,随意角度的六边形螺钉头投影在视图上观感不好,从装配图视图表达的角度,需要给螺钉的六边形螺钉头施加额外的角度约束,使其在主视图中可见三个螺钉头平面,在左视图中可见两个螺钉头平面,添加并完成约束后的装配图如图 10.36 所示。

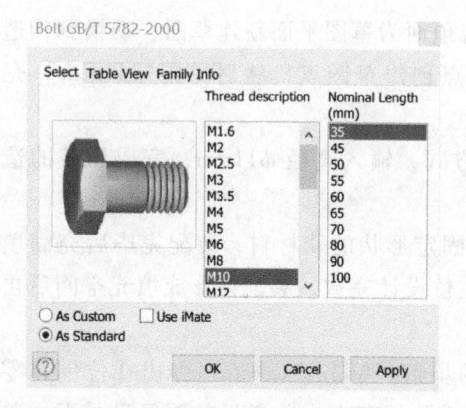

图 10.35 GB/T 5782 M10 的螺钉最短长度 35mm

图 10.36 完成装配的锥阀

10.5　干涉分析和约束驱动动画

参数化设计的装配毕竟是虚拟装配，在虚拟装配中的两个实体是可以相互嵌入的，在位创建零件的时候投影不正确的要素、操作失误等都会造成零件的嵌入，这些错误在装配中很难发现，有些甚至在生成装配图环节都无法发现。

1. 干涉分析

针对以上问题，参数化造型设计软件在装配环节都有干涉分析功能。Inventor的干涉分析功能在"Inspect"菜单下。单击"Analyze Interference"命令，弹出执行选项，如图10.37所示。

在图形界面点选或窗选要分析的零部件，也可以结合<Ctrl>键在特征浏览器中选择，本例使用窗选选择所有零件，单击"OK"确认之后系统返回分析结果，展开双箭头可见干涉对象列表，如图10.38所示。

图10.37　干涉分析选项　　　　图10.38　干涉分析结果

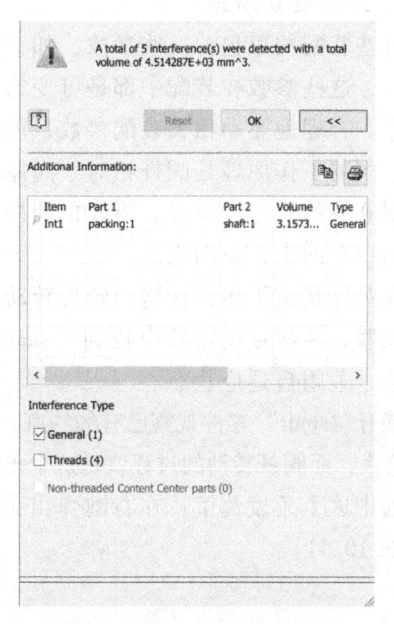

信息提示有5处干涉，因为下方的"Threads"螺纹特征选项未选中，所以详细信息只有一项。需要说明的是螺纹特征在Inventor中只是虚拟表示，所以内外螺纹在装配的时候按照软件逻辑直径是干涉的，但是因为工程表达可以很好地处理这个问题，所以螺纹装配的干涉提示可以忽略。

本例需要分析解决的只有一个"packing"和"shaft"的干涉问题，双击放大显示红色干涉区域，说明"packing"的造型设计有问题。

因为"packing"是在装配环境下在位创建的，零件之间的遮挡影响问题的分析和排查，在特征浏览器中选中"packing"零件，然后在右键弹出中菜单选择"Open"，在新的零件窗口单独打开，发现该零件"packing"是实心的，如图10.39所示。

错误产生的原因是在位创建零件的时候绘图区域受其他零件显示的干扰、遮挡，影响了草图绘制、特征过程截面的选择和特征结果的检查。本例错误的根源是草图错误且产生的结果在装配环境下不可见，需要编辑零件纠正错误。

在特征浏览器中选择"packing"，在右键弹出菜单中选择"Edit"，展开相应草图发现定义错误，补充投影阀杆圆柱轮廓线，单击"Finish"完成草图。

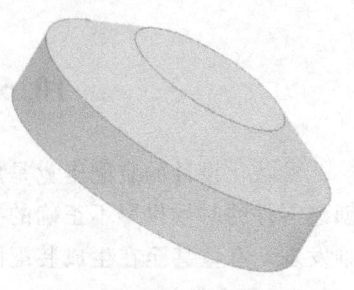

图 10.39　设计错误的零件

在特征浏览器中选择"Revolution1"特征，单击右键弹出菜单，选择"Edit Feature"，重新进入特征定义选项，在该特征的"Profiles"选项后单击 ⊗ 图标，放弃原先选择，重新选择正确的轮廓，因为之前更改了零件的外观与相邻零件不同，可见清晰正确的预览，单击"OK"确定接受（图 10.40）。

单击右键弹出菜单，选择"Finish Edit"退出零件编辑模式返回到装配环境，重新检查干涉发现没有螺纹连接以外的干涉，错误得到纠正。

2. 约束驱动动画

有些装配约束包含一些参数，如"Mate"的偏移参数等，有些约束如角度约束本身就是参数，这些参数在装配中都是可变的，并且可以给定范围驱动，演示零部件在变化参数下的动作。合理地驱动相关装配参数，可以模拟部件的工作原理。

锥阀的工作原理是阀杆相对于阀体转动，利用阀杆上孔和阀体上的管路对正或错开的角度控制阀体的开合与流量。要模拟阀杆转动的过程，可以给阀杆圆柱上平面的结构造型和阀体前面一个约束，驱动它。

在装配状态下用鼠标拖动阀杆转动，因为自适应状态的存在，使两个零件之间有约束参数的关联，在特征浏览器中找到"shaft"零件，选中并在右键弹出菜单中取消"Adaptive"的复选，关闭自适应状态。

展开"shaft"零件观察已有的约束，因为已将加载了圆柱上平面结构造型和阀体前面的 45°角度约束，而阀杆转动的过程就是这个角度变化的过程，只是静态值下的阀杆不可转动。

选中这个角度约束，在右键弹出菜单中选择"Drive"约束驱动，弹出约束驱动定义选项（图 10.41）。

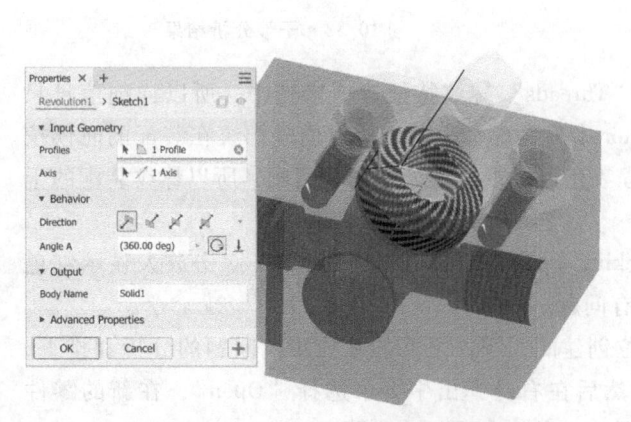

图 10.40　纠正草图后的旋转特征预览

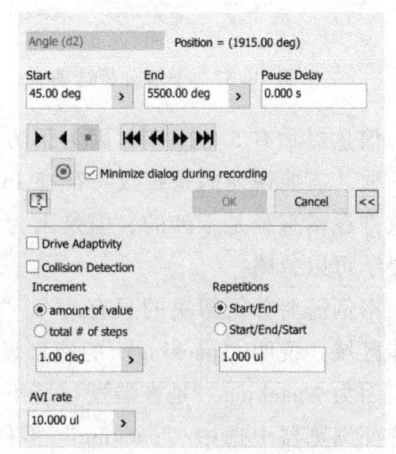

图 10.41　约束驱动定义选项

输入参数变化起止值的大小，调整变化增量以控制动画速度，单击红圈的"Record"按钮，定义录像文件保存位置和名称，设定参数确定后单击"Forward"或"Reverse"，系统将自动最小化对话框并录像保存动画。

10.6　项目文件管理

工程图基于模型，装配基于零件，以上文件默认保存在项目文件夹下，部件装配中引入的标准件在系统的默认目录下。如果不对项目文件进行科学的管理，在讨论和交流的时候会发生很多意想不到的情况。比如，发送单个工程图文件给同行交流，因为缺失工程图所基于的零件模型，对方无法正确使用该文件；发送装配文件，如果对方的系统标准件库中没有装配引入的标准件，打开装配时就无法显示该标准件。

Inventor 对文件的管理是以项目为单位，基于最高一级的装配文件进行管理。如果要转移整个项目相关文件，需要采用打包文件的方式操作。操作方法如下：关闭 Inventor 系统，在资源管理器中找到该项目最高一级的装配文件（零件过多时候要采用子装配的分级装配模式），单击鼠标右键弹出菜单，选择"Pack and Go"（图 10.42）。在打包弹出对话框，对打包文件的位置、文件夹名称、目录设置、是否打包库文件、是否打包模板文件等进行定义。定义完毕后，单击"Search Now"搜索要打包的文件，搜索结果显示文件数量和所需空间，如果打包文件要在别的机器上使用，建议打包库、样式、模板等文件。搜索完毕后显示搜索结果，单击"Start"将开始打包并显示进度（图 10.43）。

图 10.42　打包文件　　　　图 10.43　打包完毕

打包完毕后，文件转移以打包目录为单位。

思考题：

10.1 为什么在施加装配约束拾取的过程中旋转视图不影响约束命令的执行？

10.2 为什么在驱动约束之前要关闭零件的自适应？

10.3 本实例部件的尺寸规格是什么？安装固定尺寸是什么？在现有的基础上能否更改主要零件的设计使部件的整体尺寸更小、更紧凑一些？

10.4 本部件紧凑化设计的最小极限是什么（提示：从工作原理出发，阀杆转动90°能否关闭管路并留有余量）？在紧凑化设计调整零件尺寸的过程中怎样使用软件的测量功能？

作业：

根据所给工程图完成锥阀部件的零件造型设计、装配和工作原理动画。最终设计结果的具体尺寸不必拘泥于所给材料，可以进行紧凑化、轻量化设计，但是规格、性能、尺寸和安装固定尺寸不得更改。在设计过程中要求使用在位创建和编辑功能。

第11章

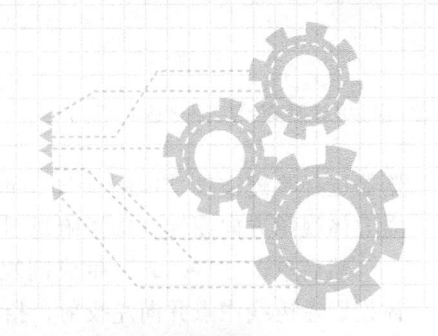

锥阀部件的表达——装配图和表达视图

尽管在设计实践中广泛应用参数化造型设计技术，但工程图依然是产品加工、装配过程中必不可少的技术文件。使用参数化设计软件可以高效地生成工程图，在装配图环节更可以自动生成零件编号、明细栏等。本章通过锥阀部件的装配图介绍使用参数化软件生成装配图的思路和方法，通过表达视图和装配动画介绍参数化设计软件的产品展示功能。

Although parametric modeling design is widely used in practice, engineering drawings are still indispensable technical documents in the process of product manufacturing and assembly. Modeling software can be used to efficiently generate engineering drawings, and part numbers, parts lists, etc. can be automatically generated in the assembly drawing. In this chapter the ideas and methods of using modeling software to generate assembly drawings, and the product publish functions of modeling software through assembly animations will be introduced.

11.1 装配图的内容和锥阀部件的表达方法

装配图的主要内容包括：
（1）一组视图 表达机器或部件的工作原理、零件之间的装配关系和主要结构形状。
（2）必要的尺寸 标注与部件或机器有关的规格、装配、外形等方面的尺寸。
（3）技术要求 说明与部件或机器有关的性能、装配、检验、试验、使用等方面的要求。
（4）零件的编号和明细栏 说明部件或机器的组成情况，如零件的代号、名称、数量和材料等。
（5）标题栏 填写图名、图号、设计单位、制图人、审核人、日期和比例等信息。

针对锥阀的零部件特征，参考所给的装配图，确定锥阀部件的表达方法采用全剖的主视图加上局部剖视表达阀杆孔，俯视图表达压盖的形状，左视图不是很必要，但鉴于部件不是很复杂，图纸空间也比较充足，加上左视图补全三视图。

11.2 锥阀部件的装配图

1. 生成视图

装配图生成的方法和前面章节的零件图相同，单击"New"新建工程图，选择A3简化标题栏模板，进入工程图模式。

单击"Base"创建基础视图，本例因为主视图全剖，基础视图应为俯视图。在特征浏览器选择装配文件"taper valve.iam",使用默认视图选项,有需要的时候再按需调整,调整立方体视图方向图标,选择俯视图方向作为基础视图,单击"OK"确定。

然后单击"Section"生成剖视图,在提示下选取俯视图作为剖切面定义视图,捕捉阀体投影左边线中点并向左投射,拾取后向右水平移动至阀体右侧边线外再次拾取,完成剖切平面的定义。然后在右键弹出菜单中单击"Continue",向上拖动可见全剖的主视图,如图11.1所示。

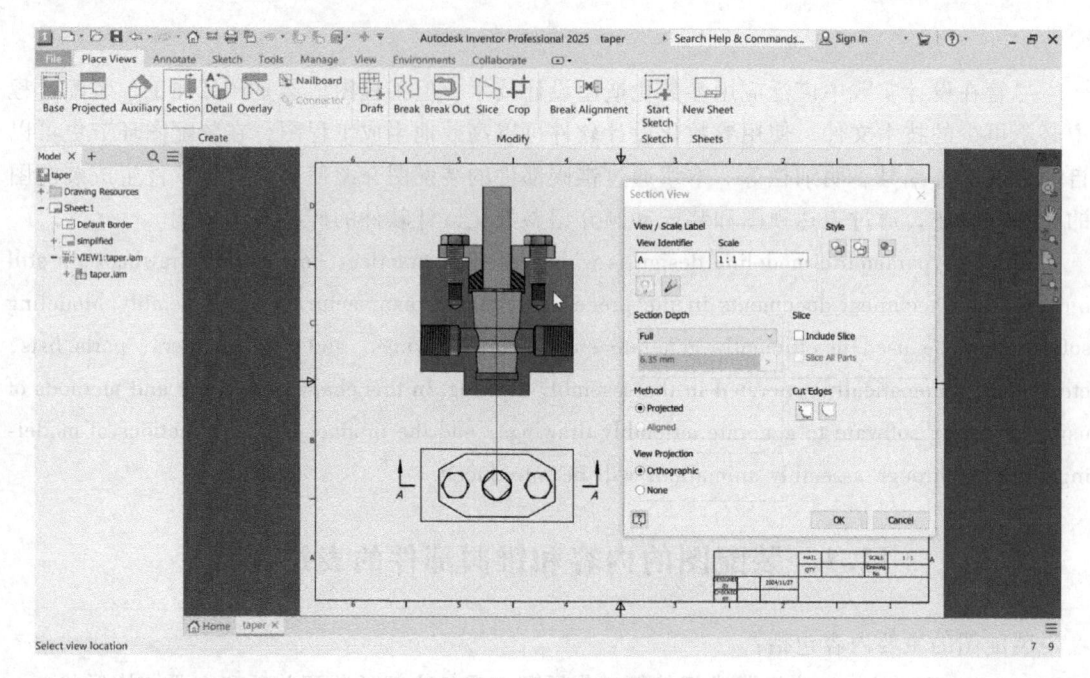

图 11.1　全剖的主视图

本例可以使用两个视图表达,也可以增加一个左视图。要增加一个左视图,可单击"Projected",选择主视图向右拖动到合适的位置,在右键弹出菜单中单击"Create"。

2. 各视图的进一步处理

生成的视图需要根据表达和国家标准的要求进一步处理。

1) 螺纹特征和螺纹连接。针对本例的具体情况,需要对各视图进一步处理。因为三个视图都是基本视图位置,所以剖视图不需要视图名称及剖切面位置等标注,双击主视图弹出视图选项(图11.2)。

单击灯泡图标"Toggle Label Visibility",关闭视图名称标注,保持默认的不显示虚线模式,单击"Display Option"调整显示选项,如图11.3所示。

本例零件没有圆角特征,不需要显示过渡线和相切边,但是有螺纹特征,需要选中"Thread Feature"选项,以便在视图中按国家标准的规定用简化的方式表达螺纹及螺纹连接。

This example part does not have fillet features, and does not need to display tangent edges, but it has thread features, and the "thread feature" option needs to be checked to describe the threads and threaded connections in a simplified way according to the rules of the national standard.

在基础视图位置的全剖主视图不需要标记,在俯视图中定义其剖切平面位置的标记也不再需要,在"Display Option"选项中找到"Definition in Base View",取消其选中标记,确定之后可见更新的视图按国家标准规定正确显示螺纹连接。

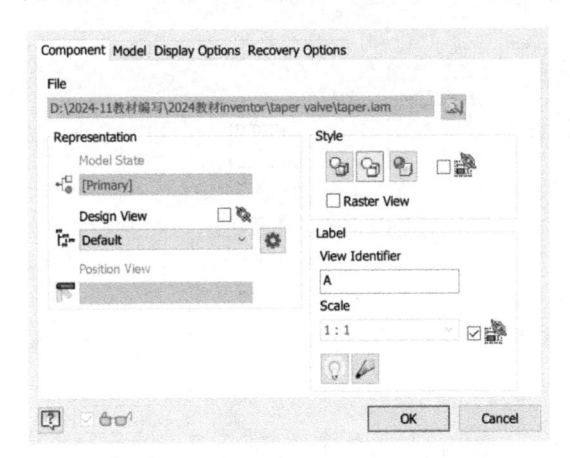

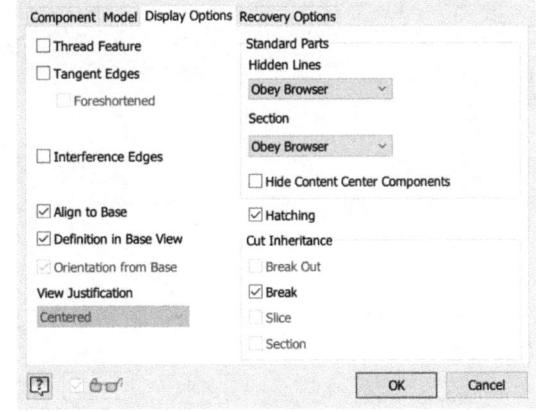

图 11.2 视图的"Component"选项

图 11.3 视图的"Display Option"选项

与零件图不同,装配图默认不继承基础视图的显示选项,每个视图都要单独更改。从表达需求的逻辑来看这是合理的,装配图各个视图显示选项需求各异的概率更大。分别调整各视图的显示选项得到初步的视图表达,如图 11.4 所示。

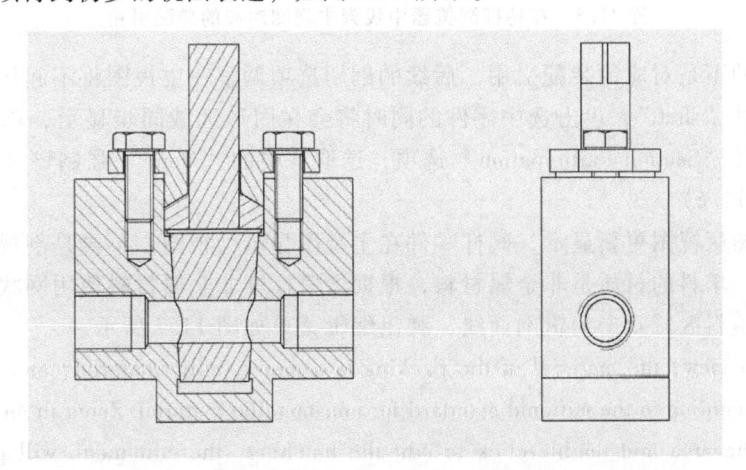

图 11.4 按国家标准要求正确表达螺纹连接的视图

2)实心杆在剖视图中的表达。根据国家标准要求,在装配图的剖视图中,实心的杆件按照不剖处理。Inventor 在装配图中已经默认按照国家标准要求对标准件不剖视,但非标零件还需要手工处理。

According to the engineering drawing standard, in the sectional view of the assembly drawing, the solid parts are treated as non-sectional. Inventor can deal with standard parts according to this standard in default in the assembly drawing, but for the non-standard parts, it still need to be processed manually.

在特征浏览器中找到剖视图标志后面的"A:taper.iam"展开,分别选中下面的"VIEW2:taper.iam"和"taper.iam",发现图形窗口的左视图和主视图分别亮显,确认

175

"taper. iam"对应全剖主视图后展开（图 11.5）。

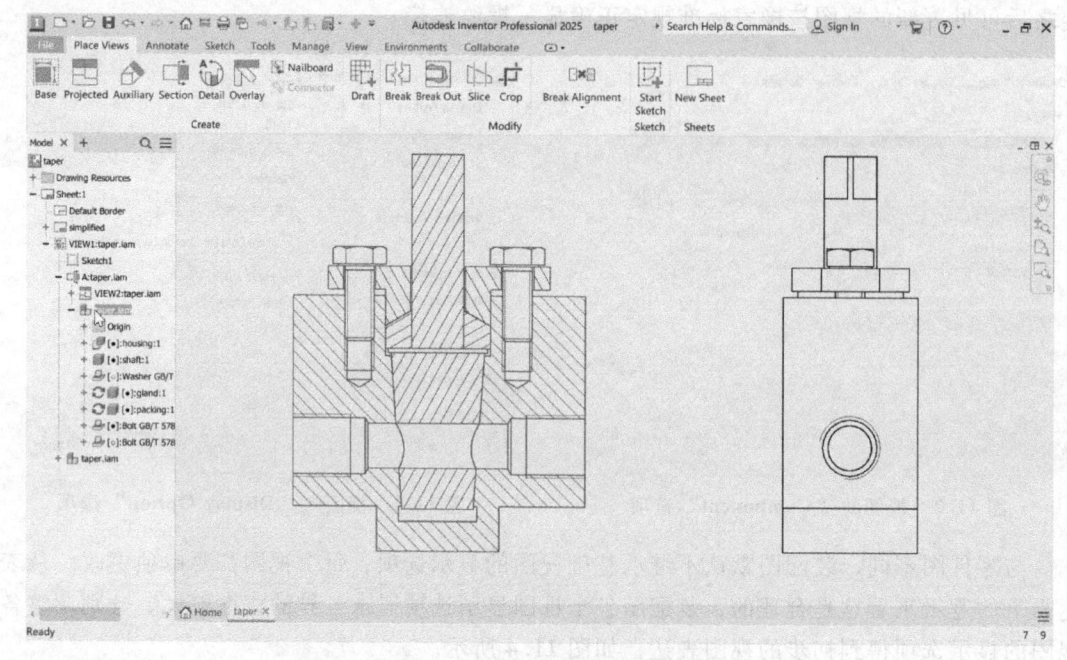

图 11.5　在特征浏览器中找到主视图对应的装配引用

如果调整的不是对应的装配引用，后续的剖切选项调整在主视图将不起作用。在展开的装配中找到零件"shaft"，单击选中零件的同时将会在图形区域同步显示，单击鼠标右键弹出菜单，并展开"Section Participation"选项，选取其中的"None"强制该零件在主视图不参与剖切（图 11.6）。

确认后绘图区视图更新显示，阀杆零件在主视图显示为视图，不再是剖视。

主视图中，填料的材质是非金属材料，根据国家标准非金属材料使用网状剖面线。放大主视图，选中填料区域双击编辑剖面线，弹出编辑菜单如图 11.7 所示。

In the main view, the material of the packing is a non-metallic material, and a double cross-hatch is used according to the national standard for non-metallic material. Zoom in on the main view, select the packing area and double-click to edit the hatching, the edit menu will pop up (Figure 11.7).

在剖面线编辑选项中可以调整剖面线类型、角度、间距等，网状的剖面线可以使用单向的剖面线，开启"Double"选项即为网状剖面线。

主视图中实心阀杆不参与剖切，但是阀杆孔不显示，无法清晰表达阀杆孔和阀体管路联通的部件工作原理，因此需要在主视图上局部剖视表达阀杆孔和阀体管路的联通关系。

局部剖视需要先用草图定义剖切区域，选中主视图，然后单击"Start Sketch"启动视图草图，在主视图上画草图。

展开直线命令下面的箭头，单击"Spline"使用样条曲线画局部剖视的剖切区域，注意封闭曲线，并调整曲线在阀杆上的形状（图 11.8）。

完成草图，单击"Break Out"启动局部剖视，交互信息提示"Select a view or view sketch"，拾取样条曲线草图后，系统弹出剖切面定义选项（图 11.9）。

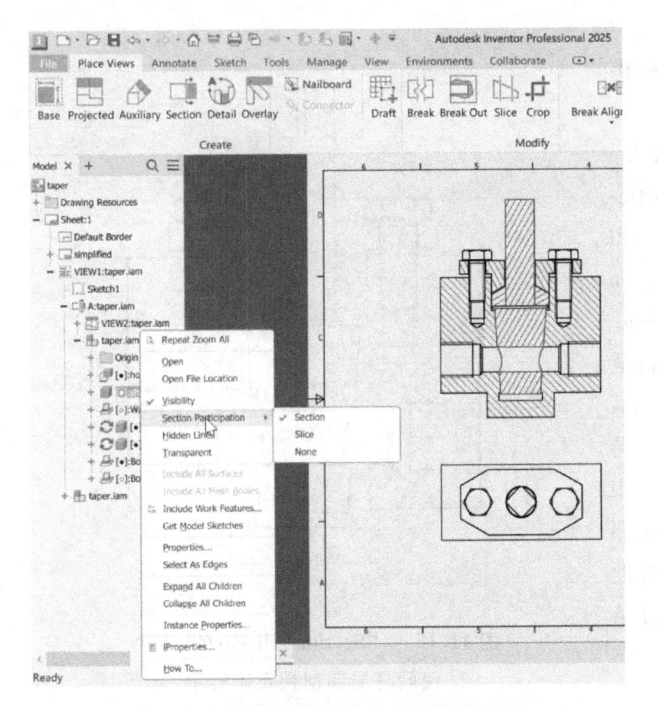

图 11.6　强制零件不参与剖视图的剖切

图 11.7　剖面线编辑选项

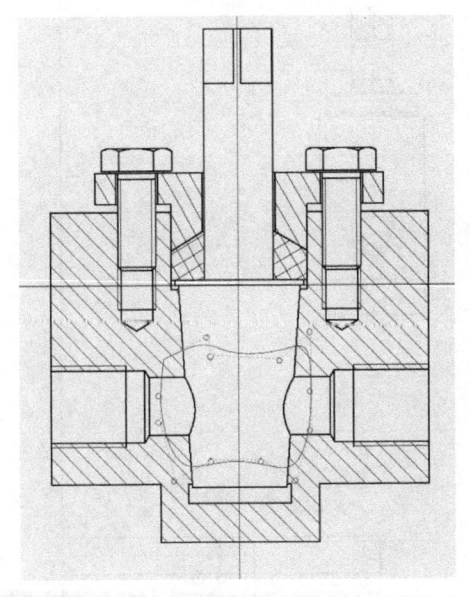

图 11.8　用样条曲线定义局部剖视
图的剖切区域

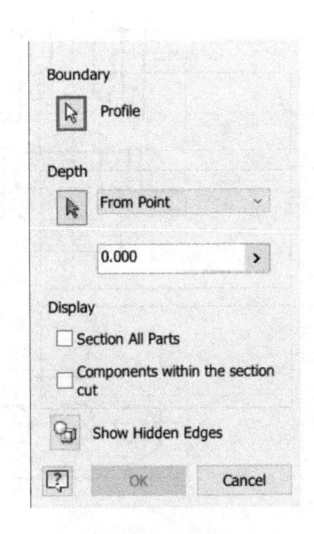

图 11.9　局部剖视定义选项

使用"From Point"从俯视图定义剖切平面位置，拾取俯视图前后对称平面上的点，单击"OK"确认，结果发现草图消失，主视图上并没有局部剖视图生成。

这是因为阀体本来已经是全剖视了，所以局部剖视的剖切效果在阀体上不显示，而阀杆之前已经被强制切换成不参与剖切，当然也不会参与这个局部剖视，所以局部剖视的结果归零。

This is because the valve body has already been fully sectioned, so the break out section has no more effect anymore, and the shaft has been forcibly switched to not participate in the section view, and of course will not participate in this break out section, so the result of the break out section is nothing.

阀杆是否参与局部剖切和主视图的全剖是一个矛盾，只能有一个选项，Inventor 提供了一个选项，如图 11.9 所示，局部剖视定义选项中有一个 "Section All Parts" 选项，复选这个选项，可以在局部剖视图中无视之前阀杆不参与剖切的设定，在局部剖视图内显示阀杆的剖切结果，如图 11.10 所示。

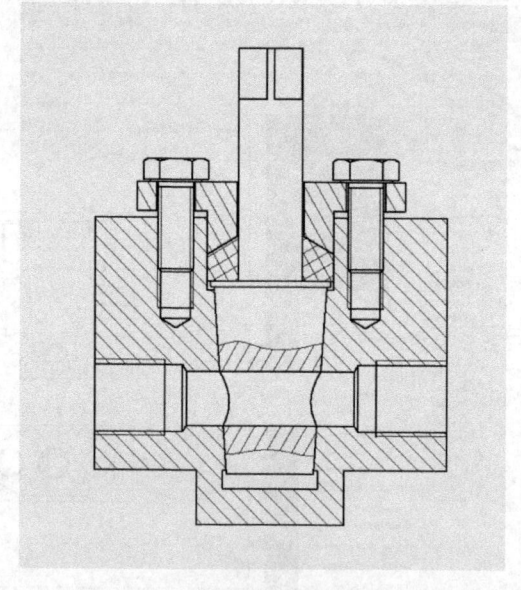

图 11.10　"Section All Parts" 可以使阀杆局部剖视正确显示

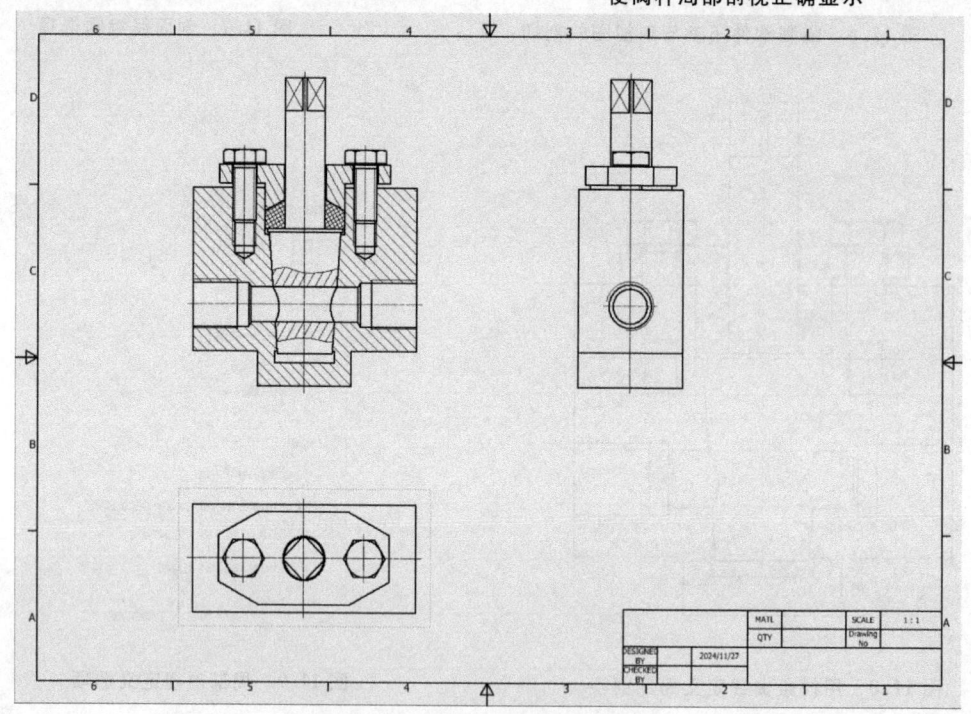

图 11.11　锥阀装配体的视图表达

3）中心线和圆柱上平面结构造型的表达。按照国家标准规定，圆柱上平面结构造型可以使用相交的细实线表达，在本例的主视图和俯视图中都需要使用草图视图完成该表达，分别在主视图和左视图上创建视图草图，完成相交细实线的绘制，在绘制过程中要注意直线端点的正确捕捉，完成草图。

使用自动中心线、手工中心线完成各视图中心线的添加，最后完成装配体的视图表达，如图11.11所示。

3. 尺寸标注、零件编号和明细栏

1）尺寸标注。装配图需要标注规格性能、装配配合、安装固定、总体外形四类尺寸，在本例中，G1/2既是安装固定也是规格性能尺寸，压盖和阀体的φ36mm是配合尺寸。

2）零件编号。装配图中还需要对零件进行编号，零件编号可以手动也可以自动进行，本例因为装配体简单且零件数量较少可使用自动编号。单击命令"Auto Balloon"，弹出自动编号选项，如图11.12所示。

在"Select View Set"亮显的时候选择一个视图作为主要编号视图，本例主视图能看到最多的零件，因此选择主视图。视图选择后选项"Add or Remove Components"亮显，可以增加或移除参与编号的零件，因为所有零件都要参与编号，这里的增加和移除是因为参与编号的零件可以在各个视图中选择，如果有的零件在主要编号视图中不可见或不清楚，可以移除它在主要视图中的编号并在其他视图中增加它。零件的选择在图形界面和特征浏览器中会同步显示选中。

图11.12 自动编号选项

"Select Placement"选项有"Around"环绕、"Horizontal"水平和"Vertical"竖直三种模式，本例选择竖直模式。只有先选择三种模式之一，再单击"Select Placement"，拖动鼠标在绘图区域才会出现预览。在合适的位置单击鼠标确定位置，绘图界面显示零件编号之后，单击"OK"按钮确定（图11.13）。

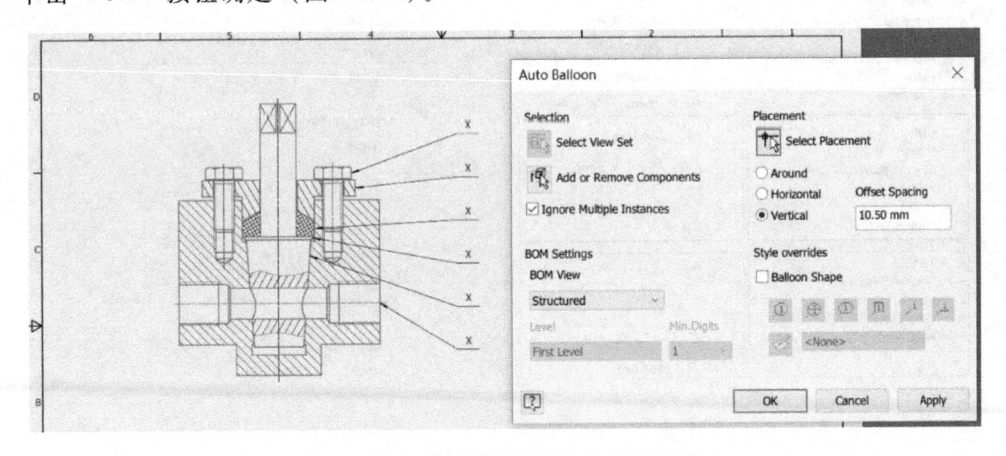

图11.13 自动零件编号的预览及确定

生成的零件编号默认格式不符合要求，还需要调整（图11.14）。零件编号应该指向零件内部，而不是指向零件轮廓线，这需要手动逐一拖动箭头调整，拖动箭头先离开零件轮廓再指向零件内部，箭头也自动变成了符合国家标准要求的圆点。

零件编号的指引线不得交叉，编号顺序要按顺时针或逆时针方向递增。如果出现因为调

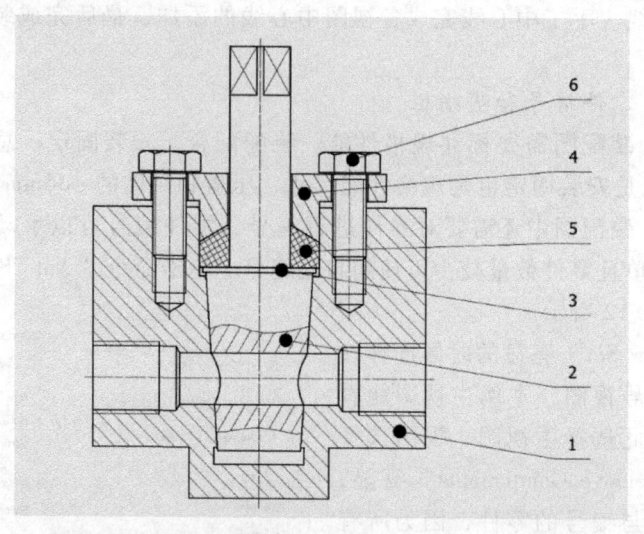

图 11.14　零件编号的指引线终端和编号顺序需要调整

整位置使编号跳号，需要手动调整。

要调整指引线终端圆点的大小，虽然可以单个选中后，在右键弹出菜单中选择"Edit Arrowhead"，选择"Change Arrowhead"模式进行调整，但这样的调整只对一个编号有效，因为默认的终端大小是"By Style"，要调整样式才能对所有的编号都有效。

选中一个零件编号，在右键弹出菜单中选择"Edit Balloon Style"，弹出样式编辑器选项（图 11.15）。

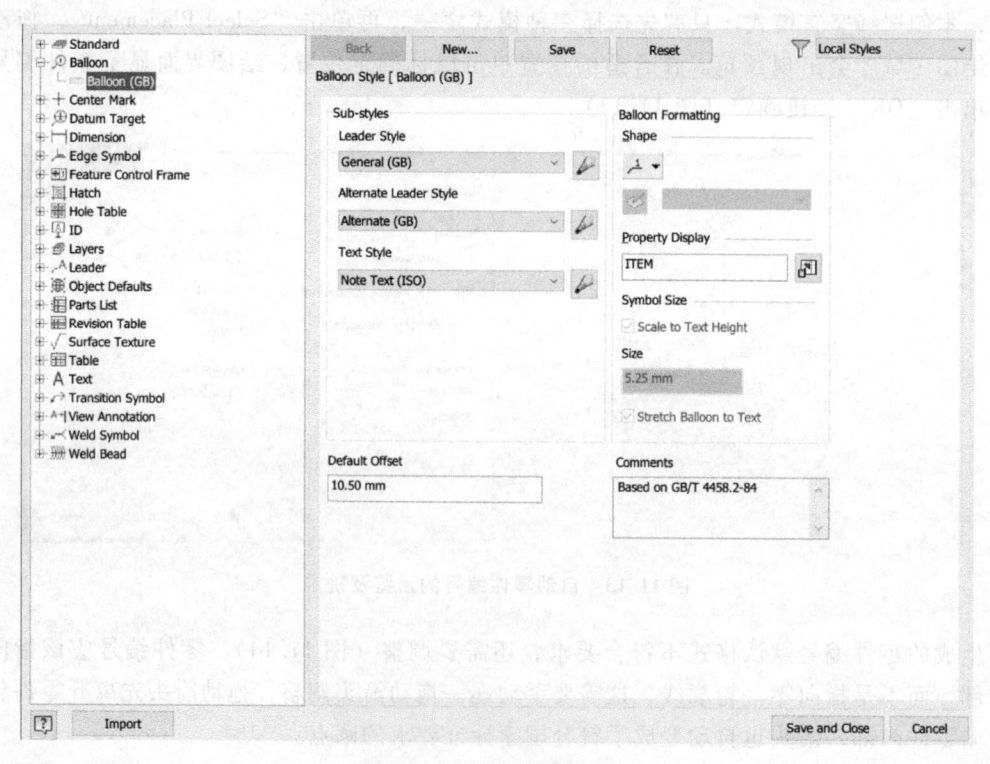

图 11.15　样式编辑器选项

调整"Balloon"样式，在"Balloon Formatting Shape"的下拉箭头下切换编号标注形状，此处改选为数字加圆圈。在"Sub-Style"下单击"Leader Style"右侧的编辑图标，进入箭头样式替代的选项编辑器（图11.16）。

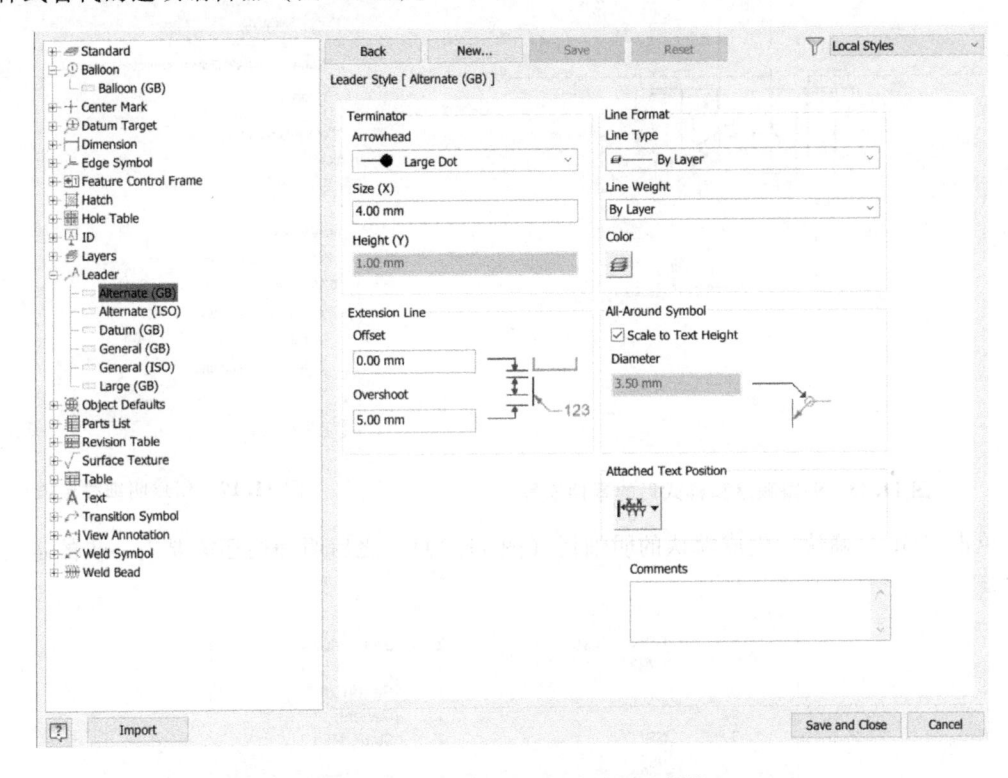

图 11.16　箭头样式的替代选项编辑器

调整箭头替代样式的终端为"Small Dot"，接受并保存样式调整，主视图所有的零件编号终端变为小圆点。

主视图自动生成的零件 4、5 编号颠倒，需要手动修改。双击零件编号 5，弹出编号编辑选项（图11.17）。

在"Balloon Value"对话框下"ITEM"后的"Override"中输入4，然后单击"OK"确定，同样对原编号 4 进行操作，在"Override"中输入 5 确定，完成零件编号调整，如图11.18所示。

3）明细栏。单击"Parts List"弹出创建明细栏选项，如图 11.19 所示。

选择视图，单击任意视图效果相同，单击特征浏览器发现，所谓的选择视图实质上是选择装配文件，所以在图形窗口内选择任意视图效果上没有区别。

如果装配体的零件较多，明细栏的行数就多，会占据更多的图纸空间而与已有视图干涉。在这种情况下需要勾选"Enable Automatic Wrap"，设定在一定的行数之

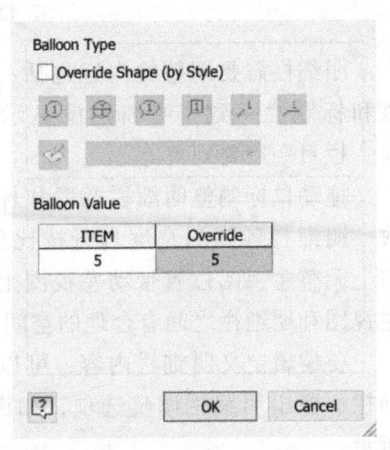

图 11.17　编号编辑选项

后另起明细栏。明细栏转折的行数定义在"Maximum Rows"中。

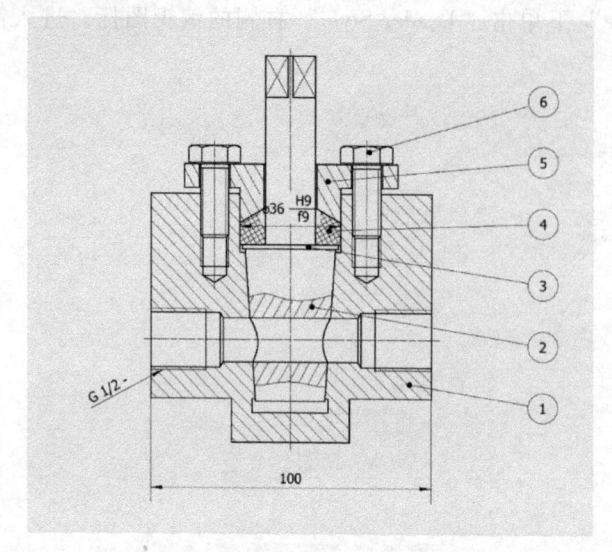

图 11.18 调整顺序和样式后的零件编号

图 11.19 创建明细栏选项

单击"OK"确认后生成默认的明细栏（图 11.20），之后明细栏还需要进一步的定义和调整。

图 11.20 初步定义的默认的明细栏

明细栏需要调整的内容包括：宽度应该和标题栏一致、明细栏没显示零件名称、栏目顺序要规范等。

拖动鼠标调整明细栏宽度和标题栏一致，明细栏各列的宽度自行按比例缩放。向上调整主视图位置带动左视图上移，使左视图和明细栏之间有合理的空间。

要编辑定义明细栏内容，可以双击明细栏，弹出明细栏调整选项，如图 11.21 所示。

从左到右依次是"Column Chooser"

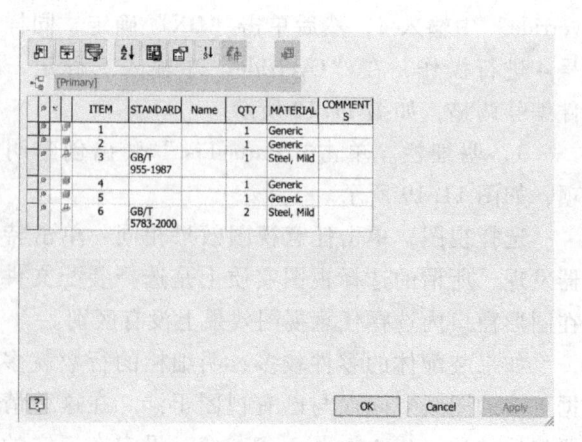

图 11.21 明细栏调整选项

"Group Setting""Fit Setting""Sort""Export""Table Layout""Renumber Items"更改零件编号等。下面介绍最常用的调整选项。

默认的明细栏栏目一般不符合需求，需要使用"Column Chooser"进行调整。单击"Column Chooser"弹出重新定制明细栏栏目的对话框，如图11.22所示。

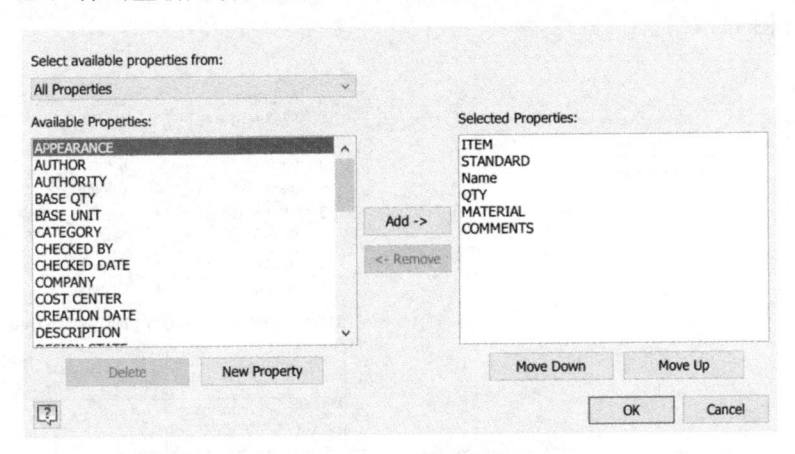

图11.22 重新定制明细栏的栏目

右侧是明细栏显示的栏目属性，左侧是可用的部件属性。尽管明细栏可以输入静态文本，但还是建议使用文件属性自动填充。在默认的明细栏中"Name"选项从字面上应该是零件名称，但因为零件没有定义相应的属性，在默认的明细栏中列字段都为空。

鉴于Inventor零件自动以零件文件名作为零件的"PART NUMBER"属性，而零件的命名一般都反映零件的特点和用途，所以在明细栏定制的时候可以删除"Name"列，增加自动引用文件名的"PART NUMBER"列作为零件名称。

在"Selected Properties"中还可以调整属性在明细栏中的列顺序，使用"Move Down"和"Move Up"按钮调整表示零件名称的"PART NUMBER"到第二列，调整"STANDARD"到第四列，完成明细栏布局调整，单击"OK"确定更新调整结果（图11.23）。

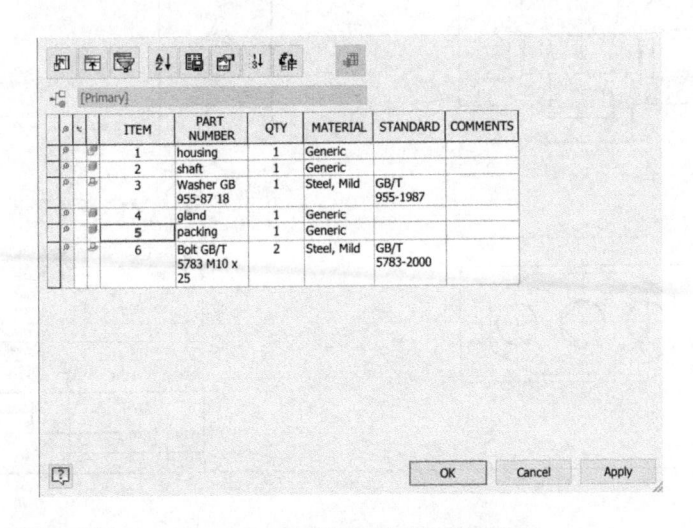

图11.23 调整明细栏列内容和顺序

"PART NUMBER"属性自动引用零件文件名作为零件名称,但明细栏的列名称依然是"PART NUMBER",需要强制手动更改。选中"PART NUMBER"列,在右键弹出菜单中选择"Format Column",打开列格式调整选项(图11.24)。

在"Heading"里输入"Name",调整列标为零件名称,单击"OK"确定完成明细栏的编辑和调整(图11.25)。

图11.24 列格式调整选项

图11.25 调整后的明细栏

继续完成标题栏的填写,使用图纸草图输入文本填写技术要求,最后完成装配图,如图11.26所示。

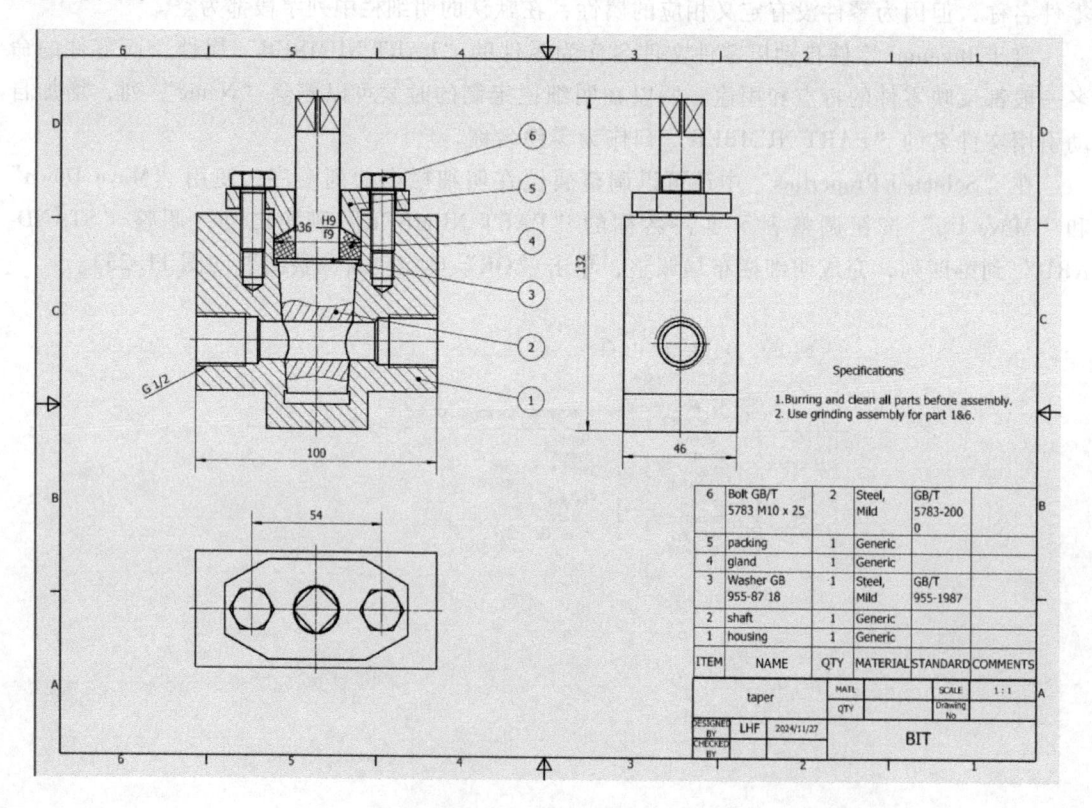

图11.26 完成装配图

11.3 锥阀装配的表达视图

表达视图通过爆炸图的方式表达零件的装配关系，虽然不能像装配工程图那样精确地表达零件之间的连接和固定关系、部件的工作原理，但可以作为产品展示发布环节的有效手段。特别是根据表达视图生成的装配动画，可以生动形象地表达零部件的装配或拆卸过程。

要新建表达视图，单击"New"新建文件并选择表达视图模板"standard.ipn"，然后单击"Create"进入文件选择界面，选择装配文件并打开，系统切换到表达视图环境。

展示和发布不是本书的主要目的，有关这部分和参数动画等更深入的内容请自行参阅相关资料学习，本节仅以锥阀为例介绍表达视图的基本操作。

进入表达视图环境，系统自动新建一个"Storyboard1"，其是一个沿时间轴的动作定义记录，在菜单命令"Tweak Components"移动或旋转零件的时候，其可以记录这些动作，并渲染成视频输出。

移动或旋转零部件的过程要符合实际零件的装配顺序和动作方式，比如螺栓的拆卸，应该使用旋转和同步的轴向移动模拟实际装卸过程。虽然在第10章介绍装配的时候，已经使用驱动约束介绍过动画演示部件的工作原理，但表达视图环节可以更灵活地定义零部件的动作，本例的表达视图拟采用先旋转阀杆演示部件的工作原理，再移位零件演示拆卸过程的展示方案。

1. 定义零件动作

1）阀杆转动。根据展示方案，先定义阀杆旋转展示部件工作原理。单击"Tweak Components"，弹出动作定义选项以定义阀杆的转动，如图11.27所示。

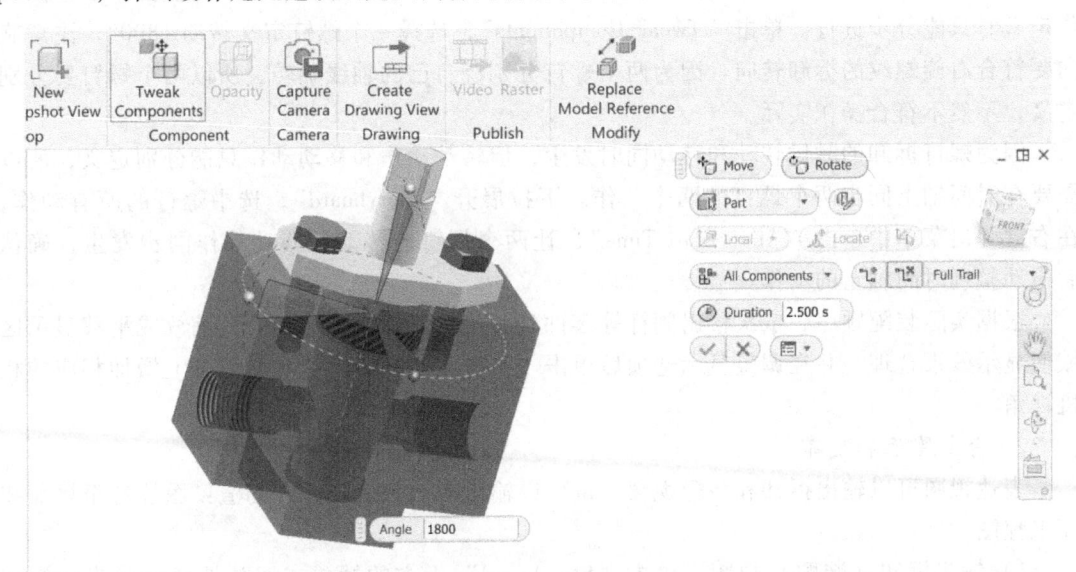

图 11.27 阀杆转动的定义

先选择阀杆作为要动作的零件，再单击图形界面选项的"Rotate"选择动作类别为转动，在零件上选择转动平面，在角度参数窗口输入转动角度1800°，接受默认的持续时间2.5s或更改到需要的值，根据需要选择是否关闭运动轨迹，确定所有参数无误后单击"√"

确认，"Storyboard"时间轴立即同步记录该动作设定。

2）拆卸螺钉等零件。单击"Tweak Components"，复选两个螺钉，切换到移动并选择移动坐标轴，如果在移动过程中发生偏移，可以在偏移量中输入数字精确定义调整螺钉到预定位置，关闭轨迹线显示并单击"√"确认（图 11.28）。

图 11.28 螺钉移动定义

螺钉的实际拆卸和装配过程是因转动而引发的同步轴向移动，但在表达视图中的不同动作定义时只能分步进行。单击"Tweak Components"，选择一个螺钉定义转动 1800°，注意旋向要符合右旋螺纹的拆卸转向。因为两个螺钉分别绕自己的轴线旋转，所以两个螺钉要分别定义，不然不符合操作实际。

因为螺钉拆卸的时候转动和移动同时发生，但转动动作和移动动作只能分别定义，所以需要在时间轴上同步两个螺钉的两个动作。下拉展开"Storyboard"，选中螺钉的所有动作，在右键弹出菜单中单击"Align Start Time"，让两个螺钉的转动和移动动作同步发生，确认后拖动整理时间轴上的动作。

根据实际装配顺序，依次移出阀杆等零件到预定位置，在相应的时刻缩放或平移显示区域使显示效果合理，并在调整显示选项后单击"Capture Camera"，在时间轴上增加相应的相机视角。

2. 输出展示和发布

表达视图可以输出拆卸和装配视频，也可以输出时间轴上任一点的渲染图片甚至爆炸装配工程图。

1）输出拆卸（装配）视频。单击"Storyboard"上方的播放或回放按钮预览表达视图效果，调整至满意后单击"Video"输出视频。

输出选项里可以选择视频基于的"Storyboard"，定义时间区间等，复选"Reverse"会回放录制装配视频。还可以调整视频大小，保存路径，文件命名等（图 11.29）。调整完毕单击"OK"确定之后会有一个渲染过程，渲染完毕输出视频将被保存到指定路径。

2）输出渲染图片。要输出时间轴某时刻的渲染图片，可拖动进度条并调整到所需视角，单击"New Snapshot View"生成"Snapshot"之后，才能渲染输出图片。

有了"Snapshot"后，菜单栏的"Raster"才亮显可用，单击"Raster"，弹出图片发布选项，如图11.30所示。

图 11.29　表达视图视频输出选项　　　　图 11.30　图片发布选项

定义发布范围，图片大小，选择保存路径并命名文件，选择是否背景透明等，选项确定后单击"OK"开始渲染保存。

3）输出爆炸装配图。创建爆炸装配图也是基于"Snapshot"，先生成"Snapshot"然后单击"Create Drawing View Drawing"，弹出工程图模板选择窗口，本例选择定制的A3简化模板，然后进入工程图模式，如图11.31所示。

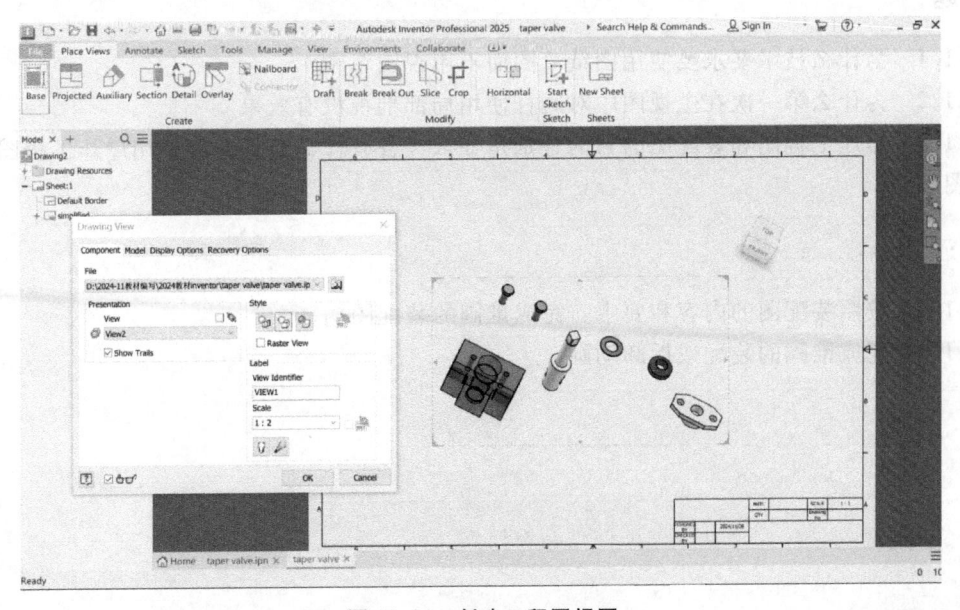

图 11.31　创建工程图视图

这种模式一般只选择一个"Snapshot"视图，可以用线框模式也可以用渲染模式显示，并像之前那样添加零件编号和明细栏，同样需要经过一些列的定制和调整，才能得到完善的工程图，如图 11.32 所示。

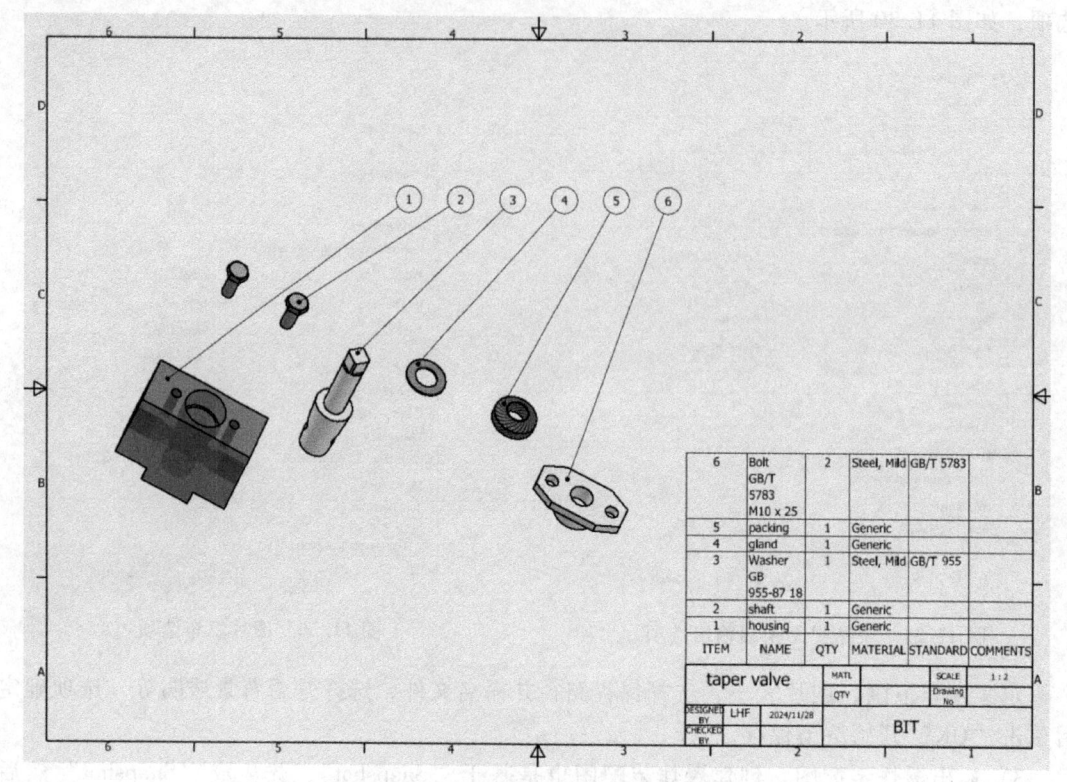

图 11.32　带零件编号和明细栏的工程图

思考题：

11.1　为什么技术要求要使用图纸草图而不用视图草图？

11.2　为什么第一次在主视图中对阀杆使用局部剖视没有效果？

11.3　爆炸工程图和装配图的目的分别是什么？各有什么长处？能使用爆炸工程图取代装配图吗？

作业：

11.1　按照装配图的内容和要求，完成锥阀的装配图。

11.2　完成锥阀的装配或拆卸动画。

第12章

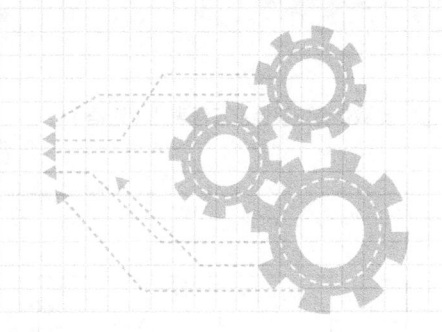

齿轮泵的零件设计

齿轮泵是通过高速旋转的啮合齿轮形成负压吸油和高压排油的机械装置。本章将通过齿轮泵的工程图介绍齿轮的设计和表达方法，练习部件设计、零件造型与装配及产品的工程图表达和展示发布等。

The gear pump is a mechanical device that forms negative pressure oil suction and high-pressure oil pump through high-speed rotating meshing gears. In this chapter the design and expression of gears of gear pumps by given engineering drawings is introduced, and exercises of product design, part modeling and assembly, engineering drawing representation, product publish, etc. will be practiced.

12.1 齿轮轴的造型设计

图 12.1～图 12.5 所示为齿轮泵装配图及其齿轮轴和齿轮的零件图，分析零件的造型设计思路。

1. 形体分析和造型思路

齿轮轴零件是一个典型的轴类零件，而且是一个带齿轮的传动轴。如果仅从造型设计的角度看，使用拉伸和旋转都能完成。但是对于典型的轴类零件，建议使用旋转特征一次成型。这一方面是因为轴类零件本身比较简单，使用旋转特征草图也不会过于复杂，而且在草图轮廓上能清晰地反映该零件的各段轴颈、长度、退刀槽等特征参数；另一方面使用旋转特征，圆柱的直径在非圆视图中仍然按照直径标注，但使用拉伸特征生成的圆柱在工程图环节，非圆视图的直径尺寸不能自动识别成直径尺寸，需要手动更改尺寸类型。

需要注意的是，即便使用旋转特征一次旋转生成齿轮轴的主体结构，仍然不建议在草图中使用倒角。这些附加特征完全可以在特征环节施加。

由于齿轮轴是一个轴和齿轮一体的零件，下面先介绍齿轮的造型。

2. 齿轮的造型

齿轮、螺纹等标准结构在制造环节采用专用设备、特定方法加工，工程图表达时都是采用国家标准规定的简化画法加上适当的标记，不需要反映其真实形状。相应地在造型设计中，尽管可以做到真实反映其形状和大小的造型，但是仍然不采用这种方法，除非是非标准结构，在生产时对设计和表达环节有表达真实形状的直接需求。

Inventor 在造型设计时对螺纹进行了模拟贴图处理，看起来像螺纹，但是实际上是在有螺纹的圆柱表面贴图。在工程图生成环节对这个螺纹特征直接按照国家标准的要求处理，没有任何问题。

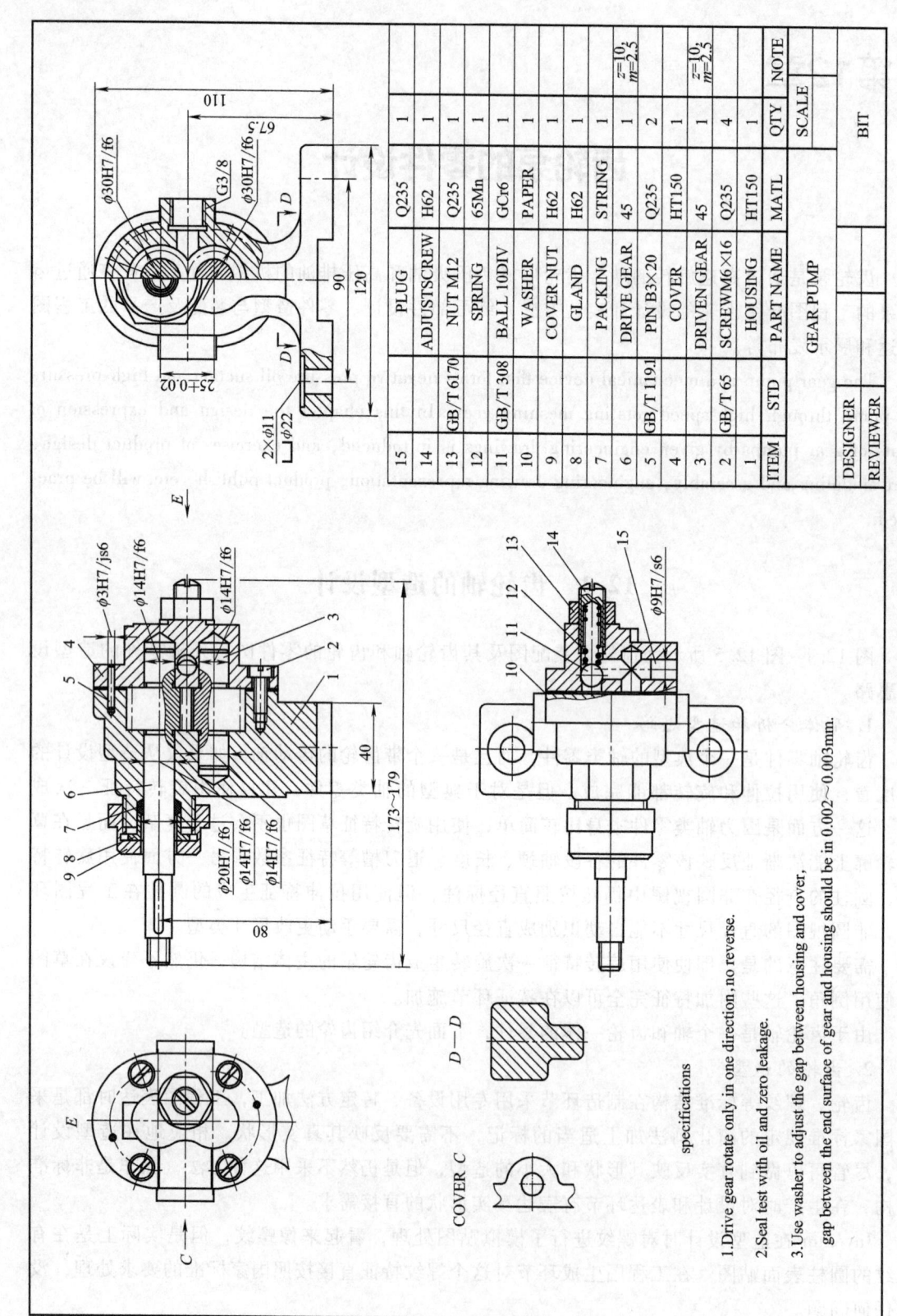

图 12.1 齿轮泵装配图

第12章　齿轮泵的零件设计

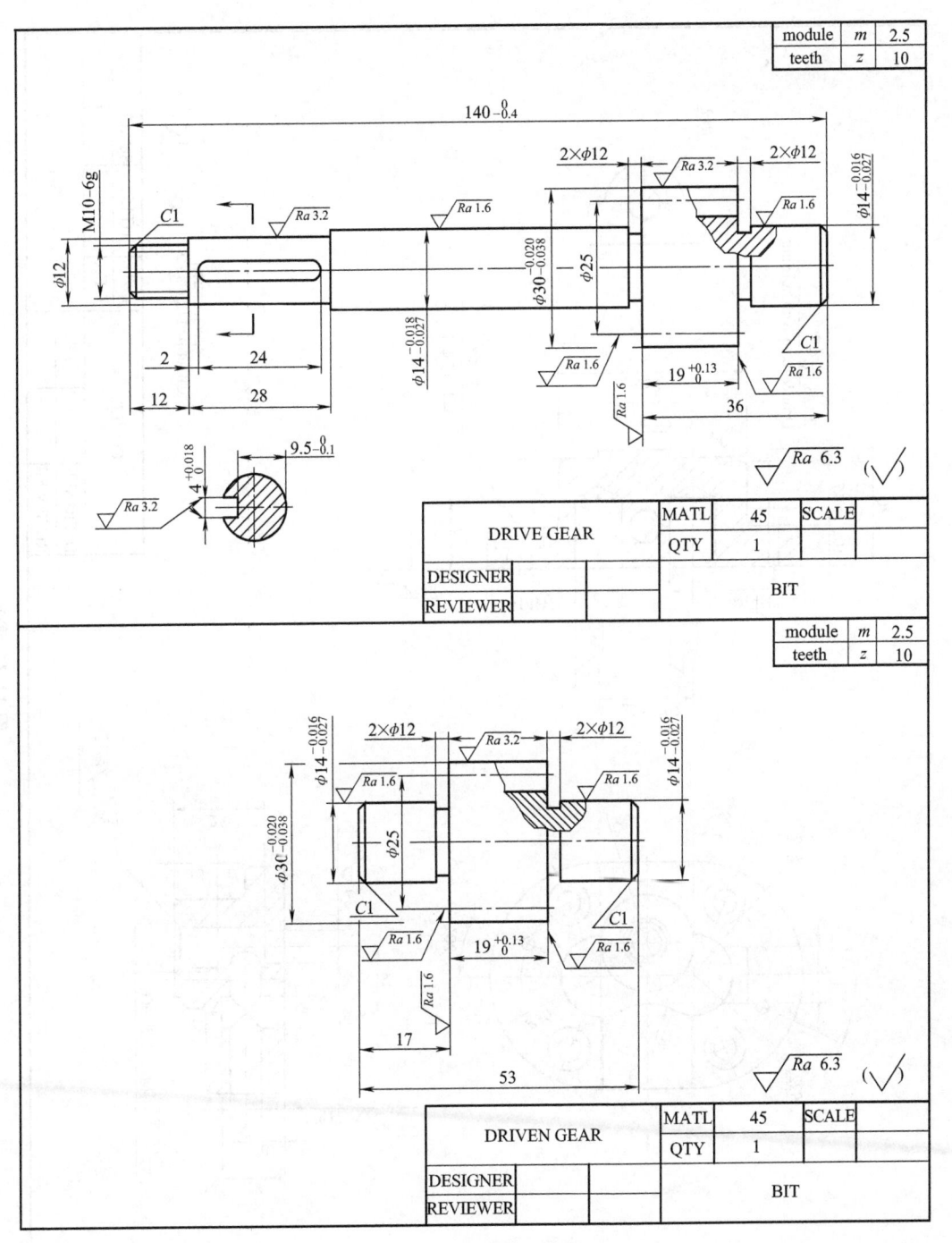

图 12.2　齿轮轴和齿轮

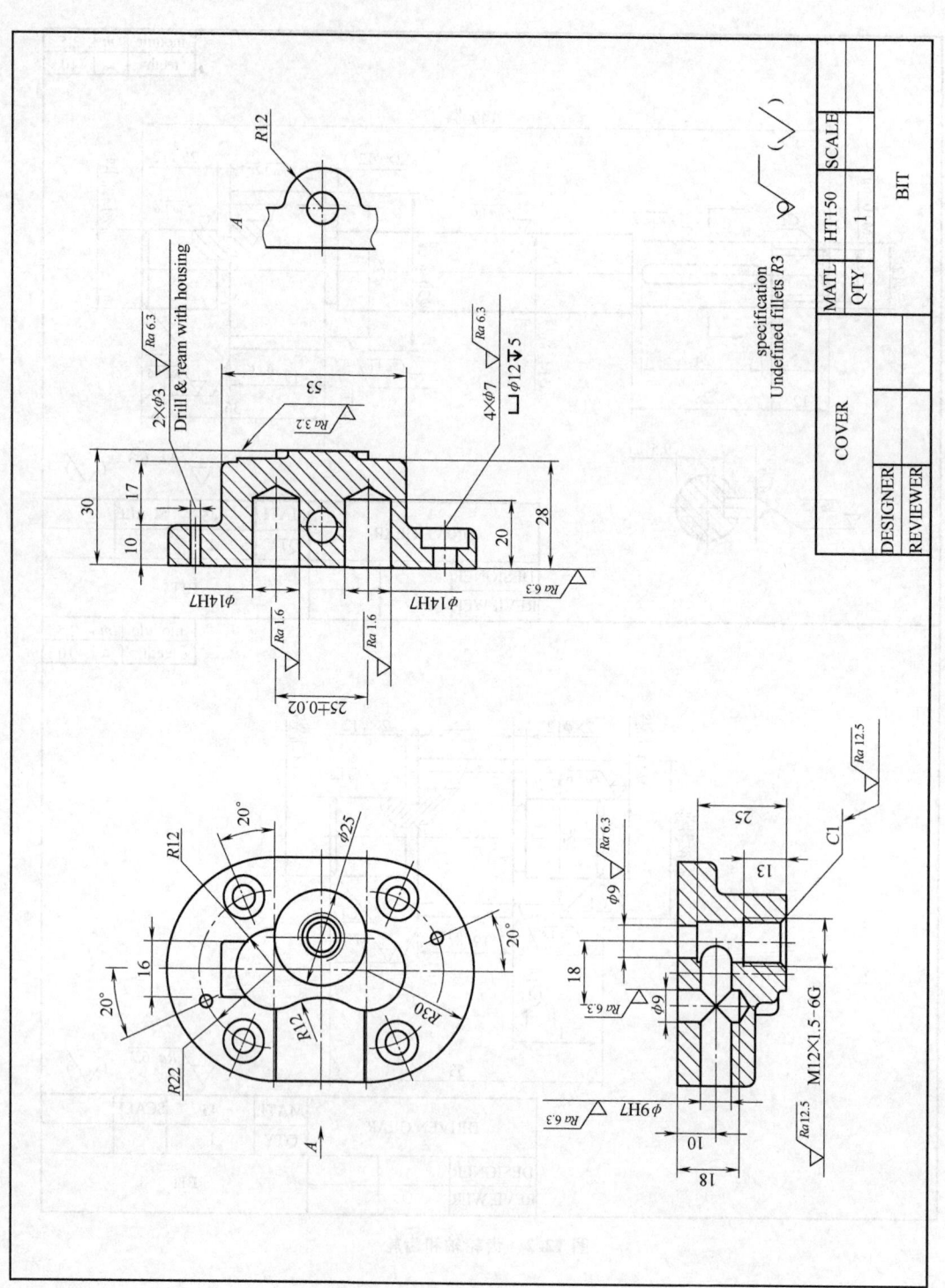

图 12.3　泵盖

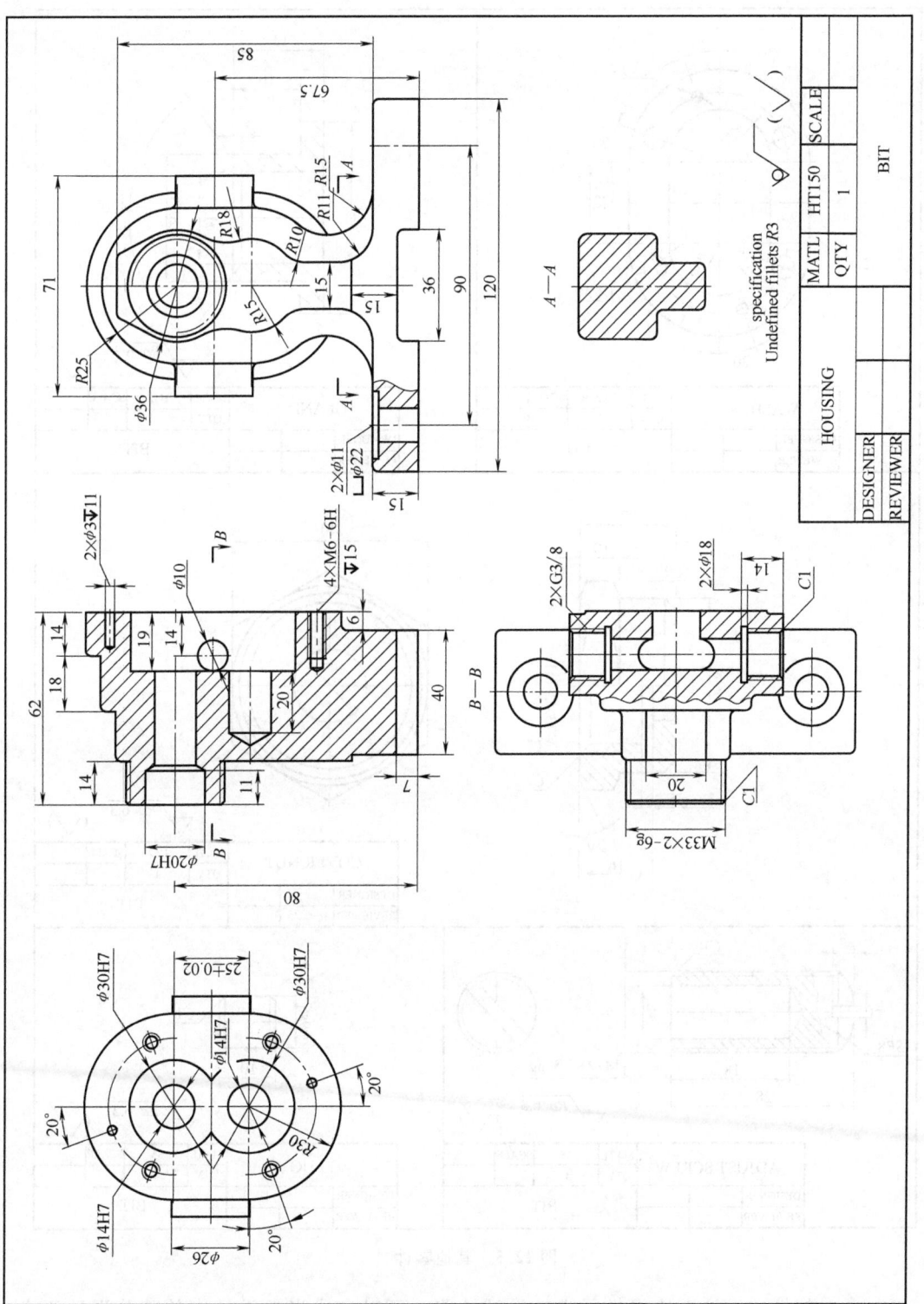

图 12.4 泵体

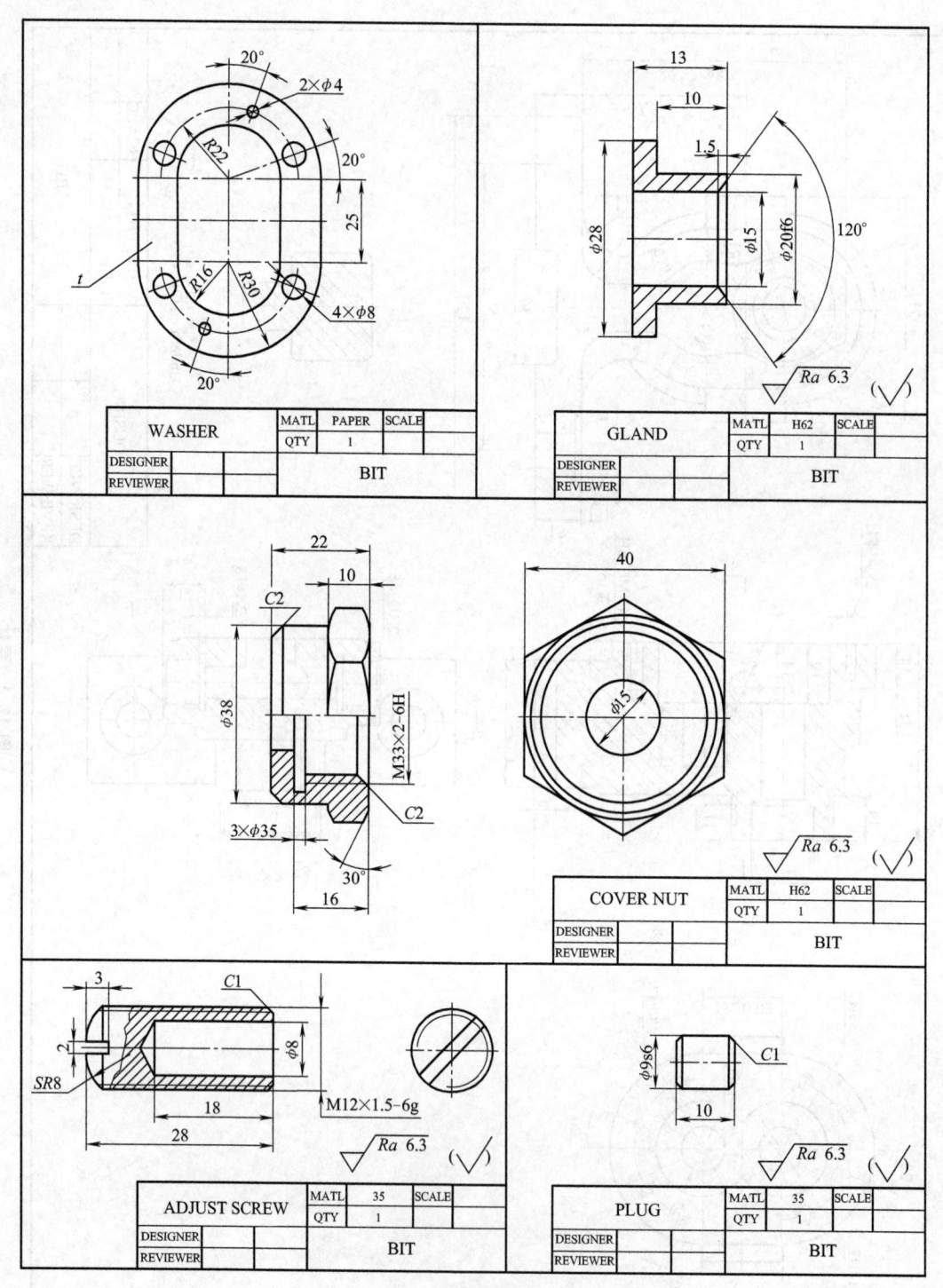

图 12.5　其他零件

　　Inventor 软件的设计模块提供了齿轮设计功能,可以完成齿轮设计中的部分设计要求,直接根据传输功率等参数设计传动齿轮。但是因为没有必要按照真实形状造型,Inventor 设计功能"设计"出的齿轮齿形虽然看着像，其实并不是真实、标准的齿形。但不管齿形是否标准，在工程图环节 Inventor 都没有提供像螺纹那样的符合国家标准的处理功能，而是按真实投影生成视图，因此需要手工修改使其符合国家标准的规定画法。

当然如果有创建标准齿轮模型的需求，可以使用齿轮设计工具如"KISSsoft"设计齿轮，然后导入到 Inventor 中，或者安装 Inventor 插件"GearTrax"，在 Inventor 中设计齿轮。

关于齿轮的造型更深入的研究请参阅相关资料，本例演示使用 Inventor 的设计功能生成齿轮。需要强调的是，齿轮设计的本质是按使用要求选择参数并进行强度校核计算，最终确定相关参数和结构尺寸，Inventor 的设计模块也具备这样的功能。

单击"New"新建文件，因为没有单独使用的齿轮（除非是供观赏的工艺品），所以齿轮设计总是成对出现的，设计齿轮也必须新建部件，选择部件模板进入装配环境后，在菜单栏单击"Design"，进入 Inventor 的设计环境。

图 12.6 "Design"主菜单

单击"Spur Gear"选择直齿轮设计，按提示先保存部件，此时的保存路径依然是之前激活的项目路径，所以需要退出并关闭文件，新建项目然后在新的项目下重新开始设计。

单击"Projects"弹出项目管理窗口，新建项目"Gear Pump"保存到指定目录，新建装配图重新开始设计，单击"Spur Gear"，命名并保存文件，进入齿轮设计界面，如图 12.7 所示。

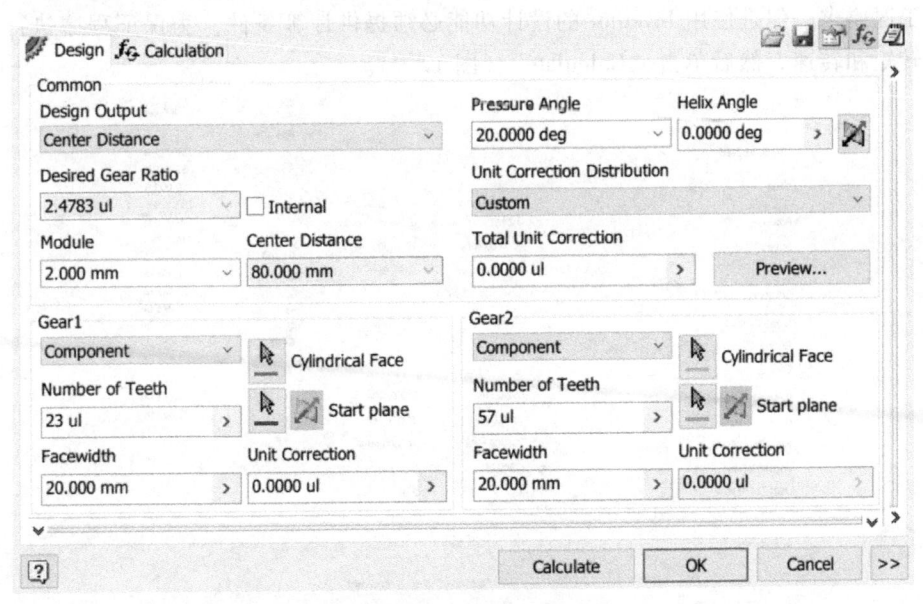

图 12.7 齿轮设计界面

工程制图是设计表达的手段，在课程学习中要强化设计意识，即便是自己照抄别人的图样，也要从设计的角度理解图样为什么要采用这样的表达。

齿轮设计是根据工作条件计算一定参数的齿轮，以满足实际使用要求，本例仅使用 Inventor 的设计功能，按图样参数完成齿轮建模，供齿轮轴零件进一步造型使用。根据图样，在齿轮设计界面中选择如图 12.8 所示选项，并输入参数。

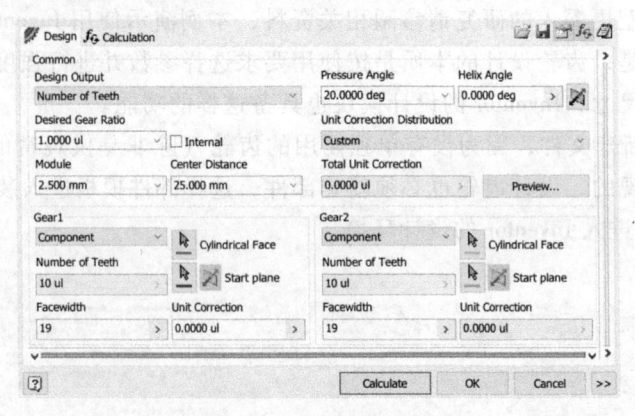

图 12.8　齿轮参数输入界面

需要说明的是，齿轮的模数、齿数、传动比、中心距等参数相互关联，输入哪些参数、求解哪些参数要根据已知设计条件选择。本例中中心距和传动比已知，模数已知，"Design Output"应该选择"Number of Teeth"。如果对已知和求解参数的关联性不清楚，输入错误的已知条件，会影响关联参数的输入。

因为本例是根据已知结果造型，所以根据图样输入齿轮参数，单击"Design"右侧的"Calculation"标签，输入工作条件进行强度计算。本例因为仅使用软件的齿轮建模功能，无实际工况要求，但是使用 Inventor 的设计功能必须提供计算条件，为保证程序执行，输入不大的转矩和转速，然后单击"Calculate"（图 12.9）。

图 12.9　计算条件输入界面

单击"OK",弹出文件保存窗口,再次单击"OK"确认接受(图12.10)。

图 12.10　保存设计生成的文件

设计生成的项目文件及文件夹保存到当前项目的文件夹下。因为设计计算时输入不大的转矩和转速,所以齿轮强度没有问题,但是根据设计常识齿数小于 17 的齿轮在加工的时候会产生根切现象,需要变位。因为根切和变位相关知识不在本书的知识讲解范围内,此处可以单击"OK"接受结果。在绘图区单击,显示设计结果如图 12.11 所示。

图 12.11　齿轮部件的设计结果

3. 齿轮轴的设计

因为主动轴的齿轮和轴是一体的,所以可基于一个齿轮零件来进行齿轮轴的设计。因为一对齿轮的齿数相同,打开其中任意一个齿轮"Spear Gear1"。

对该零件增加特征，构建出齿轮轴。增加的特征相对于已有的特征要严格定位，特征和草图的定位可以借助已有特征表面或该零件的原始坐标系。

先在 XOZ 平面新建草图，并旋转视图显示使其水平轴线。切换至中心线线型，过原点画中心线，然后切换至构造线，投影齿轮端面、齿轮根部轮廓素线，再切换至普通线型按图样尺寸绘制草图。

对齿轮轴来说，齿轮左侧的轴颈和退刀槽与右侧的轴颈和退刀槽大小应该是相等的。在参数化设计中，相等的设计思想通过几何约束或尺寸关联来表达，而两个数值相等的尺寸约束，它们之间的关系被认为是孤立的，不具备参数化概念的相等意义。

因为该视图是旋转 90°以后的结果，通过施加竖直约束（两线段中点在同一条竖直线上）使轴颈处的轮廓线共线（直接施加共线约束更简单），从而保证直径相等（图 12.12）。

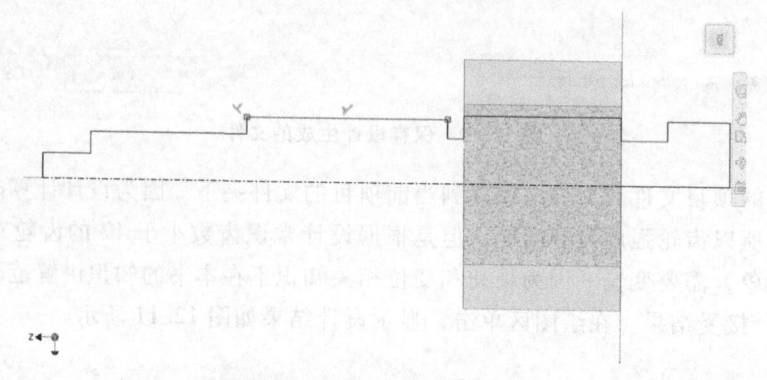

图 12.12　施加几何约束的草图

施加的几何约束可以在草图中显示，但是实际上显示的几何约束比较杂乱，没有太大的实际意义。

添加尺寸约束，标注从轮廓线到中心线的轴颈尺寸，因为中心线的存在，系统自动标注直径。在标注第二个退刀槽宽度时要输入尺寸数值，可单击第一个退刀槽宽度尺寸直接引用，或不标注尺寸而施加等长约束，以保证两个退刀槽尺寸相等的设计意图（图 12.13）。

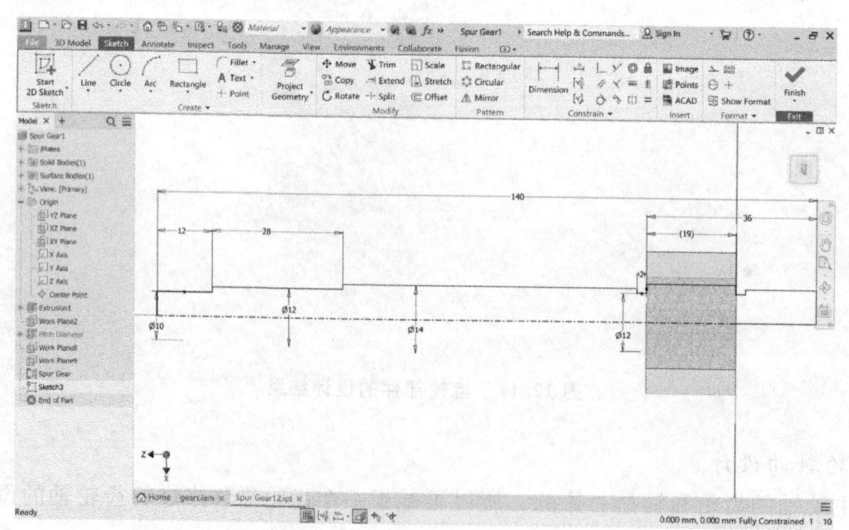

图 12.13　直径标注和尺寸引用

在长度尺寸标注时，会出现因为添加某一尺寸而造成图线错位的情况，此时需要仔细研究添加尺寸的顺序，正确的顺序可以保证尺寸在驱动图线时不改变图线之间的相对位置关系。在本例中，首先要添加全长尺寸，其他轴段长度的添加顺序也有影响，请在操作时留意。

完成全约束草图后，单击"Finish"结束草图，然后单击"Revolve"施加旋转特征（图 12.14）。

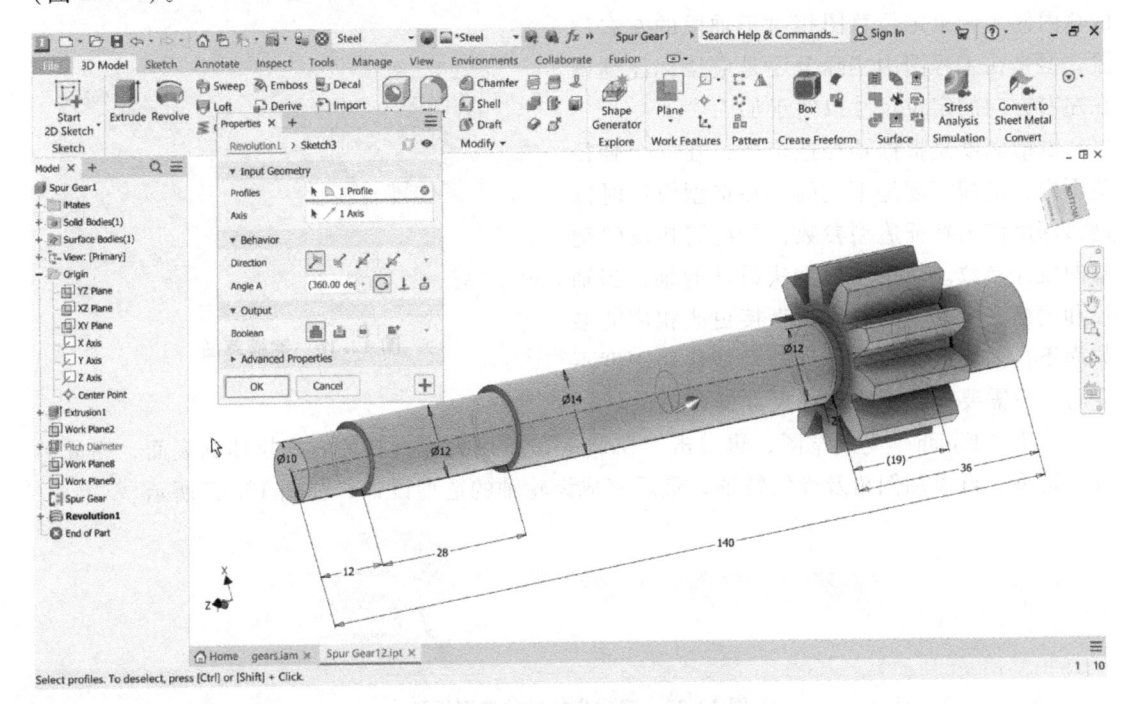

图 12.14 旋转特征构建齿轮轴

4. 键槽

使用拉伸特征创建键槽（图 12.15）。因为不能在圆柱表面画草图，需要在草图平面位置创建工作平面。由工程图所给的尺寸，键槽底面到对面的圆柱轮廓距离为 9.5mm，可以用以下方式创建工作平面。

1）因为圆柱轴线过原始坐标轴，圆柱的直径为 12mm，所以键槽底面到轴线的距离为 3.5mm，以原始坐标面偏移 3.5mm 的方式，可以在需要的位置建立工作平面。

2）过圆柱表面的切平面创建工作平面，以此工作平面偏移 9.5mm 就是所需的工作平面。

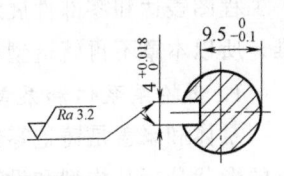

图 12.15 键槽断面图

以上两种方法中，第二种比第一种操作复杂，但是第二种输入的尺寸是工程图上的直接尺寸，第一种输入的是换算尺寸，因此第二种方法比第一种方法好。但即便是第二种方法，也不是最合适的方法。

键槽的深度在设计的时候是根据轴径查表，查表所得的键槽深度是键槽断面图中切除部分的深度，尽管工程图标注环节标注的是键槽底面到圆柱轮廓线的尺寸，但那是为了方便测量的工艺尺寸，在建模时需要保证直接的键槽深度尺寸。

在键槽轴段新建平行于基本平面的圆柱切平面，再偏移该切平面2.5mm（查表所得的键槽深度直接尺寸），建立草图工作平面。在特征浏览器中选择切平面过渡工作平面并使之隐藏，然后在草图工作平面上新建二维草图。

先切换到构造线，投影定位边，再过投影的定位边中点绘制直线作为键槽草图的中心线，按<F7>键切换为切片观察草图。然后按照尺寸和位置画键槽草图，如图12.16所示。

根据零件图的设计思想，如图12.16所示的草图使用约束定位草图相对于轴段的左右位置。但是在工程图中实际上还是应该标注键槽在左右方向的定位尺寸以便于加工。

键槽深度是根据轴径选定的，在一个轴径范围内，键槽深度是不变的，在造型设计时以键槽深度作为特征造型参数，最能直接反映键槽的设计参数。使用这种方法设计的轴，当轴径和键槽深度改变的时候，直接更改相应的参数而不再需要尺寸换算。当轴径变化而深度不变时，只需要直接更改轴径尺寸即可。

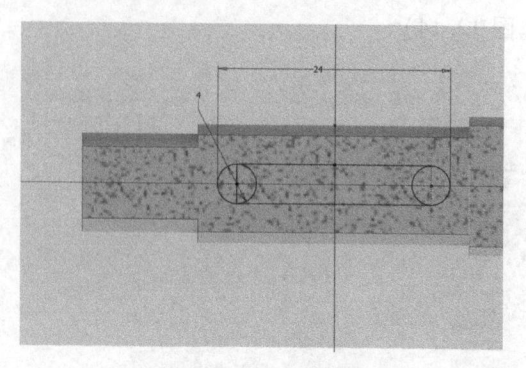

图12.16 键槽草图

单击"Finish"完成草图，再单击"Extrude"采用去除材料的方式拉伸到表面，完成键槽的造型。再添加倒角及螺纹特征，最后完成齿轮轴的造型设计，如图12.17所示。

图12.17 完成齿轮轴的造型设计

12.2 其他零件的造型设计及装配、表达和展示

在之前的章节中已经介绍了造型设计的基本思路、主要的特征命令和学习方法，也介绍了工程图表达和零部件展示的基本操作。有了以上基础，完成本章的零件造型设计不会有困难，所以本章不再就造型设计和表达展示过程重复讲解，只强调一些具体问题。

1. 齿轮泵泵体和泵盖的造型设计思路

泵体和泵盖是铸造零件，零件的造型设计要先忽略所有的圆角和小孔特征，根据基本立体的形状分析其构型和设计思路。本例的设计是从齿轮腔外推，根据进出油、安全阀、安装固定、动力传输等功能设计其他特征，遵循铸造零件壁厚均匀的原则协调结构设计，最后再加上铸造圆角等工艺结构。

2. 装配约束添加

装配齿轮的时候，先使用插入约束装配两个齿轮，再添加模拟齿轮啮合的相切约束。因为相切约束模拟的是啮合瞬间两齿轮的位置，要实现齿轮的传动模拟，在添加传动约束之后，需要抑制确定齿轮初始相对位置的相切约束。

3. 干涉检查

装配完成进行干涉检查的时候需要注意，除了螺栓连接干涉默认忽略不计外，齿轮啮合也是干涉的。和螺纹连接一样，齿轮是标准结构，在 Inventor 软件使用"Design"功能设计的造型只是模拟，并不是精确的结构形状设计。

4. 垫片的在位创建设计

垫片在零件图中没有给出厚度，因为其材质是工业用纸，用途是密封和调整泵盖端面和齿轮端面的间隙，装配的时候垫片厚度按需调整。所以在造型设计的时候垫片厚度可以 0.5mm 计，并调整为深色材质外观，以和泵体泵盖区分开。

5. 表达展示用透明材质

在驱动约束动画展示齿轮泵的工作原理，或者在装配动画中以零件动作展示工作原理时，可以改变零件的外观，如泵盖的外观为透明玻璃，以展示齿轮啮合传动的动作（图 12.18）。

6. 没有零件图的零件自行设计

弹簧没有零件图，要根据装配图中相邻零件的结构尺寸自行设计。所给的其他零件图如有尺寸缺失、不明，可以根据与之装配零件相关的结构尺寸或设计常识来补齐。

7. 标准件使用不要拘泥于装配图上的标记

和锥阀部件实例中的标准件一样，齿轮泵装配图中使用的标准件，在实际引用过程中如果出现标准件缺失或和装配零件不匹配的情况，需要自行调整选用。

齿轮泵的造型设计、装配、工程图表达，产品展示的具体细节、过程可以参考本书或慕课的配套视频。除了工作原理和装配动画之外，装配完毕后还可以采用 Inventor Studio 渲染输出类似的图片用于展示和发布，如图 12.19 所示。

图 12.18　为展示内部结构可以透明化处理相关零件 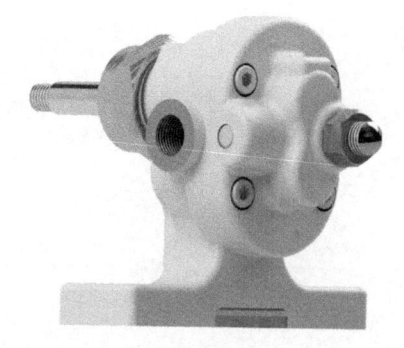　　图 12.19　"Inventor Studio"渲染的图片

装配动画也可以渲染为如图 12.20 所示的"Snapshot"图用于表达展示。

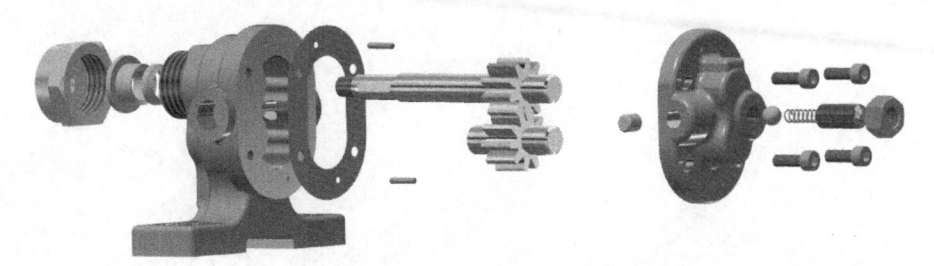

图 12.20　"Snapshot"图

思考题：

12.1 为什么设计齿轮选择部件模板而不是零件模板？

12.2 工程图标注环节标注的是键槽底面到圆柱轮廓线的尺寸，为什么在建模时要保证直接的键槽深度尺寸？

12.3 在位创建的零件和零件环境下独立设计的零件有什么区别？

作业：

根据本章的介绍完成齿轮泵的零件造型设计、装配、工程图表达和产品展示。工程图表达包括所有的零件图和装配图。装配图要求：标题栏、明细栏的所有内容从零件属性中继承，不得使用文本工具填写静态文本；表达方法合理，表示方法正确，符合国家标准要求。产品展示包括工作原理和拆装动画，装配体渲染图和装配体"Snapshot"图。